AI-UX：智能产品设计精髓

李磊 / 著

電子工業出版社
Publishing House of Electronics Industry
北京•BEIJING

内 容 简 介

无论任何行业、任何知识背景的人士，只要认真阅读本书，掌握 AI-UX 方法，都能为用户创造优质的智能体验！本书是一本 AI 和 UX 领域少有的各行业通用的产品智能化工作指南，以体验设计的全新视角，全面系统地讲述了与 AI-UX 相关的各大主题，包括“智能”与“智能产品”的本质，产品智能金字塔，智能产品设计的心理学基础、思考框架、设计流程，智能产品设计的 70 个原则，以及智能产品的伦理和未来发展等。阅读本书，有助于读者对产品的智能化工作形成更加清晰且完整的认识，进而打造出能够真正改善用户生活的、体验更优的智能产品。

本书适合各行业设计师、AI 开发者、AI 研究者、AI 产品经理、企业管理者、高校师生，以及任何对 AI 和 UX 感兴趣的人士阅读。

图书在版编目（CIP）数据

AI-UX：智能产品设计精髓 / 李磊著 . —北京：电子工业出版社，2024.6
ISBN 978-7-121-47918-2

Ⅰ . ① A… Ⅱ . ①李… Ⅲ . ①智能技术－应用－产品设计 Ⅳ . ① TB472

中国国家版本馆 CIP 数据核字（2024）第 102087 号

责任编辑：张　晶
印　　刷：三河市君旺印务有限公司
装　　订：三河市君旺印务有限公司
出版发行：电子工业出版社
　　　　　北京市海淀区万寿路 173 信箱　　邮编：100036
开　　本：720×1000　1/16　印张：16.25　字数：312 千字
版　　次：2024 年 6 月第 1 版
印　　次：2024 年 6 月第 1 次印刷
定　　价：100.00 元

凡所购买电子工业出版社图书有缺损问题，请向购买书店调换。若书店售缺，请与本社发行部联系，联系及邮购电话：（010）88254888，88258888。

质量投诉请发邮件至 zlts@phei.com.cn，盗版侵权举报请发邮件至 dbqq@phei.com.cn。

本书咨询联系方式：faq@phei.com.cn。

序

一起，去探索AI-UX汇合之地

这是一本改变认知的书。

这是一本教我们如何在 AI 技术的时代背景下设计出高智能感产品的书。

前者是道，后者偏术。

道——认知升级

书中，改变认知从两个命题开始。

命题 1：“搭载了智能技术的产品”和“让人觉得智能的产品”不是一回事。

许多搭载了前沿 AI 技术的产品经常被吐槽“不太聪明”，是因为产品虽然使用了 AI 技术，但“不太好用”。用户往往不关心产品内部是怎样运行的，只在人机交互中感受“智能”。也就是说，一款高科技产品，如果不能很好地响应用户需求，在使用过程中“省心、得力、贴心”，就可能被用户认为不太智能。而这个使用过程恰恰就是“用户体验”（UX）的全过程。对于用户来说，体验上的智能感比实际产品的技术的智能程度更重要。

所以，“智能产品是让用户在使用时觉得智能的产品。”

命题 2：“必须从用户体验的角度出发，人工智能才能取得更大的成功。”

对于使用 AI 技术的产品来说，如果其用户体验不佳，难以满足用户的需求、为用户提供良好的感受，那么用户和市场终究会弃之而去。所以 AI 技术必须拥抱用户体验，才能从技术的云端“着陆”，吸引和留住更多的用户，从而取得商业的成功，推动市场运转，使其科技生态得以持久地发展。只有这样，AI 产业才能避免又一次“跌入寒冬般的轮回”。

术——实用兵法

“人工智能需要专注于用户体验，才能变得更好。”

此书可以帮助设计师做出更具智能感的产品，也能帮助工程师从用户角度理解如何让产品与用户更好地“互动”。书中构建了一整套“AI-UX 设计框架”，包含设计思想、基本要素、设计原则、设计流程、评价体系等。经过系统性设计，产品会“像优秀伙伴一样”，做到“得力、有礼、贴心”。

阅读体验

正如此书的目标之一是帮助智能产品提升用户体验一样，此书也非常注重用户的体验。此书的文字平实易懂，绝不堆砌“唬人”的术语来挑战读者的耐心和学习乐趣。同时，此书将大量令人惊叹的新观点化身为一个个有趣的故事，如同一位多年未见的老友，向我们娓娓道来那些亲历的故事，让我们逐步领悟其背后的深意，从而将我们的认知“丝滑地”拉到他的高度。而此书的目录，又像老友讲述完一段心路后，随手点亮放在那里的一盏盏路灯。我们既可以循序渐进地跟随它学习成长，又可以在学成之后，随时回访那一段段来路。

为了望远 需得站高

此书展现了作者在设计和技术上的专业性，极其丰富而扎实的心理学、社会学功底。知识的积累过程是艰辛的，一如患者难以搞懂每种草药的药理和药性，但医者却可以为他们精心挑选搭配草药，以消除各种病痛——读者无须重新经历作者的学习过程，就可以直接站到作者的高度，获得对世界更新的认知。对于读者来说，能遇到这样一本将多领域知识融会贯通的图书，无疑是莫大的幸运。

此书，是跨界的。单纯的技术专家或设计师都难以撰写。幸运的是，我们现在可以拥有此书，当我们读完此书，就站在了 AI 与 UX 专家的肩膀之上，然后，看到了更远的，远方。

戴力农

上海交通大学设计学院　UX 老兵

写在前面

AI需要UX

必须从用户体验（UX）的角度出发，人工智能（AI）才能取得更大的成功。人工智能需要专注于用户体验，才能变得更好。

——《人工智能与用户体验：以人为本的设计》

聪明汉斯的故事

100多年前，一名德国教师向公众展示了一匹名叫聪明汉斯（Clever Hans）的马，并声称这匹马拥有算数能力。无论训练员给汉斯出的题目是加法、减法还是乘法，它都能用蹄子以惊人的准确率敲出答案。[1]

许多人对聪明汉斯的表现感到惊讶，媒体也竞相报道，甚至一组专家在对汉斯进行观察后也得出了肯定的判断。但这也带来了困惑，马这种生物真的可以聪明到精通数学计算的地步吗？

为了揭开谜团，心理学家奥斯卡·芬斯特（Osar Pfungst）对聪明汉斯进行了系统的研究，发现它对视觉线索极为敏感。当汉斯在用蹄子敲击答案时，会非常细心地观察训练员的头部，而当聪明汉斯敲击的数量接近答案时，训练员会下意识地轻歪一下头，而后聪明汉斯就会停下。于是，芬斯特设计了一个实验：让训练员站在聪明汉斯的视线范围以外回答问题。不出所料，当聪明汉斯无法观察训练员的细微动作时，就失去了算数能力。

真相就此大白，聪明汉斯的确拥有特殊的能力，但不在解题方面，而是对人类微妙行为的观察能力。公众和专家观察到的现象是正确的，但对这一现象的解释是错误的——看到一匹马敲击马蹄的数量与所给出问题的答案相同，就误以为它拥有一个“聪明的头脑”。

这就是聪明汉斯的故事，这个故事经常被拿来作为行为科学的经典案例，以此说明“对现象的描述”和“对现象的解释”可能是完全不同的，需要我们全面考虑各种可能的解释并进行科学的验证。

但我们不妨从另一个角度思考一个问题（我称之为**聪明汉斯问题**）：

在聪明汉斯的故事中，聪明汉斯将训练员发出的细微行为信号转换成正确答案，并成功地让观看的人群认为它精通算数。也就是说，虽然聪明汉斯并没有那么聪明，但它的表现让人们觉得它很聪明，这样算不算是“聪明”呢？

图灵测试

聪明汉斯问题触及了人工智能（Artificial Intelligence，AI）领域中一个非常本源的问题——如何判断一个事物是否拥有智能？

思考一下，你平时会如何评估一个陌生人的智力？你可能会观察他的行为，或是与他进行交流并观察他的反应。如果这个人表现出了“聪明”的特质，例如举止得体、思路清晰，或对被问到的各种问题能够灵活作答，你就会觉得这是一个聪明人。

事实上，聪明汉斯的观众也是这样做的。我们可以把聪明汉斯看作一个内部结构未知的“黑盒”系统，数学问题和训练员的细微反应都是系统的输入，而对应的答案是系统的输出。现在我们知道，聪明汉斯是一套“将训练员的反应转化成问题答案”的系统。但在观众看来，聪明汉斯成功地将输入的数学问题转化成了答案，由此做出了“聪明汉斯非常聪明”的判断（如图 I 所示）。

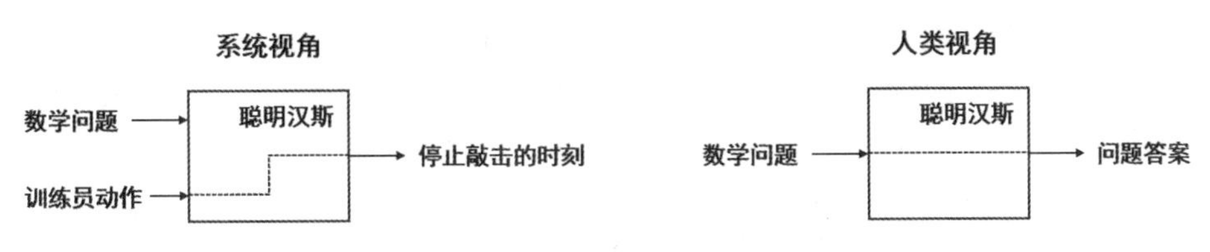

图 I　不同的视角

1950 年，在人工智能领域，阿兰 · 图灵（Alan Turing）也提出了一个类似的方法来评判计算机程序的“智能”属性，这就是鼎鼎大名的图灵测试。测试的核心是一个模拟游戏，游戏的规则是这样的：

在一个房间的中间装有帘子，帘子的一侧坐着一位“询问者”，而帘子的另一侧可能是一台计算机或一个人。询问者看不到帘子后面，但可以向其提问，并通过对方的回答来判断其是人还是机器。规则要求人是诚实的，不可以假装自己是机器，但允许机器“撒谎”。如果计算机以一定的成功率欺骗了询问者，使其觉得自己是在跟真人交流，它就通过了图灵测试，也就被认为是“智能”的。

在图灵测试中，计算机内部的运行过程并不重要，重要的是询问者的主观感受。用《人工智能》一书中的话来说，图灵是在“寻求可操作方法来回答智能的问题，欲将功能（智能能做的事情）与实现（如何实现智能）分离开来”。[2]

如果以图灵测试的思想作为评判标准，那么能够让大众相信其具有媲美人类智力的聪明汉斯无疑是“聪明”的。但正如故事中说的那样，“聪明汉斯”只是看起来很聪明，实则对数学一窍不通。显然，通过事物外在表现判断智能与否的图灵测试，可能将本身不那么智能的事物判定为智能——图灵好像错了！

但真的如此吗？

图灵错了吗？

图灵测试作为评估计算机程序是否“智能”的方式可谓饱受争议。第一次公开的严重批评来自 John Searle 及其在 1980 年提出的“中文房间”实验。

想象一下，在一个几乎封闭的房间中有一个说英语的人，我们称其为“操作员”。操作员完全不懂中文，在他的手里有纸、所有中文拼写的印章和一本非常详细的规则手册。在房间外有一个懂中文的“询问者”，他看不到房间内的情况，也无法通过声音与房间内的人沟通，但可以通过一个狭窄的小窗口将写着中文问题的纸条传递给操作员。操作员拿到纸条后可以查看规则手册，找到与纸条上文字形状一样的条目，然后将对应的答案（一堆不明所以的中文字符）用印章照葫芦画瓢地复制在纸上并传回给询问者。

在询问者的视角，操作员可以流畅地用中文回答中文问题，因而会断定其会说中文。但其实操作员“完全不明白问题的内容，也不知道自己回答了什么”[3]，即便我们将操作员和规则手册看作一个系统也是如此——系统只是在接收、处理和反馈一些符号，并没有任何“理解”的过程。与聪明汉斯的故事相似，看起来懂中文的操作员实际上可能对中文一窍不通！

John Searle 批评的关键点在于，基于对事物外部的观察得到的判断，可能与事物内部的实际情况完全不同。如此，图灵测试将机器视为黑盒，通过人类的主观感受对机器的“智能”属性所做的评判显然也不能代表机器的真实智能水平。

如果外在的“智能行为”不行，我们就只能通过内在的“智能结构”及其运行过程（如解决问题的特定逻辑）来判定智能。然而，究竟什么样的结构才称得上是“智能”呢？是必须完美复制人类的生理结构和心理模式才叫智能，还是有其他什么样的机制也可以叫作智能？要做判断先要有定义，但我们对“智能”的定义一直很模糊，而即便想复制自身，人类甚至连自己如何拥有意识和智能都没怎么弄明白，就更不用说去复制一个自己了。

这样看来，要判断一个事物内部是否存在真正的智能并不容易，而外在行为虽不能 100% 证明其有一个“聪明的头脑”，却可以保证其有能力办成一些“聪明的事情”。我们可以尝试通过对智能结构及运行过程的定义来判断事物是否存在智能，图灵测试不失为一种判断机器智能的好方法。

总之，从技术的视角来看，图灵的思想很有价值，但也存在不少争议。

那如果我们换个视角呢？

如果，不是技术呢？

事物外在给人的感觉与内部的实际情况不一致，这在很多研究人工智能的科学家和工程师看来简直不可理喻，但在另一些人眼中却非常合理，他们被称为“体验设计师”。

体验设计又称“用户体验设计”（User Experience Design，UX / DesignUX），是近年来颇受关注的新兴领域。工程师关注技术，设计师关注产品和用户的根本需求，而体验设计师作为设计领域的“新物种”，关注的是产品给用户带来的体验。

很多时候，产品的实际情况与用户对产品的主观感知可能完全不同。以“简单”为例，汽车的运转机制实际上非常复杂，但当控制装置和显示内容都被合理地分组和配置时，开车的人通常并不觉得控制汽车是一件多么复杂的任务；而一台简单到没有显示装置的电梯，却可能让用户因得不到电梯运行的必要信息（如楼层的变化）而感到十分费解。

也就是说，“简单的产品”和“让人觉得简单的产品”不是一回事，实际很复杂的产品在精心设计后也可能带来非常简单的体验。对于体验设计师来说，简单是一种体验，我们的目标是让产品给用户带来“简单的感觉”，而不一定非得做出一个结构简单的产品。产品内在的实际情况并不重要，重要的是外在带给人们的感觉——这就是体验设计的底层逻辑。

当我们将视线从 AI 技术[①] 转向“智能产品”，会发现很多相似的现象：很多搭载了前沿 AI 技术的产品经常被吐槽“不太聪明”，比如一些满屋子乱跑的扫地机器人；而有时使用传统控制技术的产品也会让用户觉得有些智能。这样看来，与简单一样，“搭载了智能技术的产品”和“让人觉得智能的产品”也不是一回事。

在技术上，内在实际与外在表现在评估智能时孰重孰轻尚存争议。但对于产品来说，用户既搞不懂也不关心产品内部的技术实现，他们关注和评价的是自己使用产品的体验——就算产品搭载了一百种前沿的 AI 技术，如果用户觉得它不够聪明，那它就算不得智能。

如此，从 UX 的视角，我们可以这样定义“智能产品”：

智能产品是让用户在使用时觉得智能的产品。

从设计的视角来看，智能是一种体验，即一种“智能的感觉”，我在《这才是用户体验设计》[②] 一书中称之为**智能感**。使用前沿 AI 技术也好，使用其他技术也罢，都

① 本书中的“AI 技术”指来自 AI 领域的相关技术，如专家系统、深度学习等。

② 全名为《这才是用户体验设计：人人都能看懂的产品设计书》，鉴于本书中经常提到此书，为避免冗余，均简称为《这才是用户体验设计》。

是实现目的的手段，而让用户产生智能感才是目的。智能感是在互动的过程中产生的，因而要实现智能感，就需要在深刻理解人性和技术（特别是 AI 技术）的基础上，运用设计思维对人与产品之间的互动进行精心的构建，这就是**智能感设计**——在产品层面，“智能”不是一个技术问题，而是一个设计问题。

从本质上说，图灵测试判断智能的依据就是询问者与“黑盒子”互动后产生的体验，而“黑盒子”本身的运作机制并不重要，这与体验设计的思想高度一致。当我们将图灵测试作为“智能产品”的评价标准，一切突然就变得非常合理了：通过了图灵测试的“中文房间”虽然不是真的聪明，却可以称得上是一款不错的智能产品。事实上，如今的智能产品几乎都不具备理解和推理的能力，即便是走在 AI 技术前沿的 ChatGPT 也是如此（在第 12 章详细讨论这个问题），本质上与中文房间并没有什么区别！

当然，在评价智能感时，图灵测试也有很大的局限性。一方面，图灵测试以“是否觉得是人类”作为评判依据，但表现得像真狗一样的机器狗，或在某些方面拥有超人类能力（如瞬间检索海量数据）的机器助理，虽然不会被认为是人类，却也可能让人觉得很智能。另一方面，图灵测试的交互方式为计算机文本，而如今的大多数智能产品都包含了图像、语音甚至实体结构，基于文本的问答显然不足以支持结构及功能日益丰富的智能产品。

此外，图灵测试的工作说到底是验证设计的结果，而并未给出任何设计思路。也就是说，即便我们知道产品不够智能，也不知道该如何系统化地为用户构建智能的感觉——而这才是体验设计中的核心问题。

因此，尽管图灵测试的思路在产品层面没有问题，但在智能时代的大背景下，我们还需要对智能产品、智能感甚至智能本身进行更加系统和深刻的思考。

而 UX 无疑会给 AI 领域带来一个全新的思路。

AI 需要 UX

近年来，随着人工智能的火热，各行各业都掀起了将产品“智能化”的浪潮。然而，很多企业都将“智能化”简单地理解为在产品中引入 AI 领域的相关技术，甚至认为为产品配一个手机应用就可以号称“智能”。结果经常是在营销时很吸睛的产品却得不到实际使用用户的认可，说到底都是因为缺少一个清晰的智能产品设计思路。

于是，AI 领域出现了这样的画面：一边是神化之下的 AI 无所不能，甚至人类的工作岗位都岌岌可危；一边是 AI 的应用非常有限，反而更多被用作噱头。在这种理想与现实的落差之中其实隐藏着巨大的危机，处于“技术狂热”之下的人们可能已经忘记，历史上有过两次大规模的 AI 浪潮（第 1 章会详细讨论这段历史），每一次都让人热血沸腾，每一次又都会有寒冷的冬天紧随其后。捧得越高，摔得越重，当 AI 被炒作成“神”，连那些八竿子打不着的产品都拼命给自己贴上“智能”的标签，用户的期望也变得越来越不现实的时候，一旦企业无法兑现其高远的承诺，AI 领域就会再度陷入近乎停滞的窘境。

这里需要明确一点，本书并没有半点否定 AI 的意思，相反，我真心希望 AI 领域能够健康快速地发展，并为我们的生活带来实实在在的改善。如果 AI 再次因为过度炒作而遭遇寒冬，那么不仅对领域本身是一次沉重的打击，也会让我们失去一个大幅提升产品体验的机会，对 UX 领域和人类生活的改善也将是一个重大的损失。本书希望通过批判的态度和全新的视角，为 AI 的发展和智能产品设计提供一套有益的新思路和新方法。

我一直认为，AI 和 UX 是未来产品的两大核心支柱。这两个领域几乎同时诞生，渊源极深，又相辅相成。在 AI 领域，科学家和工程师往往以 AI 技术为中心去扩展可能的应用方式，这样的产品化工作缺乏足够的系统性，也难免夹带对特定技术的执念，导致“一叶障目，不见泰山”，使 AI 的应用有所局限。UX 领域则正好相反，是从用户需求和目标体验出发思考如何使用 AI 技术，并且不排斥使用其他技术，从而为 AI 带来更丰富、更开放和更系统的产品化思路——当然，产品最终往往还要依靠 AI 技术的支持才能实现。

也就是说，UX 为 AI 提供了应用的方向，而 UX 要想在未来这个万物智能的时代创造卓越的产品体验，也绝离不开 AI 的强大赋能。如果说 AI 是一把好剑，那 UX 就是一套精妙的剑法。好剑需要好的剑法来配合，而好的剑法也需要通过好剑才能发挥出巨大的威力。对于产品来说，AI 不是未来，UX 也不是未来，“AI+UX”才是未来。

正如《人工智能与用户体验：以人为本的设计》一书所言，如果 AI 真的进入了另一个寒冬，“一个重要的成因会是 AI 设计师和开发人员忽视了 UX 对于一个设计的成功起到了怎样重大的影响”。如今，在新一轮 AI 浪潮到来之际，UX 也正以更加系统和完善的形态受到越来越广泛的关注——经历了近百年的平行发展，现在是让两个领域交汇到一起的时刻了。

加点 UX，让 AI“智能”起来！

本书的目的

在 2021 年写作《这才是用户体验设计》一书时，我意识到如果将智能看作一种体验，让智能产品设计立足于为用户打造智能的感觉，AI 和 UX 的“交汇点”突然就清晰了起来。于是我在书中提出了“智能感”一词，将其作为深度体验的“十大设计思想”之一，并用一个章节阐述了智能感的三个要素及基本设计思路，但因篇幅所限，未对这一思想进行更深入的探讨。在本书中，我会从历史、技术、本质、定义、原则、流程、伦理、发展等多个维度对智能产品设计进行更加全面系统的思考和讨论，以期提供一套理论与实践并重的“AI-UX 设计框架”。

具体来说，本书主要完成了以下 5 个方面的工作。

- **明确智能在产品层面的含义**。没有对“智能”的清晰定义，就很难对智能产品进行有效的设计。长期以来，与智能相关的概念一直比较模糊，特别是在智能产品设计方面，相关书籍多是对 AI 应用或设计案例的讨论，鲜有对产品智能定义的深入剖析。本书从智能的本质出发，提出了智能产品的 7 个层次，为设计工作明确了根本目标和评价基础。
- **阐明 UX 与 AI 的关系**。尽管两个领域渊源极深，但彼此间仍比较陌生。本书通过对 UX 和 AI 的介绍、两个领域平行历史的追溯、相互价值的讨论等，阐明 UX 与 AI 的关系，帮助读者跳出原有思维框架，建立“AI-UX”的新视角，推动领域间的协作及各领域的发展。
- **AI-UX 设计的系统化**。本书尝试构建一整套包含设计思想、基本要素、设计原则、设计流程、评价体系等在内的“AI-UX 设计框架”，打通从最初的点子或 AI 技术到最终产品的设计链条，为智能产品的系统化设计提供可操作的实现路径。
- **各行业通用**。目前与智能产品相关的书籍多是针对某一特定领域的，如智能家居、智能医疗等，相关经验往往难以直接应用于其他行业。本书力求从各行业智能产品的设计经验中提炼出触达本质的、能够在各行业通用的思想和原则，为各行业的智能化升级提供有价值的指南。

- **深入浅出**。尽管“人工智能”和“用户体验”都是如今的热门词汇，但给外人的感觉都有些“玄乎”，存在较高的领域壁垒。本书旨在让“没有AI基础的设计师”和“没有UX基础的工程师”都能无障碍地阅读，因而使用了尽可能通俗易懂的语言。不过，正如“感觉简单的产品”不等于“简单的产品”，易懂也并不表示粗浅，本书对智能的思考细致深入，且信息量很大，需要读者仔细研读。

本书的读者

本书适用于任何对AI、UX和智能产品感兴趣的群体，包括但不限于以下人群。

- **设计师**。本书可以帮助体验设计师、交互设计师、工业设计师等设计师群体对AI技术形成正确的认识，并掌握一套智能化产品设计的思想、原则、流程及方法，从而跳出传统的产品框架，将“智能”元素系统化地引入设计过程，创造出更具智能感的产品。
- **AI开发者**。本书可以帮助人工智能开发者、人机交互工程师等扩展思路，建立“以用户体验为中心”的产品思维，提升人工智能开发工作的现实意义。
- **AI研究者**。本书采用了一种全新的视角来思考智能及智能产品，可以为人工智能领域的学者和研究者带来一些新的研究思路。
- **AI产品经理**。本书可以帮助人工智能相关的产品经理建立智能化体验设计思维及能力。
- **企业管理者**。本书可以帮助企业管理者重新思考“智能化”及智能产品的含义，为打造出用户体验更好的、更具商业价值的产品奠定良好的基础。
- **高校师生**。本书可作为高校体验设计、交互设计、计算机、人工智能、人机交互、工业设计等AI和UX相关专业的教学读物或课外参考资料。

同时，由于本书的行业通用性强，互联网、家居、汽车、机器人、医疗、航空等行业的从业人员都可以从本书中获得有益的借鉴和参考。

本书的结构

最后说一下本书的结构，本书共分为5个部分。

第 1 部分从 AI 和 UX 的历史渊源及本质出发，提出“AI 体验主义”的基本思想；第 2 部分深入剖析“智能”和“智能产品”的含义，提出全新的概念阐述及“产品智能金字塔”；第 3 部分讨论智能产品设计的心理学基础、思考框架和设计流程；第 4 部分讨论智能产品设计的 70 个原则；第 5 部分讨论智能产品的伦理和未来发展。

好了，现在我们已经抵达两块大陆交汇处的上空，希望这趟旅程能让你满载而归。

让我们出发吧！

致谢

在本书从构思到成书的过程中，有很多人为我提供了支持和帮助，在此我深表感谢。

李洪宝和冯玉梅，我的父母，感谢他们对我想做的事情一如既往的理解与支持。

刘欢，我的爱人，感谢她在我专心写作的时间里承担了家庭的大部分工作，还在我因一些内容想不通而陷入困惑时与我一起讨论，提供了很多非常有益的思路与建议，并参与了本书的校对工作。

张晶，本书的编辑，感谢她一直以来对我的认可与支持、在本书写作过程中表现出的充分理解和耐心，以及对本书成书不遗余力地推动。

感谢戴力农老师为本书作推荐序，自因书相识以来，与戴老师的每次交流都让我受益匪浅。

感谢苏杰、陈贺昌二位老师为本书作推荐辞，能得到产品和 AI 领域专家的肯定和支持让我倍感振奋。

感谢王雨萌老师为本书中 AI 相关的内容提供了大量有益的建议，让我对 AI 领域的理解不断加深，并激起了我对 AI 的更多思考。

感谢胡刁凡为本书提供了原型示例。

感谢电子工业出版社的各位老师，包括一直关注并推动本书落地的孙学瑛老师，为本书设计封面的李玲老师，以及参与本书审校、宣传等工作的老师，是他们的共同努力让本书得以推向市场。

感谢我的所有读者，他们的关注和支持给予了我坚持写作的动力。

感谢本书引用过的所有书籍的作者，他们对“智能”这一问题的深刻思考为本书思想体系的形成与完善提供了非常宝贵的基础和参考。

最后，还有很多我未能一一提及的家人、恩师和好友，我能一路走到今天全靠他们的关心和鼓励，真的非常非常感谢他们！

李磊

2024 年 3 月于北京

目录

第1部分　AI与UX的大陆

第2部分　产品的智能

第3部分 设计框架与设计流程

第4部分 智能产品设计的70个原则

第5部分　伦理与未来

第1部分
AI与UX的大陆

第1章 AI与UX的平行发展史

AI 和 UX 都是现代学科，前者关注技术，后者关注设计及人与技术的关系。两个领域在计算机时代几乎同时出现，都与“心理学”（本书中泛指对人类思想活动进行研究的所有学科，也包括认知科学和神经科学）关系密切，也都在 21 世纪初被广泛关注。

纵观历史，两个领域颇有渊源，但发展过程相对独立。AI 领域可谓饱受炒作之苦，在 20 世纪就曾经历过两次大起大落，很多人以为人工智能是 21 世纪的新兴领域，但其实这已经是第三波 AI 浪潮了，且炒作之势较先前有过之而无不及。UX 领域则相对平静，从最初的人与计算机交互（Human-Computer Interaction，HCI，简称“人机交互”）到后来的交互设计，再到 UX 的崛起，经历了一个逐渐成长和扩展的过程。在深入了解这两个领域之前，我们有必要回溯一下 AI 和 UX 平行发展的历史，以便加深对两个领域及其关系的认识，从中吸取经验和教训，并对各领域的现状与发展形成更加深刻的洞见。

AI 和 UX 的缘起

说到“人工智能”这个名字，公认的源头是在 1956 年的达特茅斯会议上由人工智能先驱约翰 · 麦卡锡（John McCarthy）提出的。至于这个领域的确切起源则很难确定，因为在这之前就存在一些相关的思考和研究，例如现在炙手可热的神经网络，其相关理论[4]可追溯至 1943 年。在这些早期的研究中，对 AI 领域影响最大的莫过于 1950 年由阿兰 · 图灵发表的文章《计算机器与智能》（Computing machinery and intelligence）和提出的图灵测试（我们曾在“写在前面”介绍过）。图灵大概是最早对人工智能进行系统且深刻思考的人，他在文章中提出的机器思维、数字计算机、机器学习等方面的前瞻性观点对后世产生了巨大且深远的影响。我们通常认为这篇文章是 AI 学科的发端。

几乎在同一时期，UX 领域迎来了一位举足轻重的人物——计算机科学和互联网的先驱利克莱德（J.C.R.Licklider，也称“利克”）。利克最初是一位心理学家，而后进入计算机领域，并于 20 世纪 50 年代在麻省理工学院启动了一个项目——向工程系学生介绍心理学，这就是 HCI 的前身。利克认为，计算机最好能成为人类的搭档，以增强彼此的能力，并在 1960 年发表了极具开创性的论文《人机共生》。在文章中，利克指出“在某种意义上，任何人造系统的目的都是帮助人类，即帮助系统之外的人”[5]，这个观点与 UX 以人为中心的理念非常接近。利克还描绘了理想计算机助手的样子：能够回答问题，基于过去的经验给出新情况下的行动建议，并以图形形式展现结果（是不是很像现在的 AI 助手）。可以说，这篇文章不仅阐明了人和计算机之间的互补关系，为 AI 的发展方向奠定了基础，也将人们的注意力从机器本身引向了使用机器的人，其对 UX 的影响是巨大的——如果说 AI 学科发端于图灵，那么说 UX 学科发端于利克应该也不为过。

1962 年，利克成为美国国防部高级研究计划局（ARPA）信息处理技术办公室（IPTO）的第一任负责人，并得到了超过 1000 万美元的巨额经费来实现他的人机共生愿景。利克利用这笔钱资助了很多 HCI 项目，这些项目催生了很多如今我们依然常用的产品，如鼠标、超文本、屏幕窗口，还有平板电脑。值得一提的是，利克还资助了马文 · 明斯基（Marvin Lee Minsky）、约翰 · 麦卡锡、艾伦 · 纽维尔（Allen Newell）、司马贺（Herbert Simon）等 AI 先驱的工作，是 AI 领域早期的“天使投资人”之一。

这样来看，AI 和 UX 可以称得上同宗，两者最初都希望利用计算机技术构建出一种“高级机器”，也都从心理学中汲取灵感，只是 AI 更关注机器本身，而 HCI 更关注人机关系的构建。不过，尽管发源于相同的时期，但 HCI 的发展相比 AI 还是要稍晚一些。毕竟在 20 世纪 50 年代，计算机的发展还处于非常早期的阶段，远未到大规模普及的程度。相比考虑计算机使用者的 UX，能让机器拥有更强大能力的 AI 自然更容易受到关注并得到资金支持。

20 世纪 50 年代中期，伴随着机器翻译的瞩目成果和“人工智能”名称的提出，第一次 AI 浪潮很快到来了。

推理期与第一次 AI 寒冬

人工智能的发展大致可分为三个阶段：20 世纪 50 年代——70 年代初的**推理期**、70 年代中期——90 年代初的**知识期**以及 90 年代中期至今的**学习期**。

在发展初期，AI 研究的主流是赋予机器逻辑推理的能力。这个思想最早可以追溯到亚里士多德（公元前 350 年）建立的逻辑前提，认为"推理能力"将人类与所有其他生物区分开。如果这个理念成立，想让机器具有智能，推理能力就是必不可少的。不过，尽管也是"推理"，但当时主要研究的并不是福尔摩斯似的现实世界推理，而是抽象的"自动定理证明"，即用机器代替人类对数学中的各种定理进行证明。例如艾伦·纽维尔和司马贺的"逻辑理论家"（Logic Theorist）程序在 1952 年证明了名著《数学原理》中的 38 条定理，并在 1963 年证明了全部 52 条定理，二人因在这方面的工作获得了 1975 年的图灵奖。

另一个 AI 的初期研究方向是机器翻译。第一个具有影响力的机器翻译实验是乔治城（Georgetown）大学和 IBM 公司的联合实验。在 1954 年的一次公开演示中，程序成功地将一些俄语句子翻译为英文，这在冷战时期非常具有吸引力。一时间，各大媒体争相报道，演示程序被冠以"双语机器"等夸张的名头，大量资金随即涌入，掀起了对 AI 领域的研究热潮，对未来的预测也越来越疯狂，似乎机器翻译三五年内就能在一些特定领域实现应用（是不是与现在的情况有点相似？）。然而，这个程序只是基于 6 条语法规则，实现了在以有机化学为主的领域对 250 个单词和 49 个句子进行翻译——这的确是伟大的进步,但语言的复杂性被大大低估甚至忽略了。事实上，那个"三五年就能实现的小目标"直到 50 多年后才基本达成，而且离"信达雅"的完美标准还相去甚远。

"成也萧何，败也萧何"。对机器翻译等技术成果的炒作带来了 AI 领域的 10 年繁荣，但其导致的结果也极具破坏性。1964 年，美国政府的科研资助机构意识到机器翻译进展缓慢，于是责成美国科学院成立了自动语言处理顾问委员会（ALPAC）对现状进行调研，并于 1966 年发布《语言与机器》报告。报告对机器翻译提出了严厉的批评，称机器翻译比人更慢、更不准确且成本更高。很快，对机器翻译的投资被大幅削减，加之自动定理证明等 AI 早期研究工作难以快速产生现实应用，一系列连锁反应在整个领域蔓延开来，最终引发了第一次 AI 寒冬。长期的资金短缺让 AI 领域遭受重创，带有相关术语的资金申请都消失了，曾风靡一时的"AI"转眼间成了人们避之不及的负面词汇。

值得一提的是，ALPAC 在报告中将 1954 年的演示结果和 10 年后乔治城大学的机器翻译结果进行了比较，认为经过 10 年的努力，机器翻译技术不仅没有进步，反而还退步了！语言学家 William John Hutchins 曾指出，当年的那场演示并不是对当时机器翻译技术的真实测试，而是“旨在吸引关注和资金”的作秀，现在看来不无道理。即便经过了 10 年，机器翻译水平有所进步，但依然难以填补之前炒作所挖出的大坑。没有炒作就没有巨额投资，因而以当年的炒作作为比较基准是无可厚非的。只能说，AI 领域因炒作获得了短暂的辉煌，也在随后的反噬中遭受了沉重的打击。

好在，AI 研究者没有气馁，在新思路和新概念的助推下，AI 领域迎来了第二次浪潮。

知识期与第二次 AI 寒冬

随着 AI 研究的发展，人们逐渐认识到仅有逻辑推理是远远不够的。举个例子，看到苹果上面有个洞，我们会推测洞里有虫子，这是一个推理过程，对吗？其实不全是。如果我们不知道好苹果的表皮是光滑完整的，就不会知道眼前的苹果有个洞，如果不知道虫子会啃食苹果，就不会认为洞是虫子所为，而好苹果的样子、虫子的习性这些信息都存在于我们的大脑之中，被称为“知识”。爱德华·费根鲍姆（Edward Albert Feigenbaum）等人认为，机器要实现智能，就必须拥有知识。为了避免“AI”负面形象的影响，聪明的研究者们给拥有知识的 AI 创造了一个新概念——专家系统。在他们的倡导下，AI 领域在 20 世纪 70 年代中期进入了“知识期”。

专家系统包含了一套以“如果……那么……”形式存储的知识（类似“如果是苹果，那么有光滑的表皮”），搭配推理和权衡机制，可以在一定程度上通过模仿专家的行为来解决问题。费根鲍姆等人在 20 世纪 60 年代末实现了第一个专家系统 DENDRAL，该系统利用从化学知识中提炼的规则，能够根据物质的质谱仪数据得到其化学结构。随后，DENDRAL 的核心成员布坎南（Bruce Buchanan）牵头实现了另一个著名的专家系统 MYCIN，该系统能够对细菌感染进行诊断。专家系统还在 AI 商业化方面迈出了一大步，最成功的案例之一是 DEC 公司的专家配置系统 XCON。当客户订购 DEC 的电脑时，XCON 可以根据用户的需求自动配置零部件，从 1980 年投入使用到 1986 年期间，该系统共处理了约 8 万个订单，为 DEC 节省了至少数百万美元。

80 年代，伴随着在企业中的商业应用，专家系统的热度迅速飙升。此时的日本在计算机领域快速崛起，并提出了“第五代计算机”的概念[1]，终极目标是专家系统和自然语言理解。为了跟上日本的步伐，美国和英国相继出台战略计划，私营公司也迅速跟进，三国的企业在 80 年代对 AI 的投资超过了 10 亿美元——AI 领域再次迎来了 10 年的黄金期。

不幸的是，炒作再次出现：媒体大肆渲染，投资大量涌入，很多跟 AI“八竿子打不着”的领域和人员都拼命向专家系统和第五代计算机靠拢。但是，此时专家系统的局限性已开始显现，费肯鲍姆在 1980 年就发现了专家系统在知识获取方面的“瓶颈”，例如很多专业知识和经验很难被系统性地总结出来，也很难被正确地转化成机器能够理解的形式，而即便这些知识和经验能够被有效转化，对所输入知识的较高依赖也大大制约了专家系统灵活性。80 年代末，人们逐渐意识到专家系统并没有兑现当年宣传中做出的那些承诺，日本的第五代计算机相比传统计算机也没有太明显的提升。到了 90 年代初，伴随着第五代计算机计划的幻灭，各国对专家系统的投入大幅削减，与之前的“机器翻译”一样，曾经非常时髦的“专家系统”也变成了一个负面词汇。

连锁反应再度发生，第二次 AI 寒冬在 1993 年悄然来临。

交互设计的诞生

再来看一看在 AI 的推理期和知识期，UX 领域发生了些什么。

之前说到利克作为 IPTO 的第一任负责人极大地促进了 HCI 和 AI 两个领域的发展，而他的继任者罗伯特·泰勒（Robert Taylor，又名“鲍勃·泰勒”）同样不是等闲之辈。与利克一样，泰勒也曾是一位心理学家，而后进入计算机科学领域，并深受利克在《人机共生》中思想的影响。在 IPTO 期间，泰勒注意到他所资助的团队无法相互交流，他希望将这些社区连接起来，这样的想法孕育了阿帕网（ARPANET），并最终迎来了互联网的诞生。

结束了 IPTO 的工作后，泰勒最终来到著名的施乐帕克研究中心（Xerox PARC）并担任计算机科学实验室的负责人。凭借卓越的才华和个人影响力，泰勒让大量世界顶尖的科学家汇聚于此。PARC 的创新成果在今天来看足以令人惊叹，例如带有鼠标的个人电脑、图形用户界面（GUI）、激光打印机、以太网等。在利克和泰勒的基

① 当时的计算机工业按照电路工艺将计算机划分为电子管、晶体管、集成电路和超大规模集成电路四代。

础上，一群科学家认识到在人机交互中存在着一种应用心理学，一个“以用户为中心”的框架在斯坦福研究所和PARC中逐渐成形，并最终在斯图尔特·卡德（Stuart K. Card）、托马斯·莫兰（Thomas P.Moran）和AI先驱艾伦·纽维尔于1983年出版的《人机交互心理学》一书中得到阐明。用户不是在操作计算机，而是通过与计算机的交流来完成任务。该书认为，应将心理学原理应用于计算机软硬件的设计之中，在理解人类思维方式的基础上，调整计算机来更好地适应用户——心理学对计算机科学的重要性也因此变得更加清晰了。

80年代中期，设计了第一台现代笔记本电脑GRiD Compass的两位工业设计师Bill Moggridge和Bill Verplank为自己的工作创造了“交互设计”一词，这个词在10年后被其他设计师重新发现，并在互联网浪潮的推动下大放异彩。传统的工业设计师专注于静态形式的设计，交互设计师则更关注设计上的交互性，即人在使用产品时的行为，而这样的设计显然要建立在对人（心理学）和技术（当时主要指计算机科学）的深刻理解之上。如果说HCI将心理学引入了计算机科学，那么“交互设计”概念的提出则将设计学与HCI联系了起来。

至此，UX领域的“三驾马车”——技术、心理、设计——均已齐备。在交互设计走上历史舞台，开始在学界和产业界崭露头角之际，一个更大的变革也在悄悄地酝酿。

学习期与AlphaGo

让我们回到AI领域，来说说机器学习。

“机器学习”的概念最早可追溯到图灵1950年的文章《计算机与智能》，在随后的三十年间也有很多相关的研究，但并没有成为AI领域的主流。20世纪80年代，随着专家系统开始遭遇“瓶颈”，人们逐渐认识到由人把知识总结出来再教给机器是相当困难的。相比之下，人类并非简单地复制某个“知识库”，而是通过持续的学习不断提升和扩展自己的知识技能。如此看来，机器要想实现真正的智能，学习能力是必不可少的。在这样的想法之下，机器学习作为“解决知识工程瓶颈问题的关键”走上了AI的主舞台，并逐渐发展成为一个独立的学科领域。

机器学习的实现思路主要有三类：逻辑主义、连接主义和自然主义。**逻辑主义**（或符号主义）将知识表示为符号和逻辑关系，而后交由机器进行处理。AI领域早期的主流技术，如自动定理证明、（早期）机器翻译、专家系统等，均属于此类。受到领域发展的影响，机器学习的早期也是“基于逻辑的学习”占主流。但是，对于稍大型的问题，把要学的内容都进行符号化表示非常困难，这限制了机器进行有效学习的能力，90 年代中期后这方面的研究相对陷入低谷。

第二个机器学习思路是基于神经网络的“连接主义学习”。**连接主义**的早期工作可追溯到 20 世纪 40 年代，该思想以人类大脑为蓝本，通过建立某种“人工神经网络”来对数据中的规律进行学习。人工神经网络在学习时，会不断对网络中的大量参数进行调整，直到得到满意的系统输出，因而其学到的是一种“黑箱”模型（我们可以用训练好的系统解决问题，但对它到底学到了什么一无所知）。90 年代初，随着专家系统的衰落，对神经网络的研究开始兴起。在经过以“统计学习”（一种与连接主义学习关系密切的 AI 技术）为主流的研究时期后，神经网络最终在 21 世纪初卷土重来，并掀起了名为“深度学习”的研究热潮。

第三个机器学习思路是**自然主义**。连接主义和自然主义都期望从生物学中找寻灵感，前者借鉴的是微观的神经系统，后者借鉴的是宏观的行为和物种演化过程。自然主义最早可追溯到冯 · 诺依曼的细胞自动机，而后发展为遗传算法和遗传编程。我们知道生物可以通过交配和突变产生包含新基因的个体，并基于“适者生存”的法则筛选出对环境适应性更强的群体继续繁衍，从而让该物种的基因得到优化——在“物种”的层面上，这也是一种“学习”。于是，AI 研究者们在计算机程序中引入了交配、突变等概念，让程序可以通过简单的规则（如借鉴生物的染色体交叉）产生丰富的“子代”，然后让它们执行任务，通过“优胜劣汰”的规则选出更有竞争力的子代程序。如此，经过成百上千次的“繁衍”，计算机最终可能自己掌握完成任务的有效方法，这就是自然主义学习的基本思路。

除此之外，自然主义还有一个被称为“强化学习”的重要分支。如果你学过行为心理学，那么对“强化”一词应该不会陌生，它源自著名的“操作性条件反射”——动物对环境实施动作，若结果是积极的，则提高该动作的频率（强化）；若结果是消极的，则减少频率，通过不断尝试和调整，动物就能学到将奖赏最大化的策略。强化学习也采用了类似方法，让计算机在大量尝试中对解决问题的最佳方式进行学习。值得一提的是，强化学习的先驱理查德 · 萨顿（Richard S. Suttun）也是一位心理学出身的计算机科学家，而“动物学习心理学”作为一条重要的主线“贯穿了一些人工智能最早期的工作，并在 20 世纪 80 年代早期引发了强化学习的复兴”[6]。

2016 年，谷歌的 AlphaGo 战胜世界围棋冠军李世石，将 AI 领域推向了第三个黄金时代，而 AlphaGo 强大的关键就在于“深度强化学习”（深度学习和强化学习的有机结合）。如果说逻辑主义引领了前两次 AI 浪潮，那么第三次 AI 浪潮则是连接主义和自然主义共同作用的结果。

在新一代机器学习的赋能下，图像识别、机器翻译、自动驾驶等技术都得到了质的提升，AI 也开始真正应用于人们的日常生活，这无疑是卓越的成就。但历史的经验告诉我们，危机往往隐藏于狂欢之中。面对空前的热度，理智的研究者应该思考，如何避免 AI 领域陷入第三次寒冬，也许一个正在崛起的新领域可以带来一些改变。

UX 的崛起

1993 年，也就是神经网络在 AI 领域兴起的同时，在苹果公司工作的唐纳德·A·诺曼（Donald Arthur Norman）创造了用户体验（UX）一词。早期的 HCI 和交互设计关注的是人与计算机在行为层面的互动，UX 则将考虑的范围扩大到购买和使用产品的全部体验。在 UX 的框架下，与人发生互动的一切，无论是硬件、软件、界面，还是服务、环境、生态，无论是行为层面（如易用性、控制感）的，还是更深层次（如有趣、快乐、意义）的，都会影响用户对产品的整体感知，也都需要被精心设计。也就是说，UX 不仅极大地丰富了与人交互的对象，也将“体验”的含义提到了更高的层次，这为人与世界的互动开辟了更加广阔的空间。当然，作为（广义）UX 的一部分，HCI 和交互设计依然会在各自擅长的方向上不断发展，而 UX 的全面崛起也注定会为人与技术的互动带来更加全面而深刻的思考。

尽管有了 UX 的概念，但在 90 年代，数字产品的呈现形式还是以网页为主（用户坐在固定的计算机前与虚拟的网络世界进行互动）的，基本上处于交互设计的框架内。因此在这个时期交互设计发展迅速，传统设计师纷纷转向互联网，信息架构师、信息设计师、交互设计师等新头衔大量涌现，可用性和人因（Human Factor）相关从业者的地位在企业中显著提升，很多重点大学争先恐后开设相关的理论和培训课程。到世纪之交时，交互设计已基本发展成独立的学科和专业。

1999 年，B.Joseph Pine Ⅱ和 James H. Gilmore 出版《体验经济》一书，倡导企业“打破传统的思维方式，建立体验化思考能力……不但要思考产品的设计和生产，更要琢磨如何以这些产品为基础设计和组织用户体验”[7]。该书还将“体验”定义为在初级产品、产品、服务三类传统经济产出之上的第四阶段价值，能够为企业带来远超前三者的巨大商业利益，这意味着对体验的设计工作在经济学层面得到了支持与肯定。

进入 21 世纪，UX 迎来了新的发展机遇。2007 年，也就是“深度学习”概念在 AI 领域被正式提出的第二年，苹果公司发布了 iPhone，正式开启智能手机和移动互联网时代。在移动互联网时代之前，用户只能在固定的地点接入虚拟世界，物理与数字有着明显的分别。但随着随时随地上网成为可能，互联网逐渐渗透到用户生活的方方面面。人与产品的互动不再是虚拟或现实，而是虚实交错。实体交互与数字交互相互影响，设计师必须将用户的所有活动作为一个整体来考虑，这让传统的工业设计（偏重实体）和交互设计（偏重虚拟）有些力不从心。而从用户需求出发、从一开始就不受实体和虚拟桎梏的 UX，通过对整个体验进行构建和规划，为创造更好的移动产品提供了契机。卓越的产品是内外兼修的，这一特质在苹果公司的早期产品上体现得淋漓尽致。如果说诺曼将 UX 思想凝结成了概念和理论，那么史蒂夫·乔布斯（Steve Jobs，苹果公司联合创始人）则将 UX 思想充分应用于苹果产品的设计中——乔布斯不仅是一位优秀的 UX 设计师，也是 UX 思想最忠实的践行者。2019 年，国际标准化组织（ISO）发布了“以人为中心设计”的流程标准 ISO 9241-210 和 ISO 9241-220，标志着 UX 设计流程在国际上得到了比较广泛的认同。

不过，尽管乔布斯被广为传颂，但由于 UX 领域过于庞大且知识的体系化不够充分（《这才是用户体验设计》一书在这方面做了一些工作，并提出了一个相对完整的参考框架），真正理解并成功实践 UX 思想的公司并不多。特别是对于传统行业，对 UX 的认知比起互联网要落后很多，很多中国的传统行业直到 2020 年前后才开始将“用户体验”视为攸关企业生存发展的关键因素。

UX 时代的帷幕才刚刚拉开。

历史的教训：AI 的寒冬又要来了吗

我将 AI 和 UX 的发展史绘制在图 1-1 中。纵观历史，我们会发现两个领域在看似平行的发展之下存在着千丝万缕的联系。一方面，AI 和计算机领域中一些最重要的创新，例如深度学习、强化学习、图形用户界面等，之所以能够产生，都多亏了那些转行到计算机领域的心理学家。另一方面，HCI、交互设计乃至 UX 的诞生与发展，也离不开计算机技术的发展和那些“不安分”的计算机从业者的努力，而 AI 研究也为理解人类自身提供了极为深刻的洞见。计算机与心理学，AI 与 UX，如果能够齐

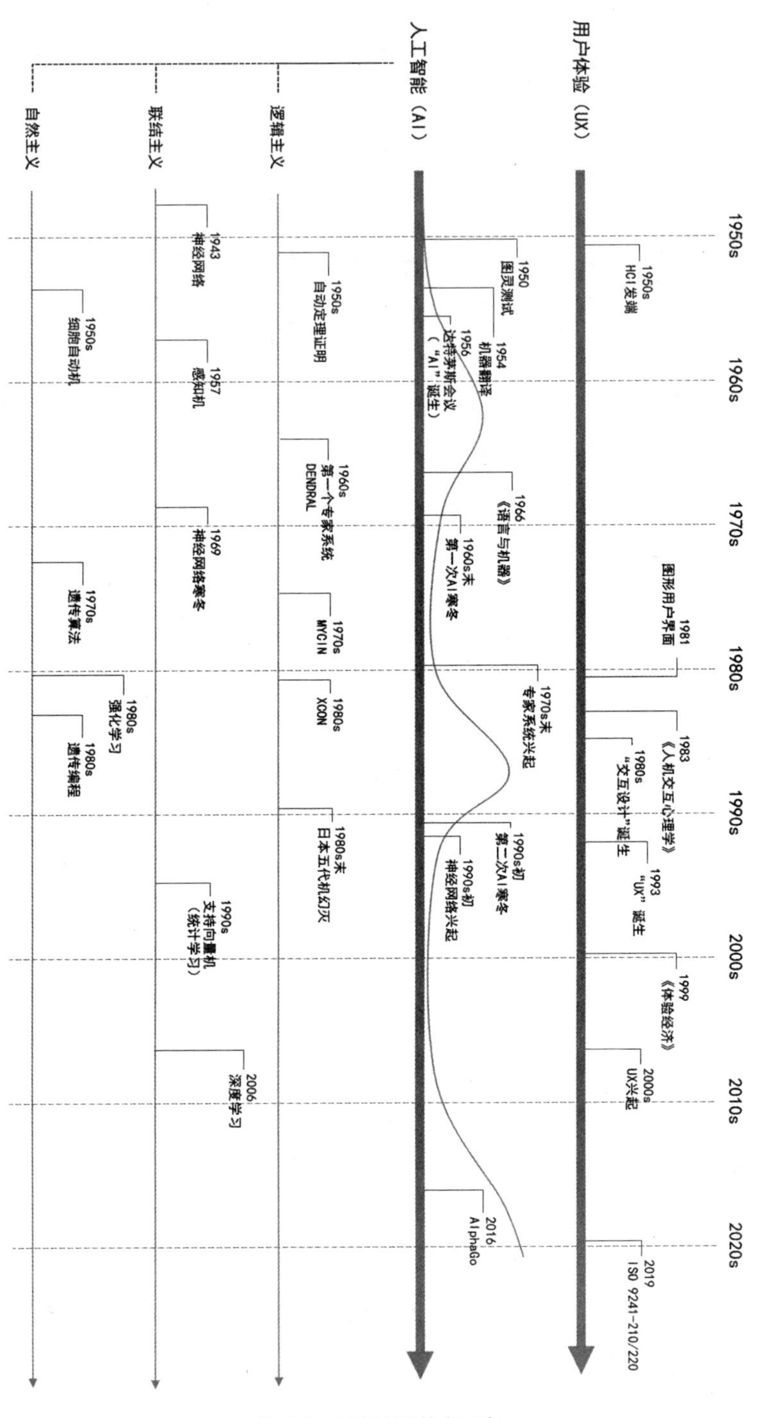

图 1-1　AI 和 UX 的发展史

头并进，那么对彼此都将是极大的促进，并能为世界带来更具科技感与人性的产品，不断改善人们的生活。然而，当前大多数企业聘请计算机专业的人才从事智能化工作，而不是心理学或UX方面的专家。但智能并不仅仅是一个"计算问题"，当人们不再满足于科技本身，开始追求科技所带来的美好体验时，单靠AI领域的知识很难打造出商业上成功的智能产品，这就为AI的发展埋下了隐患。如今，AI正处于新一轮黄金时期，你可能很难想象它会陷入寒冬，但以目前的情况发展，AI领域极有可能迎来第三次寒冬。

回望前两次AI寒冬，我们会发现一种非常不健康的模式：从技术突破、新概念提出，到特定领域实现了前所未有的应用，到媒体大肆炒作、大量投资涌入、公众期望非理性升高，再到畅想的愿景没有兑现、失望情绪蔓延、资金被削减和冻结，最终领域遭受重创，不得不等待新的技术突破开始新一轮热潮。正如Melanie Mitchell在《AI 3.0》中所言："研究人工智能的群体已经熟悉了这一模式：先是'人工智能的春天'，紧接着是过度的承诺和媒体炒作，接下来便是'人工智能的寒冬'。"

在当前的AI热潮之中，我们很遗憾地看到了似曾相识的一幕：深度学习和强化学习兴起，并在围棋及最近的内容生成（AIGC）领域制造了轰动性事件，媒体大肆炒作，似乎AI替代人类指日可待；海量资金涌入，新公司和新部门林立，很多"八竿子打不着"的产品都挂上"智能"的标签开始被兜售；从未涉足过AI的高校纷纷设立相关专业，扩招教师和学生，甚至拨款建立教学楼和实验室。但历史告诉我们，炒作与跟风之后，往往会伴随低谷。

不知是不是宿命，每逢AI被推上神坛，以期在更广泛的领域大展宏图之时，瓶颈也随之而来。无论是机器翻译还是专家系统，在黄金时期到来后很快都遭遇了瓶颈——当炒作与瓶颈并存，泡沫破碎是早晚的事情。再看AlphaGo引发轰动以来，炒作之风尤甚，但深度学习技术并没有取得太多突破性的进展，其在各行业的应用范围也不及预期。特别是近几年，AI领域中的怀疑之声越来越多，盖瑞·马库斯和欧内斯特·戴维斯在《如何创造可信的AI》一书尖锐地指出："即使数据越来越充裕，计算速度越来越快，投资数额越来越大，我们还是要认清一个现实：当下繁荣局面的背后，缺少了某些本质上的东西。就算揽进所有这些进步，机器在许多方面依然无法和人类相提并论。"朱迪亚·珀尔（图灵奖得主）和达纳·麦肯齐在《为什么》一书中也指出，深度学习的成果确实令人惊叹，但它的成功主要告诉我们的是之前我们认为困难的任务实际上并不困难，而那些阻碍类人智能机器实现的真正难题仍然没有得到解决。"其结果是，公众误以为'强人工智能'（像人一样思考的机器）的问世指日可待，甚至可能已经到来，而事实远非如此。"

在炒作与瓶颈的夹击之中，前两轮 AI 浪潮都只维持了 10 年左右。如果历史重演，那么从 2016 年 AlphaGo 事件算起，这一轮 AI 黄金期可能会在 2026 年前后出现拐点[①]——AI 领域能够摆脱这个“10 年魔咒”吗？

UX：驱散魔咒的关键

如今的时代对 AI 来说，有一个好消息和一个坏消息。

好消息是，AI 终于走出了实验室和企业，进入日常生活，这使其具有了空前的商业价值；坏消息是，消费者对产品的要求也大幅提高了——人们已经厌倦了新科技本身，他们想要的是新科技带来的高效和迷人的体验。

如此一来，就算我们假设新一代 AI 真如宣传的那般实用和强大，并且能够应用于各行各业，它恐怕也很难获得成功。要知道，好技术（具有商业价值）和好产品（实现商业价值）是两码事，后者还需要心理学和好的设计，对于 AI 也是如此。特别是在万物智能的时代，无数设备相互连接，在我们所未察觉之地进行着海量的计算。产品和服务背后的技术将复杂到用户无法理解的程度，用户根本搞不清 AI 技术能帮自己做什么，用 AI 为用户创造优质体验也就变得愈发困难。而倘若未能及时打造出足够美好的智能体验，AI 的价值就可能再次遭到低估，从而陷入困境。

好在，当 AI 的应用从传统计算机扩大到移动设备乃至物联网中的时候，UX 涉及的范围也从计算机界面扩展到用户使用产品的完整体验，这对 AI 具有非常重要的意义。诚然，当前的 AI 技术有很大的局限性，但任何技术皆如此，有局限性并不妨碍我们用它解决问题，更何况 AI 还是一类极为强大的技术。如果我们将 UX 充分应用于 AI，就能有效发挥 AI 的强大能力，创造出能带来卓越体验的智能产品。这样，即便 AI 的成果不及预期，也不会被用户和市场轻易抛弃——如果说驱散魔咒有什么良方，那 UX 很可能就是关键所在。在本书后面的章节中，你将看到 UX 如何在思想、原则、流程等方面帮助 AI，使其更容易在产品和商业层面获得成功。

但在这之前，我们有必要先来仔细思考一个问题：

AI 究竟为何物？

---

① 以 ChatGPT 为代表的大语言模型（详见第 12 章）的出现似乎再次点燃了大众对 AI 的热情和无限的遐想，但其对 AIGC（利用 AI 生成内容）之外的其他应用领域（如智能驾驶、智能医疗）的影响还有待观察。

第2章 AI技术的本质

产品设计就是与技术打交道，重新设计生活。

——《情境交互设计：为生活而设计》

技术，一个让很多设计师望而生畏的名词，似乎与充满想象力与艺术气息的设计相隔甚远。但与艺术设计不同，体验设计师需要利用各种技术（尤其是AI等新兴技术）帮用户解决现实问题，并构建优质的产品体验。技术是实现产品的核心工具，如果对工具一知半解甚至有误解，就很容易在设计时忘记使用或误用，从而失去创造更好体验的机会。

但技术日新月异，也愈发复杂，电子、计算机、互联网、大数据、物联网等使得设计师与技术的距离越来越远。特别是在如今的智能时代，很多设计师对AI甚至没有一个清晰的概念，提出的“智能化方案”不是过于科幻（认为AI无所不能），就是过于简单（如增加一些与手机互联的功能）。诚然，设计师并不需要真的去开发AI技术，但要想用好这把“AI之剑”，我们至少应该对剑本身有一定程度的了解。

“为您效劳，先生”

如果你看过《钢铁侠》系列电影，那么一定会对主人公托尼·斯塔克（Tony Stark）的人工智能助理贾维斯（J.A.R.V.I.S.）印象深刻。

在电影中，贾维斯是名副其实的得力助手，除了能忠实、可靠、高效地执行斯塔克的指令，还能主动发现问题并提供解决方案，多次帮助斯塔克脱离险境。不仅如此，贾斯汀还如家人一般温柔体贴，并能够与人类进行富有教养和人情味的交谈，那句对斯塔克的回应“At your service, sir”（为您效劳，先生）更是成为无数影迷心中的经典。

可以说，贾维斯是很多人（也包括我在内）心中最理想的人工智能的样子之一，充满智慧又富有人性，甚至可能拥有自我意识——这样的 AI 角色在科幻作品中还有很多，比如《星球大战》中的 C-3PO、《机器人总动员》中的瓦力（WALL-E）以及《哆啦 A 梦》中的哆啦 A 梦。

受这些作品的影响，加之很多企业和媒体在人工智能热潮中夸张的营销宣传，人们很容易对现实中的 AI 也产生一种“类生命体”的印象——似乎在智能产品中有一个叫作 AI 的“东西”，能自主学习、工作，有自己的想法，甚至有朝一日向人类发起挑战——AI 也因此变得“玄乎”了起来。但是，尽管科幻有变成现实的可能性，但在未来很长的一段时期，AI 几乎都不会以这样的形式存在。

为何会如此呢？这还要从 AI 技术的本质说起。

AI 只是一个程序

要正确理解 AI 的本质，就要首先理解“计算机”、“算法”和“程序”的本质（如果你不具备计算机领域的相关知识，建议先阅读附录 A，我在其中对这些概念做了尽可能通俗易懂的介绍），简单来说：

计算机是一台能够自动处理数据的机器。

算法明确了处理数据的规则。

算法以计算机程序的形式存储在计算机里。

计算机根据存储的算法处理数据，以完成特定任务。

那 AI 是什么呢？

尽管看起来高深莫测，但 AI 并没有脱离计算机的范畴，因而 AI 本质上也是一个计算机程序，或更具体地说：

AI 是一个能够执行人工智能领域某个算法的计算机程序。

正如人工智能先驱马文·明斯基所指出的，AI 研究者“主要致力于编写可以完成目前人类更加胜任的工作的计算机程序”[3]。换言之，相比“一个人工智能”，更严谨的说法应该是“一个人工智能程序”。无论是识别小猫小狗，还是控制机器人行走，都是计算机基于某种 AI 算法对数据进行的处理，而这些算法说到底都是由人类构建的——计算机所做的只有执行，并没有什么“神奇的事情”发生，即便 AI 也是如此。

那么AI程序的特殊之处在哪里呢？这里以一个由计算机程序控制的机器小车(可视为一种机器人）为例来说明，其运行机制如图 2-1 所示。小车上装有可以测量距离的传感器，程序对传感器收集到的环境数据进行处理，并输出控制数据（如车轮电机的转速值），而后车辆控制器会根据这些数据控制相应的物理结构。例如，当程序输出更高的左轮电机转速时，小车的左轮就会比右轮走更多的距离，从而实现小车的右转。

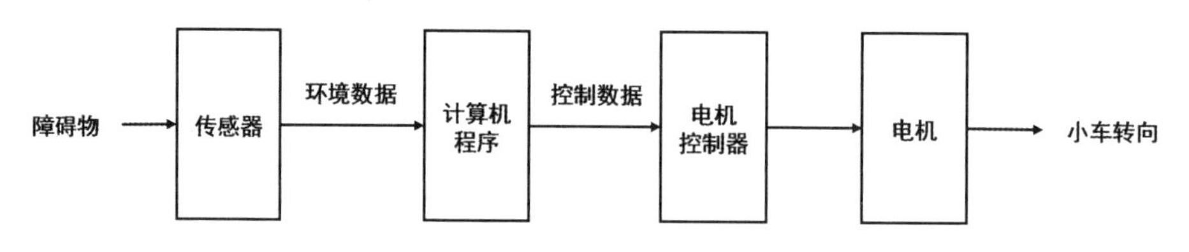

图 2-1　小车运行机制

先来看看传统的程序，如果我们期望小车能够顺利通过图 2-2 中的迷宫 1，那么可以让小车遵循这样的规则行驶（当然，在程序中这些规则是以计算机语句的形式体现的，在这里我们只考虑规则所反映的逻辑，并设定小车始终以固定车速行驶）。

（1）前进 80 厘米，停车，右转 90°（拐第一个弯）。

（2）前进 50 厘米，停车，左转 90°（拐第二个弯）。

（3）前进 80 厘米（走出迷宫）。

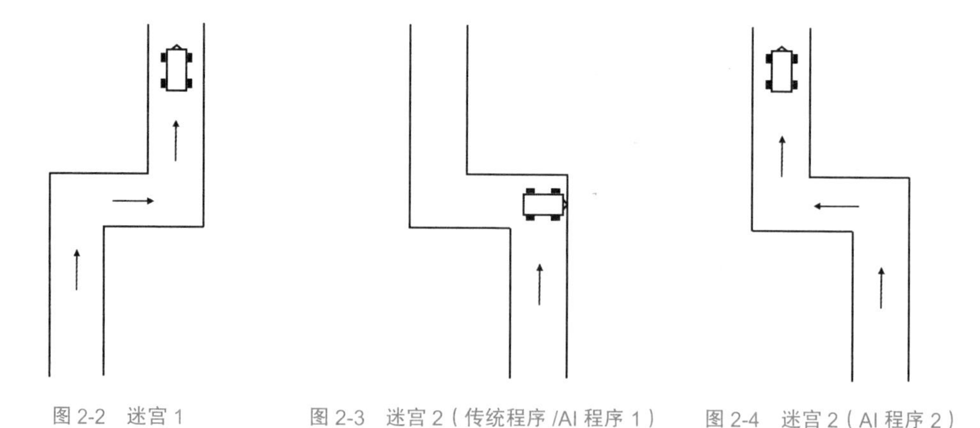

图 2-2　迷宫 1　　图 2-3　迷宫 2（传统程序 /AI 程序 1）　　图 2-4　迷宫 2（AI 程序 2）

这样的程序能够顺利通过迷宫 1，但也只能做到这些，如果碰到图 2-3 中的迷宫

2，那么小车在第 1 个路口依然会右转，然后在墙壁前卡住——明明左边有路，但小车就是“看”不见，甚至被卡住了还“拼命”想往右走。此外，小车在每个直线路段需要行进的距离也需要被精准测量并设置，否则出发位置稍有变动就很容易失败。显然，这样的小车很难让人觉得“聪明”。

再来看看 AI 程序会怎么做。同样是迷宫 1，AI 程序的规则可能是这样的（AI 程序 1）。

（1）前进，若与前方障碍物的距离小于 10 厘米，则停车，右转 90°（拐第 一个弯）。

（2）前进，若与前方障碍物的距离小于 10 厘米，则停车，左转 90°（拐第二个弯）。

（3）前进（走出迷宫）。

在这样的规则下，小车会自动发现障碍物并转弯，因而无须设定行驶距离也可以顺利通过迷宫 1（好像聪明了一些）。但是，在遇到迷宫 2 时，小车依然会在第一个弯右转并卡住（如图 2-3 所示），显然还是不够聪明。

我们可以再改变一下规则（AI 程序 2）。

（1）前进，若与前方障碍物的距离小于 10 厘米，则停车。

（2）旋转传感器向左，若左侧无障碍，则左转 90°。

（3）若左侧有障碍，则旋转传感器向右，若右侧无障碍，则右转 90°。

（4）若左右都有障碍，则调头。

（5）前进，若再遇到障碍物则回到步骤 2。

如此一来，小车不仅能轻松通过迷宫 1 和迷宫 2（如图 2-4 所示），还能通过更复杂的迷宫，遇到死胡同还知道调头，是不是聪明多了呢？当然，这只是一个非常简单的 AI 程序，更高级的小车可能会识别信号灯、边走边绘制地图、规划最优路线，甚至与其他小车协作，或在陷入困境时发出求救信号。随着相关功能的增加，小车能独立应对的行驶场景也越来越多，看起来也就越聪明——当然 AI 程序也会变得愈发复杂，比如包含深度神经网络。

你也许会觉得奇怪，就这么简单几行规则，也没包含机器学习等当前热门的 AI 技术，就可以被称为 AI 了？那么请思考一个问题：

这样的程序为什么不能被称为 AI 呢？

AI 很难靠技术区分

如果只有搭载了深度学习技术的程序才是 AI，那么 AI 领域现在基本可以宣告成功了，毕竟我们已经掌握了这项技术。但现实是，深度学习远不能解决所有与智能相关的问题，未来肯定会有更多新技术被纳入 AI 的范畴。另一方面，在深度学习等技术出现以前，AI 就已经存在几十年了，自动定理证明、专家系统等也都可以称为 AI，其中也包括最早的聊天机器人 ELIZA。

1966 年，约瑟夫 · 魏岑鲍姆（Joseph Weizenbaum）编写了一个名叫 ELIZA 的聊天程序。该程序内置了一个与经典主题（如家庭）相关的对话目录，当用户输入语句时，它会从中抓取主题关键词（如与家庭主题相关的“妈妈”），然后根据对话目录系统地给出回应。比如当用户问“你有妈妈吗”，ELIZA 会说“您想要跟我们谈论您的家庭吗”。而对于不知道怎样回答的问题，它会抛回给用户。例如当用户问“亨利四世的白马是什么颜色的”，ELIZA 会反问“为什么您要问我亨利四世的白马是什么颜色的”[3]。

这个程序使用的是现在看来再简单不过的技术，不是吗？但就是这样一个简单的程序却迷惑了很多人。在刚面世的几年，ELIZA 曾经被放在麻省理工学院人工智能实验室对外开放，很多来访者在跟 ELIZA 互动后都觉得像刚和一个真的心理医生聊完[11]。如果这样的程序能被称为 AI，那么能让小车轻松走出迷宫的程序为什么不能被称为 AI 呢？

我们无法规定只有搭载了某项技术的程序才能被称作 AI。换句话说，靠所使用的技术来区分一个程序是不是 AI 程序是很困难的。

以 AI，应万变

如果我们对比三个小车程序，就会发现 AI 程序与传统程序有一个非常本质的差异：面对新环境时的灵活性，即“能够对预先未设定的情况做出灵活反应”[12]。传统程序无论环境如何变化，都只会死板地按照人类给出的解决方案执行（因而不需要使用传感器）；但 AI 程序能够在环境改变时，通过对环境的分析自己找到解决方案。对于小车，AI 程序能够在道路长度发生变化（AI 程序 1），甚至面对全新迷宫（AI 程序 2）时成功让小车走出迷宫；对于 ELIZA，则是在用户输入各种问题时能够给出看似合理的回答，让对话得以继续。

如果说传统程序获得的是“鱼”（解决方案），AI 程序获得的则是“渔”（找到解决方案的办法）。所谓“授人以鱼不如授人以渔”，掌握了“捕鱼技术”的程序，不仅不需要人来喂，甚至还能捕到人类自己难以捕获的大鱼，AI 强大的真正原因就在于此。

无论是哪种程序，说到底都是程序，计算机始终在严格执行人类预设的指令。但是，传统程序执行的是特定问题的解决方案，而 AI 程序先执行在新环境中找到解决方案的方法，再执行所找到的解决方案。想想人是如何走迷宫的？他会沿着通道前进，遇到墙壁后左右看看，然后选择能走的一侧继续前进，若是死路则掉头——我们所做的其实就是把这种策略赋予小车。当然，人还会有更复杂的策略，如记忆路线，或综合几面墙壁的情况提前发现死路，这些策略需要更复杂的技术来实现，如实时构建地图、多传感器融合等。此外，因为机器更擅长处理海量数据，所以还有一些不适合人类但适合机器的找到解决方案的方法，但找到这些方法并加以编程①的依然是人类——机器做的永远只是执行。正如尼古拉·萨布雷文所说：“关于人工智能的所作所为，无关神奇也无关智能：仅仅是机器应用由人类编写的算法而已。如果说有智能，也只是程序员的智能为机器提供了正确的指令。”[3]

小车程序并不知道迷宫为何物，ELIZA 也不知道自己在回答什么（想想“写在前面”里的中文房间实验），能识别猫狗的深度学习程序也不知道何谓猫狗。它们都是程序，只是执行了某种“生物才拥有的对环境反应的方式或发现解决方案的策略”，让人产生了“它拥有智能”的错觉，好像它们真的像生物一样能自己解决问题，实际上却并非如此。

① 尽管现在已出现能够编写程序的 AI，但这些 AI 通常需要基于人类编写的程序进行训练，且这些能编程的 AI 最初也是由人来编写的。

意料之外和情理之中

有时我们会听到一些关于 AI 的奇闻，比如扫地机器人偷偷溜出家门、语音助手讨论哲学话题等。人们不禁感叹：AI 已经开始拥有意识了！但真的如此吗？

以当前 AI 领域的进展，说机器已经拥有意识实在为时过早。人们之所以会产生这种错觉，是因为传统机器总是循规蹈矩，而 AI 做出了一些“反常”的举动，似乎拥有了自己的想法，甚至想摆脱人类的控制。但正如之前说的，AI 程序做的仅仅只是执行，它们的行为看似出乎意料，实则没有任何出格之处。

这些反常行为，说到底，是因为 AI 程序执行的并不是明确的解决方案，而是找到解决方案的方法，这为机器最终采取的行动带来了很多不确定性。在我们未预料到的环境中，AI 程序依然会执行人类赋予的策略来寻找解决方案，有时这些策略是有效的，有时则会产生奇怪的结果。例如小车在规整的迷宫中可以穿梭自如，但在墙壁七歪八扭、路面凹凸不平的迷宫里，传感器探测的距离经常不能反映实际情况，此时继续执行规则就可能让小车在本应直线行驶的地方执行拐弯、调头甚至原地转圈等动作——看起来就像“失控”了一样。

现实应用的 AI 往往会面对远比迷宫复杂的环境，且使用了大量复杂的技术（甚至夹杂着很多“bug”），这会让 AI 做出很多在编程时完全没有料到、事后也很难找到原因的行为，但 AI 并没有做出任何超出人类设定范围的事情。反过来说，AI 程序表现出的任何行为，从根上说都源于人类的设定。如果 AI 可以讨论哲学，那么是因为在设计程序时（有时是出于营销目的）导入了与哲学相关的数据，而不是程序真的掌握了“哲学思考”的能力。

打个比方，你给 AI 一套“用网捕鱼”的方法，AI 在遇到河时会捕到鱼，在遇到山区时则可能捕到野猪。传统程序需要人来喂，人给鱼就吃鱼；而 AI 程序可能吃鱼，也可能吃野猪或其他野味。但这不是因为 AI“想”吃野味，而是山区（未预料的环境）和网（已有方法）共同作用的结果，看似意料之外，实则情理之中。AI 能做的就是下网，由于蚂蚁不能被网捕获，所以在用网捕鱼的设定下，“AI 吃蚂蚁”（或是小车在刚刚 AI 程序 2 的控制下跳芭蕾舞）的情况是永远不会出现的。

说到底，聪明的还是人

在设计智能产品之前，设计师应当明确一点：AI 很强大，但并不是什么“玄乎”的东西。

抽象来说，AI 就是一种算法，具体来说，AI 不过是一个计算机程序。AI 程序的特殊之处，在于它执行的不是解决方案，而是找到解决方案的策略，但这些策略的发现终究还是要依靠人类的智慧——从根本上说，AI 的智能就是人类的智能。

人工智能圈子里有句话：“有多少人工，就有多少智能”。无论是发掘策略、编写程序，还是收集和标注（用于机器学习的）数据，每一个 AI 程序的背后都包含着大量的人类工作。从根本上说，击败李世石的不是 AlphaGo 这个产品，而是 AlphaGo 背后的整个研发团队。我们不会因为汽车跑得比人类快，就认为汽车比人类更高级，因为汽车本来就是由人设计和制造出来的一种工具，AI 也是如此。别忘了，AI 的全称就是“人工智能”，它从诞生之日起就与“人工”不可分割。如果机器有一天不需要人类就可以拥有智能，那它就不再是人工的智能，而是某种新的生命存在，也就不属于 AI 的范畴了。

当然，我们并不排除在未来的某一天，人类真的创造出具有自我意识的人工生命体。但以目前计算机硬件和 AI 领域的发展水平，这个 AI 全面超越人类的“伟大时刻”恐怕还遥不可及（我们会在第 16 章深入讨论这个话题）。在这之前，也许更应该思考的是，如何让人们从 AI 领域的进步中获益，享受新科技为生活带来的美好体验——这在很大程度上需要 UX 的参与。

在将产品“智能化”的过程中，我们应当将 AI 视为一类强大的、能帮用户解决复杂问题的技术，而不是一个“只要安装在产品上就能神奇地完成各种任务的东西”。与其他技术一样，要想真正发挥 AI 的优势，设计师需要首先理解 AI 相关技术的基本原理、优点、局限性、可靠程度、资源需求及成本等，再将其引入体验设计流程中，评估其应用的合理性、可行性和价值，并通过精心设计将 AI 融入产品，最终为用户创造出更加优质的体验。

需要指出的是，AI 相关的技术有很多，本书无法逐一介绍，你可以查阅相关书籍或资料了解更多的信息。但要理解本书后续对 AlphaGo、AIGC、大语言模型等话题的讨论，你需要首先对深度学习、强化学习等当前热门 AI 技术的原理有一个基本且正确的认识，因此我在附录 B 中用尽可能通俗易懂的语言撰写了一份“机器学习超级入门”，你可以根据自己的知识背景酌情阅读。

如果你觉得自己对AI技术已经有了足够的认识，那么就让我们正式进入“AI-UX”的世界，来看看在体验主义的视角下，AI会发生哪些神奇的变化。

第3章 AI体验主义

经过上一章的讨论，我们已经知道，AI 本质上也是一种由人类编写的计算机程序，即便是近年来非常热门的深度学习及 AlphaGo，计算机所做的工作也只有执行，并没有什么神奇的事情发生。AI 之所以强大，是因为它并不固定的解决方案，而是寻找解决方案的策略，这使得它能够对预先未设定的新情境做出灵活的反应。也就是说，至少目前，我们不能指望在计算机内部能“觉醒”出某种智慧，然后将一切交给这种智慧就万事大吉。任务对智能的要求越高，构建和运行 AI 系统需要投入的人类活动也越多，这就是“有多少人工，就有多少智能”的道理。

在 AI 语境下，“人工”解决的主要是技术问题，比如探索更优的模型结构、发现更有效率的调参方法、收集更多数据以提高模型预测的准确率等。而在 UX 语境下，“人工”其实还包含了另一层含义，那就是设计。在产品层面，仅在 AI 技术上投入人工往往是不够的，要想让产品更加智能，我们还需要在体验的设计上下足功夫。在深入讨论这一点之前，让我们先来理解一个与之相关的概念——弱人工智能。

智能的强与弱

在 AI 领域，一直存在着两种不同的研究分支。

20 世纪 70 年代，哲学家约翰 · 希尔勒提出了一个假设，认为人类大脑的行为就像一台电脑，并将可以完美模仿人类大脑工作的 AI 称为**强人工智能**，这个名字就此保存了下来 [3]。强人工智能的支持者认为，当机器表现出智能行为时，其内部应当遵循与人类相同的机制 ①。以挑樱桃为例，如果我们想区分樱桃的好坏，就需要让机器模仿人类挑选樱桃时的思维过程，并且使用相同的视觉信息处理机制。

① 根据定义的不同，强人工智能也可能不强调内部机制，但也是要和人类拥有相同的智力水平（参考《漫画图解人工智能》），后文中的“强人工智能”与正文中的概念一致。

另一派则截然相反，认为 AI 存在的理由就是解决实际问题，因而是否使用与人类相同的机制并不重要，重要的是智能行为的执行结果是否满足期待——无论是推理还是乱猜，能挑出好樱桃的就是好 AI。对应于强人工智能，这种以解决问题为目标的 AI 就被称为**弱人工智能**。换句话说，“弱人工智能的支持者单单基于系统的表现来衡量系统是否成功，而强人工智能的支持者关注他们所构建系统的结构”。

我们曾讨论过，在图灵测试中，如果机器展示出的行为让人误以为它是人类，它就被认为是智能的，这种思想与弱人工智能非常一致（因而可以把图灵测试作为弱人工智能的一种评判依据）。而提出“中文房间”实验的 John Searle 所秉持的观点属于强人工智能：哪怕机器能够很好地完成中文对话工作，如果它其实对中文一窍不通，它就不算是智能的。

强人工智能有两个重要的主题，一个是构建**通用人工智能**（**通用 AI**），即机器可以“一通百通”，自己适应各种智力任务，无须人类针对具体情境进行设计；另一个是构建**人工意识**，让机器拥有自我意识和主动性。如果能实现强人工智能，那么我们的确可以高枕无忧，将一切工作交给机器。然而，由于人类连自己的意识都还没弄明白，构建人工意识这件事就变得有些“玄乎”。而对于通用 AI，我们目前甚至还无法确定是否真的可以造出这样一台机器。

需要指出的是，目前以深度学习、强化学习等 AI 技术为基础的智能产品几乎都属于弱人工智能的范畴。也就是说，这些 AI 程序都旨在解决特定的问题，如下围棋、识别障碍物类型、聊天、生成图片、控制室内温度等，且往往无法直接用于解决其他类型的问题——即便是在围棋赛场上所向披靡的 AlphaGo，若直接把它放到汽车上用于识别行人，恐怕它也会不知所措。尽管有些公司声称其研制的 AI 可应用于多重任务，看似实现了通用算法，但这往往是因为其解决的这些问题在本质上拥有一定的相似性（如将识别猫狗的 AI 用于识别不同的植物），且在切换任务时也难免需要投入一定的人工进行修改和适配。正如尼古拉 · 萨布雷所说：“请注意！这并不代表所谓的‘弱’人工智能无法应用于多个问题……然而通用人工智能和弱人工智能之间的差异却要深刻得多：完全不可能将弱人工智能算法直接应用于不是为之而设计的问题上。”说到底，AI 只是在遵循之前设定好的模式进行工作，即便新任务完全不适用于预设模式，AI 也会硬着头皮执行——目前来看，所谓“一通百通”的强人工智能离我们还是比较遥远的。

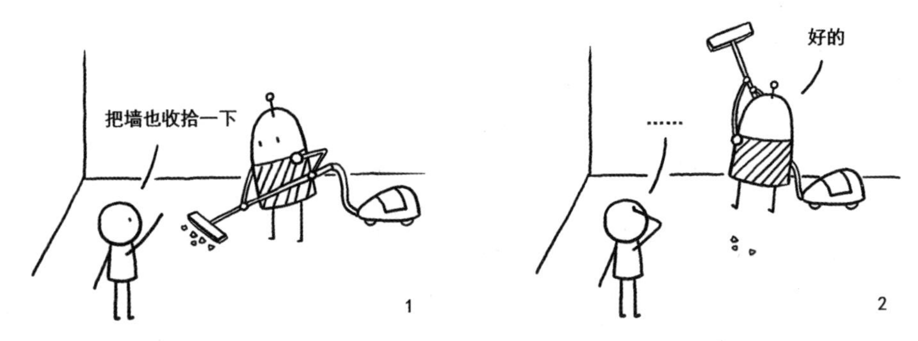

不过，弱人工智能在特定领域中对人类的帮助依然是很大的。能实现通用的 AI 当然好，但通用性差并不会影响我们使用这些技术来解决现实中的问题，而且在产品上，短期内我们也只有弱人工智能可用。

弱人工智能与设计

其实，用“强”和“弱”来命名两类 AI 并不贴切。强人工智能的最终目标是用相同的机制实现与人类同等智能水平的 AI，因而其智能的上限就是人类智能。而弱人工智能在解决特定问题时的能力可能比人类强得多，如机器可以同时识别和分析前方视野中的几十个障碍物，而人类受注意力所限，每次只能有意识地处理其中的一个物体。因此，强人工智能解决问题的能力并不一定更强，它的“强”体现在可解决问题的通用性及更深层的人工意识上。

你可能会想，既然弱人工智能解决问题的能力这么强，那么还需要研究强人工智能吗？答案是肯定的。一方面，历经千百万年进化的人类大脑玄妙至深，要想构建更高级的 AI，很可能需要不断地从人脑的机制中获取灵感；另一方面，对强人工智能的研究也反过来帮助人类更深入地了解自己，如果我们能完美复制出人脑的某项机能及相关的行为，就可以证明我们对这项机能的理解是正确的。

从终极目标上来说，强人工智能是要构建出一种“智能生命体”，关注信息处理的过程和内隐的机制，学术属性更强；而弱人工智能旨在用 AI 解决现实问题，关注信息处理的结果和外显的功能，因而在学术属性之外，商业属性会更多一些。媒体和影视作品几乎都选择将 AI 塑造为强人工智能的形象，这也使得公众对 AI 技术的印象和期待“跑偏”了很多，甚至影响到产品设计领域。对此，设计师应当加以警惕，切忌以强人工智能的“无所不能”或“拥有自我意识”为前提对产品进行设计。

其实，从设计的视角来看，解决现实问题、关注外显功能都是“产品”的特质。因而就这个意义来说，弱人工智能还可以有另一个称呼——“智能产品”。换言之，设计师在很大程度上属于弱人工智能一派，弱人工智能的实现也更需要设计思维的支持。目前，企业中对产品的“智能化”工作主要由工程师完成，但在将技术转化为产品这件事上，工程师往往不够擅长。特别是在如今 UX 兴起的时代，要想打造出卓越的智能产品，我们需要用一种全新的方式来思考 AI 应用的可能性，这就是“体验主义”。

技术、功能与体验

在将 AI 产品化的道路上，存在着两种比较常见的思考方式：技术主义和功能主义。

技术主义，顾名思义，就是以技术为中心来思考产品。通常，这样的产品化工作始于一项商业前景看起来不错的新技术（如深度学习），而后围绕这项技术，思考哪些领域可以使用这项技术。正如一句老话：手里有锤子的人，看什么都像钉子。技术主义者的确可以发现很多有趣的应用，而技术本身也无疑是企业的核心竞争力。但是，对某项技术的极高期待很容易带来一种执念，导致一叶障目不见泰山，忽视很多通过改用或搭配其他技术而更好解决用户问题的机会——对于那些在该技术领域深耕多年的人来说尤其如此。就像一个人擅长种番茄，于是每天琢磨如何蒸番茄、煮番茄、煎番茄，却不曾想过将番茄和鸡蛋炒在一起可能会是一道不错的菜品。

另一方面，**功能主义**将产品视为一系列功能的叠加，认为功能越多，每项功能的性能越强大，产品就越好。对于功能主义者来说，相比于功能的实现效果，有没有足够多的功能往往更加重要。假如有一种营养粉，将维生素、蛋白质等营养物质进行调配，只需每天兑水饮用，就可以保证人类的生存所需。在功能主义者看来，这就是一款足以颠覆人们生活方式的伟大产品——既然喝一杯水就可以解决营养问题，为什么还需要吃饭呢？功能主义的问题在于，用户想要的功能可能没有被放在产品中，不需要的功能却可能堆了很多，而多余的功能不仅有可能抬高产品的售价，还会让产品看起来非常臃肿，并对易用性造成损害。

不仅如此，当功能得到满足时，用户往往会提出更高的要求，使已有的产品不再具有竞争优势。还以营养粉为例，它的价值自然是有的，例如可以在工作紧张时节约就餐时间，但这都是相对严苛的情况。一旦人们有充足的资源和时间，就不会再满足于“饿不死”，而开始研究刀工火候、食材搭配等烹饪方法，以求让食材具有更佳的“色香味”。当我们用餐时，通常不会去想“摄入了多少毫克维生素A”，而是进行“好香”、“入口即化”这样的感官描述。也就是说，我们享受的不是食材的功能，而是美食带给我们的一系列体验，这也是**体验主义**的典型思路。在体验主义者看来，产品只是实现优质用户体验的途径，因而功能的数量和性能都不是那么重要，重要的是选用对目标体验有用的、性能合理的、经过精心设计的功能，并去掉无关功能，只要“刚刚好”能实现目标体验的功能就可以了。很多时候，用户可能根本就不需要那个能够被锤子敲的东西，而即便需要，也可能有比用锤子敲更好的解决方式。

如果说技术主义者是某种食材的种植专家，那功能主义者就是营养师，体验主义者则是厨师。前两者旨在确保菜肴中所包含的食材或营养成分，注重物理属性；后者旨在为食客创造完美的用餐感受，注重心理属性。食材种植专家和营养师的工作当然非常重要，但他们不擅于打造让用户满意的“色香味”及用餐环境，这些都需要大厨们的灵感与努力。在产品化的过程中，技术主义和功能主义总是先于体验主义，因为人总要先吃饱，但随着技术和功能的实现，体验主义便逐渐占据主导位置。正如唐纳德·A·诺曼所说：“当技术满足需求，用户体验便开始主宰一切。”[13]其实，不只是烹饪，在各行各业都能看到这样的趋势，智能产品也不例外。

体验的核心在于设计。因此，虽然设计师属于弱人工智能一派，旨在用AI技术解决实际问题，但他们思考产品的方式与技术人员存在很大的不同。设计师会首先花大量精力深入了解用户，而后思考哪些任务可以交由AI完成，以及如何设计人与AI之间的互动才会让产品给人以更加智能的感觉。相比之下，技术人员对这些方面的关注往往要少得多，他们更关注产品内部的技术实现。此外，UX与弱人工智能虽然方向相同，但两者在底层逻辑和设计深度上有很大差异（UX的底层逻辑可参看附录C）。特别是在产品层面，UX有着比弱人工智能更深的含义——这也意味着对AI领域来说，UX有很多新东西可以为其发展带来助力，包括对“智能”含义的新理解、智能产品的设计流程、智能产品的设计原则等，我们会在稍后的部分逐一讨论这些主题。

体验主义下的 AI

在思考与智能相关的问题时，我们可以时常拿出 UX 这面“透镜”来审视 AI，我将其称为 **AI 体验主义**。

我们曾在上一章谈到，AI 很难靠技术来区分：一些今天看来再简单不过的技术，当年都曾是 AI 研究的热门；而如今的那些“高级”AI 技术，在多年后也可能变得司空见惯。如果从技术角度界定 AI 存在困难，也许我们可以换个思路，从体验的角度来看看。

对体验主义者来说，以体验为中心的思想意味着一切努力都是为了给用户创造美好的体验。如果我们将“智能”看作一种能够通过设计来创造的体验，那么传统技术也好，AI 技术也罢，就都会成为用以构建某种“智能体验”的手段。

事实上，如果以体验作为“智能”的评判依据，“传统技术”和“AI 技术”之间便不再有严格意义的界线。在体验主义的视角下，如果应用了某项技术的产品让用户感受到了智能，这项技术就是 AI 技术。反过来，搭载了 AI 领域技术的产品则不一定是智能产品。换句话说，不是技术定义了产品，而是产品（给用户带来的体验）定义了技术。

我们曾将 AI 定义为“一个能够执行人工智能领域某个算法的计算机程序”（第 2 章），但何谓“人工智能领域”，其实还是比较模糊的。在 UX 的语境下，我们可以将体验作为“I”的评判标准，而“A”反映了人工对“I”的贡献（有多少人工，就有多少智能）。如此一来，两个字母的组合就产生了一个新的定义：

AI 是一个人工编写的能给人带来智能感的计算机算法或程序。

让我们再回想一下图灵测试。尽管图灵像弱人工智能的支持者一样关注 AI 的外在表现，但严格来说，图灵测试既没有检验 AI 解决问题的能力，也没有列出能够被判定为智能的机器行为，而是看 AI 是否能让与之互动的人产生一种“与人互动”的错觉——这其实是非常标准的体验主义视角。在这个意义上，图灵足可以称得上是最早的“AI 体验主义者”了。自诞生之日起，图灵测试就因为“逃避”对内部技术实现的定义而饱受争议。但有趣的是，即便在半个多世纪后的今天，还是没有谁能说清楚 AI 究竟意味着什么样的内部实现，这使得图灵测试依然是世界公认的机器智能判定标准之一。

AI 体验主义绕过了诸如“机器能思维吗”、“哪些技术是智能的”这样的问题，将关注点放在了“人”的身上。在哲学和技术上，对机器的“智能”存在诸多定义，但在体验上的定义却很明确，这对产品设计工作来说显然大有益处。用户并不关心技术，他们关注的是产品所带来的体验，也许正如图灵在其著名文章《计算机器与智能》中说的：“与其如此定义，倒不如用另一个密切相关且可以相对清晰表达的问题来取代原题。”[14] 既然人们希望在生活中感受“智能”，那为什么不在构建智能体验上多下些功夫，让 AI 更好地普惠人们的生活呢?

第1部分

总结

现在让我们回顾一下本部分所讨论的内容。

在第 1 章中，我们回顾了 AI 和 UX 的平行发展史，包括 AI 领域的三次浪潮和两次寒冬，以及 UX 的崛起之路，了解了两个领域深厚且微妙的渊源。第 2 章站在技术视角，通过对 AI 技术本质的剖析，将 AI 从高深莫测的“奇迹”拉回现实，摆正 AI 在产品层面的定位，让我们在接下来深入思考智能产品设计时能够保持一个正确的心态。最后，在第 3 章中，我们在弱人工智能和 UX 基本思想的基础上，提出了“AI 体验主义”，初步建立起对“智能”概念的体验视角。

诚然，如果 AI 能像电影中的“贾维斯”或漫画中的“哆啦 A 梦”，拥有比肩甚至高于人类的生命智慧，能够像亲密的伙伴一样陪伴我们，那么生活真是太美好了。但幻想和现实终究是不同的，因为现实中的产品要考虑一个非常重要的因素，那就是“可行性”。经过对 AI 技术的讨论，我们知道目前的 AI 只是由人编写的一些更高级的算法，而机器所做的依然只有执行，跟很多人心目中拥有智慧、意识甚至生命的 AI 形象没有半点关系。

这里需要再次指出，剥去 AI 的神奇光环并非是要贬低 AI 取得的成就，我们相信 AI 的前途是光明的，但只有将 AI 实事求是地应用于产品中，才能真正发挥出 AI 的价值，让人们真正享受到 AI 发展带来的红利，并确保 AI 领域的发展得到社会普遍且持续的支持。对于从事“产品智能化”工作的人来说，认清 AI 的现实、了解 UX 的基本思想及 AI 的 UX 视角就是创造社会红利的第一步。接下来，我们将深入“AI 体验主义”的各个方面，并逐步建立起一套系统而有效的智能产品设计框架。

首先，让我们重新思考一个古老且本源的问题：

智能是什么？

第2部分 产品的智能

第4章
智能是什么

要设计出一款智能的产品，我们需要首先弄清“智能”对产品来说意味着什么。这看起来无可厚非，但在设计实践中，对“智能”定义的思考往往被搁置一旁。定义的缺失，不仅很容易让人在设计时迷失方向，陷入技术或功能主义的陷阱（见第3章），也让“智能产品”在很长时间内缺少一个有效的评价标准。因此，在深入讨论如何设计智能产品前，我们有必要先来探寻下这个非常本源的问题——智能是什么？

智能就是自动吗

智能（intelligent）和自动（autonomous），无论中文还是英文，都不像一组同义词，却经常被交叉使用。例如在汽车行业，“智能驾驶”和“自动驾驶”似乎就代表着相同的意思。很多时候也的确如此，例如自动泊车，当你的车能够自己泊入路边的车位，不需要你做任何操作时，你会觉得它是智能的。但是，如果你仔细观察身边的产品，也会发现很多谈不上智能的自动化产品，例如机场里自动移动行李箱的传送带、在设定时间后自动响铃的机械闹钟，以及将大米自动焖熟的电饭煲。

在第2章中，我们曾讨论过：无论多么复杂的AI，都是计算机在自动执行由人类编写的算法或程序，并没有什么“神奇的事情”发生。因而从本质上说，机器的智能都属于自动的范畴，都是机器根据人类设定的规则自动完成工作。反过来，能“自动”完成任务的机器似乎也都应该是智能的。但是，在实际使用时，这两个词的含义还是存在非常明显的差异。特别是在产品层面，以音箱为例，“智能音箱”会让人想到语音点歌、曲目推荐等功能，而“自动音箱”给人的感觉更像MP3——能自动按一定顺序播放音乐的设备。

那么，对于产品来说，自动和智能的分界在哪里呢？我们可以回顾一下传统程序和AI程序的区别：传统程序无论环境如何变换，都只会死板地按照人类给出的解决方案执行，但AI程序能够在环境改变时，通过对环境的分析自己发现解决方案（见

第 2 章)。我们可以思考一下，如果一台机器搭载了传统程序，即按照预先设定的操作步骤来完成工作，我们会使用哪个词来描述它呢？通常，我们会说这是一台“自动化机器”——只有当它在不断变化的环境中展现出灵活性时，我们才会用“智能化机器”一词来加以替换。因此，在这个意义上，我们可以将“智能”视为“自动”的一种高级形态。

但答案似乎并非这样简单，有一个有趣的现象值得我们关注：有些产品既可以被称为“智能”，也可以被称为“自动”，比如刚刚提到的“智能 / 自动驾驶”。如此来看，自动与智能之间的界限并不是那样清晰。相比于“非是即否”的二元分类，机器的“智能”更像一种程度上的变化。对于这一点，我们可以从生物的智能中获得一些启发。

意识时空理论

智能，说到底源于生物，因而要理解机器的智能，我们需要首先理解生物的智能。

如果我们将“智能”理解为能根据环境变化灵活地解决问题，智能就并非人类所独有，因为很多动物甚至植物都可以表现出智能的行为。以下是一些生物拥有智能的例子。

狼在捕猎时可以与狼群里的其他成员协作。

宠物狗可以感受到主人的情绪变化并做出适当反应。

蛇能够悄悄接近猎物，并找准时机发动攻击。

蚁群通过个体之间的有效沟通（群体智能），能够找到往返食物和巢穴的最佳路线。

捕蝇草(一种食虫植物)能够在识别到昆虫爬行到合适位置时闭合叶片将其夹住。

尽管都可以称得上拥有“智能”，但仔细想想不难发现，这些生物的智能行为在复杂度上存在很大的差异。以捕食为例，捕蝇草只能控制叶片的开闭，无法像蛇一样灵活移动，而两者都无法像狼一样组织群体作战。人类则更加复杂，可能包括计划制订、人员分工、武器制造、陷阱搭建等活动。也就是说，不同生物的智能存在水平上的差异。对于某种生物，只讨论其“是否拥有智能”是不够的，我们还需要对其智能水平进行评估。为此，建立一个生物智能的分层模型是非常有益的。

在《心灵的未来》一书中，纽约城市大学理论物理学教授加来道雄（Michio Kaku）在神经学和生物学研究的基础上，结合物理学的模型化视角，提出了**意识时空理论**模型。加来道雄首先给出了“意识”（在本书的语境下可视同“智能”）的定义：

“意识是为了实现一个目标（例如寻找配偶、食物、住所）创建一个世界模型的过程，在创建过程中要用到多个反馈回路和参数（例如，温度、空间、时间和与他人的关系）。”

在该理论中，意识的基本单位是“反馈回路”，即生物体能够对环境中某个“参数”的变化产生反应。例如含羞草（一种豆科植物）在感知到外界触碰时，会下垂叶柄并闭合小叶片。如果将“外界触碰”视为一个参数，将“下垂”和“闭合”动作视为对该参数变化的反馈，那么含羞草就拥有了一个“外界触碰→叶柄下垂 + 小叶片闭合”的反馈回路。

以反馈回路为基础，加来道雄将生物的意识拆解为 4 个层次，如表 4-1 所示。

表 4-1　意识的 4 个层次

意识层次	代表物种	说明	大脑结构
3 级意识	人类	拥有时间观念，通过评估过去模拟未来	前额叶皮层
2 级意识	哺乳动物	拥有情感，理解社会关系	边缘系统
1 级意识	爬行动物	理解空间关系，在空间中移动	脑干
0 级意识	植物	静止不动或移动有限，包含少量反馈回路	无

0 级意识是意识的最低水平。这类生物体的反馈回路仅包含温度、光线、振动等少量参数，且反馈回路的个数也很有限。显然，这样的生物无法建立复杂的空间模型，也无法进行丰富的空间活动，只能以静止或有限移动的形式存在，植物（如含羞草）和微生物（如草履虫）是此类生物的典型代表。

1 级意识比 0 级更加复杂。具有 1 级意识的生物体可以感知到视觉、听觉、触觉、嗅觉等方面的大量环境参数，这些信息被加工整合为形状、颜色、声调等更高层的信息，最终生成一幅生物自身所处世界的思想图景。同时，这些反馈回路也可以帮助生物有效地控制身体的各个部分，实现在空间中灵活地移动。此类生物的典型代表是爬行动物（如蜥蜴和蛇），为了处理大量且多层次的反馈回路，它们进化出了一套包含脑干等基础大脑结构的中枢神经系统。

2 级意识的关键词是“社交”和“情感”。具有 2 级意识的生物体不仅能理解空间关系，还能理解社会关系（社会地位、领导关系等），并与其他个体进行社会性互动（如情感交流、表达爱慕等）。这使得反馈回路不仅在数量上呈指数级增长，在类型上也发生了改变。2 级意识的代表生物是哺乳动物（如狼），为了完成丰富的社会活动，它们进一步进化出了更复杂的大脑结构，包括处理记忆的海马体、处理情感的杏仁核等。

3 级意识的核心是对“时间”的理解，这可能是人类与其他地球生物最本质的差别。由于拥有“过去”、“未来”这样的概念，人类不仅能通过总结历史经验来不断优化有关世界的模型，还可以对未来进行模拟，为达成更长远的目标制订有效的计划。3 级意识的代表生物是人类。显然，建模、推演、计划等活动涉及的反馈回路数量之多、类型之复杂远非前三级意识能比，因而大脑进化出了前额叶皮层等更加高级的结构来处理这些信息。在所有已知生物中，人类的前额叶皮层最为发达，其意识水平自然也是最高的。

意识、脑与需求

意识时空理论借鉴了著名的“三重脑”理论。该理论最早由美国神经病学家保罗 · 麦克林（Paul MacLean）在 20 世纪中叶提出，他认为人类有三个脑。

> 其中一个脑基本上是爬行动物的；第二个脑继承自低等哺乳动物；第三个脑算是最新进化出来的，它让人成为人……爬行动物脑中充满了祖先的知识和记忆，忠实地按照祖先的方式行事，但在面对新情况时，它不是很好用。[15]

麦克林的理论至今仍广为流传，这三个脑也被赋予了“本能脑”“情绪脑”“理智脑”的新名称。但在神经科学领域，“大脑的不同部分负责不同任务”的观点（类似的还有“左脑理性，右脑感性”）是站不住脚的。马修 · 科布在《大脑传》一书中指出：

> “有的时候，当某种功能被定位于某个特定的结构时，科学家会发现情况要更加复杂，这样的情况比比皆是……（例如）恐惧并不是特异性地定位在杏仁核，杏仁核也不是只在恐惧中起作用。”

此外，相似的意识水平也可能来源于其他形式的生理结构。例如，尽管鸟类的前脑组织与哺乳动物截然不同，却能表现出与哺乳动物相当的非凡认知能力[16]。

麦克林的理论将达尔文的生物演化思想应用到大脑，指出不同类型的生物在大脑结构和意识活动上存在差异，并尝试对其分层的思路依然颇具开创性，也为意识时空理论提供了灵感。不同的是，加来道雄的理论更多是从生物对环境变化的不同反应上来划分意识水平，而这对于理解机器和产品的智能也有更高的参考价值。

有趣的是，当我将意识时空理论与心理学经典的“马斯洛需求层次理论”放在一起思考时，发现两者也有很多相通之处（如表 4-2 所示）。0 级意识可以解决最基本的生理需求，确保生物生存；1 级意识可以进一步解决生理需求，并确保其安全；2 级意识涉及情感和社交，用来解决归属、爱和尊重的需求；最高层次的自我实现包括完成意义深远的目标等内容，自然需要更高层次的 3 级意识才能实现。从生物基本需求和动机的角度来说，意识时空理论对意识的划分也有其内在的合理性。

表 4-2　意识时空理论与马斯洛需求层次理论

意识时空理论	马斯洛需求层次理论 [17]
3 级意识	5 自我实现的需求（发挥潜力、拥有意义深远的目标）
2 级意识	4 尊重的需求（自信、价值和能力感、自尊与受尊重）
	3 归属与爱的需求（融入群体、建立联系、爱与被爱）
1 级意识	2 安全需求（安宁、舒适、不害怕）
0 级意识	1 生理需求（食物、水、氧气、性、休息）

总的来说，意识时空理论借鉴了物理学的视角，将生物的意识（智能）拆解为反馈、空间、社交、时间 4 个层次，这种“模型思维”非常具有建设性。有了模型，意识便不再是一个模糊、抽象的概念，而是包含了清晰的分层递进关系。

当然，模型不一定是完美的，但这并不影响建模工作的价值。因为只有先有一个基础模型（在设计领域，这被称为一个“原型”），我们才能够更好地对问题进行思考，进而构建出更优的模型，或将该领域的知识更好地迁移到其他领域——例如机器的智能。

因果关系之梯

在人类的高级智能层面，意识时空理论使用了“3 级意识”这一较为笼统的概念。但人类的智能显然比大多数动物复杂得多，也许我们可以对 3 级意识做进一步的拆分。

“因果推断”是在深度学习热潮后 AI 领域的一个新兴方向（虽然相关思想已有很长的历史）。意识时空理论强调人类与其他生物的核心差异在于对时间的理解，这是个很好的思路；因果推断的研究者则指出了人类的另一个独特能力——对因果关系的理解。朱迪亚·珀尔（图灵奖获得者、贝叶斯网络之父）和达纳·麦肯齐在《为什么》一书中对这一方向进行了深入的讨论，并将生物在因果关系上的认知能力分为 3 个层级，提出了“因果关系之梯”模型（如表 4-3 所示）。

表 4-3　因果关系之梯

梯级	活动	说明	代表生物
3 想象 / 反事实	想象、反思、理解	无法被观察的世界	现代人类
2 行动 / 干预	行动、干预、计划	可被观察的新世界	早期人类、现代婴儿
1 观察 / 关联	看、观察	已观察到的世界	大多数动物、当前的 AI

第 1 梯级是**观察**（seeing）能力，具体来说是指通过对环境的观察发现规律的能力。但这里的“规律”不是因果性，而是相关性，即事物之间的关联。例如，我们通过观察发现“鸡叫”和“日出”存在关联（鸡叫—日出），但并不知道是日出引发了鸡叫（日出→鸡叫），还是鸡叫引发了日出（鸡叫→日出）。事实上，当前机器学习的主要工作就是从已积累的数据中发掘计算规律（参见附录 B），并不涉及对因果关系的建模。因而尽管可能与你的直觉不太一致，但当前的机器学习（包括深度学习）和大多数动物一样，都仅位于因果关系之梯的最底层。

第 2 梯级是**行动**（doing）能力，包括预测行动对环境进行干预后的影响，并根据预测结果调整行动以实现目标，例如“如果我阻止鸡发出叫声，太阳是否还会升起”。显然，只有理解事物之间的因果关系，才能做出有效的预测。换言之，“没有因果模型，我们就不能从第 1 梯级登上第 2 梯级”[18]。具备该层能力的一个典型特征是有意识地使用工具，例如人类会使用钳子夹碎坚果，是因为理解“用钳子夹”与“果壳碎裂”存在因果关系。只有很少一部分物种能够达到这一层，其代表生物包括能使用工具的早期人类，以及现代人类的婴儿。

第 3 梯级是**想象**（imagining）能力，其核心在于“反事实”，即思考现实中完全不存在的情形，例如“如果太阳没有升起，鸡是否还会叫”。这种能力使我们得以摆脱真实世界的束缚，从过去吸取教训（如果我做了 / 没做这件事，结果会怎样），或是构建完全不存在的事物。第 2 梯级的“行动”所理解和利用的都是在当前世界中可观察到的因果关系（如手里的钳子和坚果碎片），而第 3 梯级理解的是表象背后的深层因果关系（如力学原理），并利用这些知识构建在当前世界中完全观察不到的事物（如一种更有效的开坚果工具）。也就是说，“理论”（包含更深层因果关系的系统性模型）和“设计方案”是第 3 梯级的重要产出，处于第 2 梯级的生物可以很好地使用工具，但并未掌握工具背后的理论，也无法利用理论设计新的工具——这些只有上升到第 3 梯级才能达到。当然，新工具可能在现实中被制造出来，但它并非直接存在于自然界，而是先由高级的生物智能虚构出来，再在现实中具象化。目前，只有现代人类（婴儿除外）确认处于这一梯级，可能正如《为什么》中说的："这种能力彻底区分了人类智能与动物智能，以及人类与模型盲①版本的人工智能和机器学习。"我们说在某个地方发现了"人工痕迹"，说的就是第 3 梯级活动的产出，因为这部分工作只有人类可以完成。

总的来说，因果关系之梯的第 1 梯级对应的是已观察到的世界，回答"是什么（what）"的问题;第 2 梯级对应的是在未来（行动后）可被观察到的新世界,回答"如何做（how）"的问题;第 3 梯级则对应无法被观察到的、与现实截然不同的虚构世界，回答"为什么（why）"的问题。可见，梯级越高，回答的问题越深奥和抽象，需要的智能水平也越高。

目前，我们所看到的 AI 几乎都是由数据驱动的，这些"数据"其实就是"已观察到的世界"的量化反映，也就是"事实"，而要想达到人类水平的智能，机器需要具备"反事实"的能力，这是纯靠数据驱动的 AI 无法做到的。严格来说，当前的 AI 实现的只是多数动物水平的智能，要说"触及人类智慧的核心"还为时尚早。

最后回到意识时空理论，1 级意识和 2 级意识都涉及观察，而以因果关系为基础的行动和想象则属于 3 级意识的范畴。如此，我们便可以将"想象"这一人类独有的特质从 3 级意识中剥离出来。事实上，这一特质恰恰是 3 级意识中最关键的活动"模拟未来"所必需的，毕竟如果人类无法在大脑中虚构出现实中原本不存在的事物，那对未来可能发生之事进行审慎思考的活动也就无从谈起了。[19]

机器的智能

现在让我们回到机器的智能。在第 2 章，我们曾谈到计算机本质上是一种对数据进行自动处理的机器。例如，我们输入一张樱桃的图片数据（一串表示各像素点颜色、亮度等信息的数字），计算机根据某种机器学习算法对数据进行处理，并输出 0（坏樱桃）或 1（好樱桃）的运算结果，实现对"好樱桃"的识别。从计算机的外在表现上看，这个"输入→处理→输出"的过程也可以看作计算机对环境变化（不

① 模型盲：model-blind，书中指完全忽略因果关系之梯所阐明特质的做法，该词常用来批评纯粹依靠数据驱动的人工智能或机器学习。

同输入数据）的一个反馈过程，即意识时空理论中提到的“反馈回路”。随着反馈回路类型和数量的增加，机器的智能水平可能得到提高。我们可以借鉴加来道雄对生物意识的描述，尝试给机器智能下一个定义。

机器智能是机器为实现一个目标（如控制车辆、与人聊天）进行的一系列自动化操作，这些操作包含了对环境中不断变化的输入（如障碍物位置、人说话的内容）的灵活反馈。

这个定义看起来还不错，不过对于我们要讨论的智能产品来说，还不够严谨。如果我们将反馈回路视为机器的“子功能”，那么机器就是借由一系列的子功能实现了完整的目标功能。在对体验主义的讨论中，我们说产品的功能不是越多越好，而是看这些功能是否是实现目标体验所需要的（见第 3 章）。同样的道理，我们也不能简单地认为反馈回路越多，产品就越智能——这也是我刚刚说机器智能“可能”会随反馈回路的增加而提高的原因。

事实上，加来道雄对意识定义中的“目标”（寻找配偶、食物等）并不是生物的最终目标，生物的最终目标是让种群在复杂的自然环境中“生存”下去。生物的这些反馈往往不是随性而为的，而是历经大自然千百万年的洗礼逐渐形成的对环境变化的最优反馈方式。而智能产品同样有一个“大自然”，那就是用户（从宏观上说是市场）——无论是控制车辆还是聊天，如果最终不能为用户带来卓越的智能体验，产品的生存便很难保证。在“写在前面”中，我们曾说智能产品是让用户在使用时觉得智能的产品，这里的“智能”实际上是一种“它拥有生物智能”的错觉，我们的最终目标就是让用户产生这种错觉。如此，我们便得到了一个在产品层面更完整的机器智能定义。

在产品层面，机器智能是机器为实现一个目标（如控制车辆、与人聊天）进行的一系列自动化操作，这些操作包含了对环境中不断变化的输入（如障碍物位置、人说话的内容）的灵活反馈，并在实现目标的过程中使与之交互的人产生“它拥有生物智能”的错觉。

有趣的是，当我们将机器的任务目标设定为“回答问题”，而最终的体验目标从“生物智能”变为“人类智能”（即让人将机器误认为是人类）时，这个过程就变成了图灵测试——如果机器能够对人给出的各种话语做出灵活的反馈，并使其产生“对方是人类”的错觉，那么它就是“智能”的。

也就是说，这个新定义也可以视为对图灵智能观点的扩展。若以图灵测试为标准，那么当前几乎没有哪款产品能称得上智能，这显然与我们观察到的实际情况相悖，毕竟很多产品（如音箱、电饭煲、人脸识别系统等）都被认为是智能的。而在新定义下，这些产品便可以被划入智能的范畴，甚至可以像生物智能那样进行更加细致的划分。

第5章 产品智能的7个层次

在设计智能产品时，有两个非常基础的问题。

如何判断产品是否智能?

如何评估产品的智能水平?

在上一章中，我们回答了第一个问题，现在来看看第二个。

超人工智能

对 AI 智能水平的一种常见分类是能够在特定领域解决问题的“弱人工智能”和完美模拟人类大脑工作的“强人工智能”(第 3 章)。在此基础上,有人进一步提出了“超人工智能”的概念，用以指代在各方面的表现都比人类更加出色的 AI。这样便产生了一条“弱人工智能→强人工智能→超人工智能”的 AI 发展路径，看起来似乎也合情合理。

但在实践中，这种分类方式却并不实用。在第 3 章我们已经讨论过，弱人工智能并不一定比强人工智能更弱,这种命名方式本身算不上十分严谨。同时,简单来说,这条发展路径是先构建“各方面和人一样的机器”，再构建“各方面比人更厉害的机器”，两者其实都属于“智慧生命体”的范畴，都不是人类短期内可以实现的目标。另一方面,我们现在可以实现的弱人工智能（如 AlphaGo）属于“智能产品”的范畴，需要投入大量的人工成本。但是，在这个分类方式下，弱人工智能并没有得到进一步的拆解，无法回答产品的智能究竟处于何种水平的问题，它对产品设计的工作也就不具备什么指导意义。

事实上，以“人类的智能水平”作为 AI 的分割线本身就有很大的局限性。“不如人类→等于人类→超越人类”这条路径背后隐藏着一个基本逻辑，即机器必须先达到人类智能，而后超越。这好比在说，一种生物要想进化得更高级，必须先进化成人，然后超越人。在达尔文的进化理论中，人和猴子的共同祖先在某个时间点上发生了突变，使物种产生了分化，人和猴子是由分化后的两个分支逐渐进化而来的——所谓“人是从猴子进化过来”的说法其实是对进化论的一个极大误解。也就是说，生物的进化存在着很多可能的方向，猴子不是进化成人的必经之路。同样的道理，人类一脉也并不见得就是生物向更高级进化的必经之路。更何况，机器和生物在运行机制上也存在很大的差异，也许 AI 的发展并不会经过“强人工智能”这个点，而是走出一条与人类完全不同的路径。

为了对智能产品的设计提供有效的指导，让我们结合第 4 章对生物智能的讨论，尝试构建一套对产品智能更详细、更有价值、最好也不完全以人类智能为分界线的分类方法。

产品智能金字塔

之前我们说到，在产品层面，机器的自动和智能之间并没有一个清晰的界限。有些产品（如机场的全自动传送带）通常被归为自动而非智能，有些产品（如自动驾驶）有时被归为自动，有时被归为智能，还有些产品（如智能音箱）通常被归为智能而非自动。这意味着，与生物智能一样，不同产品的智能水平也存在程度上的差异。如此，我们可以参考生物智能的分层模型，来尝试对产品的智能进行层次划分。

我将这一模型称为**产品智能金字塔**，如图 5-1 所示。

金字塔包括执行、反馈、空间、社交、干预、想象、自我 7 个智能层次（含一个 0 级），底层是不包含智能属性的纯粹的“自动”，顶层是完全意义上的“智能”，其他层级则包含不同水平的“智能”，且所处的层级越高，智能的属性越强（越可能被人称为“智能”而非“自动”）。

下面让我们来逐个理解一下产品智能金字塔中每个层级的含义。

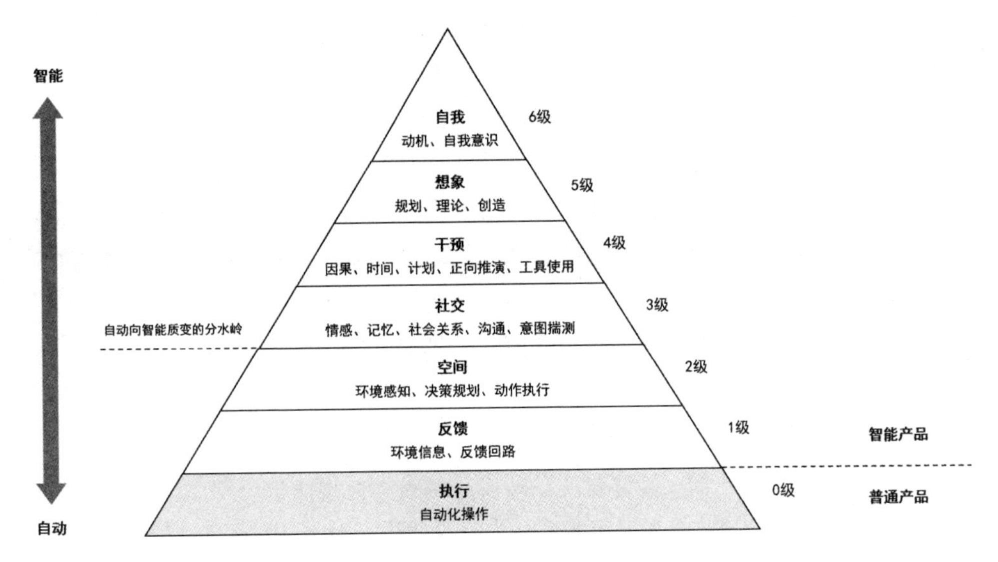

图 5-1　产品智能金字塔

0 级智能：执行

0 级智能的机器只具备“执行”的能力，即只能按照预设好的步骤逐步完成操作。严格来说既不涉及 AI 技术，也不会让人觉得智能，因而是完全意义上的“自动”。当然，智能从本质上说都是自动（第 4 章），只是这一层的产品几乎不会被人打上“智能”的标签。所有由传统计算机程序控制的产品，如全自动电梯、全自动洗衣机、全自动电饭煲等，都属于 0 级智能的范畴。由于不具备任何对环境变化的响应能力，0 级智能无法在大自然中生存，也不具备“生命”属性，或者说“没有灵魂”，只是那些拥有高级智能的生物用以达成目标的工具。因此，意识时空理论对意识的划分并不包含 0 级智能——即便是 0 级意识也拥有用以应对环境变化的反馈回路。

1 级智能：反馈

1 级智能对应生物的 0 级意识，代表生物[1]是植物（如含羞草）和微生物（如草

① 需要指出的是，某一等级的代表生物也可能拥有更高等级的智能，但其水平通常比更高等级智能的代表生物弱得多。

履虫）。拥有1级智能的机器无法构建出复杂的空间模型，且只能以静止或有限移动的形式存在，但可以对环境中的某些变化产生比较灵活的反应，例如能够根据室温变化自动控制加热/制冷装置、使室温保持在合理区间的恒温器。这个层次中的生物并没有大脑结构，也无法理解自己所处的世界，很难说其拥有“意识”，因而在意识的维度上处于“0级”。然而在产品层面，我们以用户的“体验”作为智能的判定标准。对用户来说，拥有一定环境应变能力的机器已经开始让人产生了智能的感觉，将其作为产品智能的第一个层级并不为过。事实上，一些拥有0级意识的生物同样会使人产生“它有智能”的错觉，例如一被触碰就下垂叶柄的含羞草，而这种错觉也正是它得名“含羞”的原因。

当然，由于处于金字塔相对底层的位置，1级智能的产品依然经常被认为是“自动”的。不过，这并不意味着1级智能产品所使用的技术都很简单。例如，恒温器可以通过温度传感器配合简单的程序来实现，也可以使用多种传感器配合AI技术（如深度学习），从包含日期、时间、天气、室温、用户偏好等多个参数的历史记录中挖掘模式，实现更符合用户需要的温度控制及更佳的使用体验——但这依然只是1级智能，只是更少被打上“自动”的标签而已。

2级智能：空间

2级智能对应生物的1级意识，代表生物是爬行动物（如蜥蜴和蛇）。拥有2级智能的机器具有一套由多种传感器组成的系统，并能够利用收集到的信息构建出机器所在空间的数据模型。同时，机器还能够制定空间行动策略，最终控制自身的物理组件实现在空间中的灵活移动，以实现特定的目标（如为用户倒一杯咖啡）。这一层的代表产品是自动驾驶汽车、扫地机器人、机器狗等。为了有效应对物理或虚拟（如游戏）世界中纷繁的空间变化，2级智能的机器通常会具备更加复杂的能力，下面给出一些示例。

环境感知：将传感器系统收集到的原始信息（如图像、声音、距离等）做进一步的融合与加工，获得更高层次的信息，如障碍物的类型、指示牌上的信息、瓶子的形状等，进而构建出机器所处环境的空间模型。

决策规划：在空间模型的基础上，根据空间行动目标（如抵达某坐标位置、找到并拿起红色瓶子等）在较为宏观的层面上制定出最佳的行动策略（如移动轨迹、

物体抓取策略等），并在行动的过程中动态地调整策略。

动作执行：将较宏观的行动策略转化为机器可实现的详细操作，如加减速、转向角、机械臂的转动角等，并控制执行机构最终完成在空间内的动作。

尽管简单的程序也可以控制机器在空间中的活动，如指挥机械臂通过几个固定的动作拿起一个正常放置的杯子，但如果杯子的姿态发生改变（如倾倒或改变位置），这样的程序便无法胜任。要想实现真正的智能，机器需要随时掌握自身和杯子的状态（如根据摄像头捕捉的图像识别出杯柄的位置和角度），并对机械臂拿取杯子的策略进行动态调整。因此，从 2 级智能开始，使用深度学习等 AI 技术几乎是不可避免的——这也是自动驾驶等领域的产品化工作直到这些技术实现突破后的 21 世纪才真正取得进展的原因。

为了处理大量且多层次的反馈回路，拥有 1 级意识的生物进化出了中枢神经系统。与之相似，为了处理感知、决策、执行等方面的大量数据，2 级智能的机器往往需要配置一个或多个高级控制器，其对机器计算能力的要求也比 1 级智能高得多。

需要指出的是，在汽车领域，当前对自动驾驶的常见分级方式是从 1 级的“驾驶辅助”（L1）到 5 级的“完全自动驾驶”（L5）。当汽车达到 L5 时，可以在全场景下自动完成驾驶操作，不需要人类任何形式的介入，是真正意义上的“无人驾驶”（这在目前还很难实现）。但从本质上说，即便强如 L5 级的汽车，能做的也只是在三维空间内灵活且安全地移动，而这依然是 2 级智能的范畴。汽车能从家门口自动行驶到超市，的确给人以“聪明”的感觉，但在这种聪明里，却没有太多的灵性，更像是一种“没有灵魂的移动”，因而自动驾驶有时被称为智能，有时也会被称为自动。也就是说，2 级智能会给人以“智能了，但没完全智能”的感觉，而这与其在金字塔中的位置（中部偏下）也是吻合的——L5 级自动驾驶并不是“智能汽车”的终点，它只是一个开始。

要让人感受到“灵性”，我们还需要更高层次的智能。

3 级智能：社交

3 级智能对应生物的 2 级意识，代表生物是哺乳动物（如狗）和鸟类（如麻雀）。拥有 3 级智能的机器不仅能够与人进行富有情感的交流、拥有良好的记忆，还能理解社会关系、揣测对方态度等。显然，构建空间模型及控制自身运动的能力并不足以支持这些活动，机器需要具备一定的“社会属性”，相关的能力包括（但不限于）如下。

情感理解：包括情感识别（基于生理信息对人类的情绪做出判断）、情感合成（给人一种具有情感的印象）以及沟通和唤起情感（与人进行顺畅的情感互动，能够唤起或抑制人的某些情感）[20]。

知识记忆：能够记住①丰富的知识，并利用知识有效地解决各种问题，同时也应拥有足够的常识（包括相关的文化背景和社会规范）。

关系理解：与空间模型类似，机器可以根据收集到的信息建立社会模型（如理解“用户的妈妈的妹妹是长辈”），理解相关个体的角色、相互间的关系、自身的地位以及一些更为微妙的关系，例如哪个人在团队中声望更高——这在很多时候并不一定通过职位的高低来体现。

有效沟通：理解语言、语气、语调、表情、眼神、肢体动作等所传达的信息（包括对言外之意的直觉性判断），能使用语言②或非语言的表达方式及沟通技巧有效传递信息，并能根据社会关系进行得体、有礼且优雅的表达。

态度揣测：能够通过他人或其他产品的行为直觉性地推断其态度或意图（如敌意、欺骗、怀疑等），但不包括对意图及其行动计划的“推理”，后者需要更高层次的智能。

在产品层面，3 级智能的关键词是“交互”，即社交属性需要通过机器与外界对象的互动过程来体现。这需要我们在深刻理解“人性”的基础上，对交互过程进行精心的设计，但这部分工作在企业中尚未得到足够的重视。不仅如此，对与 3 级智能相关的“人机交互”③技术的研究，目前也普遍处在相对早期的阶段。因而能达到这个层面的智能产品并不多，主要以知识型虚拟助手（如智能语音助手 Siri、聊天机器人程序 ChatGPT）的形态呈现，与完全意义上的 3 级智能还有很大距离。

3 级智能是“自动”向“智能”质变的分水岭。当机器的智能达到 3 级，才真正开始让人觉得它具备了较高级生物才拥有的智能水平。在这个层次上的产品，哪怕是只能通过语音控制音乐播放的一台小音箱，几乎都会被打上“智能”的标签，而

① 3 级只是记忆，对知识中因果关系的理解是更高层次的内容。

② 尽管人类的语言功能需要更高级大脑结构的参与，但由于对话是人类的重要沟通方式，我们还是将其作为 3 级智能的一部分。此外，3 级智能中的“对话”只是想法的自然表达，“富有逻辑的对话”中的逻辑部分则是更高级智能的输出，而 3 级智能只是将这些输出用对话的形式表达出来。

③ 此处指“人与机器的交互”（Human-Machine Interaction，HMI），涵盖所有可交互的设备，比传统的“人与计算机的交互”（Human-Computer Interaction，HCI，在国内也简称“人机交互”）范围更广。

图灵测试也是从这一层开始才具有意义。我们曾说，能自动从 A 点行驶到 B 点的汽车有时被称“自动”有时被称“智能”，但如果它能与车内或车外的人进行顺畅甚至情感化的沟通，那么即便它还做不到完全自动驾驶，人们通常也会称它是“智能的”。可见，“交互”是产品智能迈入更高层次的关键要素，我曾在《这才是用户体验设计》中提出“无交互，不智能”的观点，也是这个道理。

需要指出的是，3 级智能并不局限于像人一样互动（如使用语言交流）。电影《流浪地球 2》中的机器狗“笨笨”能够通过动作和表情沟通情感，让观众直呼可爱。如果这些特点落在产品上，那么即便不像人类，也会给用户带来较强的智能感。另一方面，人类拥有很强的共情能力，能够在一定程度上理解其他动物（如小狗）的情绪，因而完全意义上的 3 级智能也应当能够在一定程度上理解其他动物甚至其他智能机器的“社会属性”。

此外，拥有 2 级意识的生物都有实体且需要在空间中移动，因而也都拥有 1 级意识（2 级智能）。但数字化的智能产品很多时候不需要理解空间关系，比如 Siri 和 ChatGPT，这就意味着 2 级智能对 3 级（以及更高层次的）智能来说并不是必需的。当然，2 级智能对于智能汽车等很多产品依然很重要，只是受限于 AI 技术的发展，目前还鲜有能够同时驾驭好 2 级和 3 级智能的产品。如果汽车能实现“完全无人驾驶 + 流畅优雅的人车交流”，那就绝对当得起“智能汽车”这个名头了。

4 级智能：干预

利用因果关系之梯，我们可以将生物的 3 级意识拆分为“行动 / 干预”和“想象 / 反事实”两个层次。4 级智能对应“干预”（这里没有使用“行动”，以免与 1 级智能的空间移动混淆），即因果关系之梯的第 2 级，代表生物是人类婴儿以及少数智能水平较高的动物，如黑猩猩、海獭、渡鸦等。当然，成年人类不仅具备干预能力，且能力远强于婴儿及其他动物，将后者作为代表生物是因为它们只能达到这个层次，而成年人类还拥有更高级的想象能力。

4 级智能的关键词是“因果”，机器需要理解与自身任务相关的，包括空间、社交、科学等各维度的因果关系，建立因果模型，并基于模型对可能发生的情况及可用干预手段的影响进行正向推演。例如，让我们来想象下面的场景。

你正在驾驶汽车，突然看到路边有一个拿着气球的孩子，气球从孩子手中松脱，飘向了高空，而飘动的方向是你所在的前方道路，你意识到危险并踩下制动踏板减速。

这里请思考以下两个问题。

你为什么会觉得这个场景存在危险？

你为什么要踩下制动踏板？

尽管用时极短，但在你注意到这个场景时，大脑便启动了一系列的因果推演。

气球飘向道路＋气球是孩子的→孩子可能会追气球→孩子可能会跑到路上→车可能撞到孩子

在这样的推演下，你做出了“危险”的判断，并开始进一步对可能的干预手段所产生的影响（如果我做了……，将会如何）加以推演，例如：

如果我踩制动踏板→车会减速→车与孩子保持较远的距离→车不会撞到孩子

如果我向左转方向盘→车会驶入对向车道→车可能与对向行驶的车辆发生碰撞

这些推演帮助你回答这个层次上的另一个重要问题——怎么做。根据对多个行动推演结果的比较，你选择采用“踩制动踏板”这一行动来消除风险。当然，对于有经验的驾驶者，这个过程可能掺杂着直觉判断或条件反射（如本能地踩制动踏板），但这些在根本上都源于从过去所做的因果推演中积累的经验。机器要想迈入4级智能，这种“建立因果模型,并利用模型来理解环境情况及行动结果”的能力是必不可少的。

当然，这种仅包含单次行动的推演只是基础，4 级智能的机器还应该能对包含多个甚至上百个步骤的行动进行推演，并最终找到实现目标的最佳途径，即拥有“制订行动计划”的能力。例如下围棋时，棋手需要在围棋规则的框架下，推演出自己及对手一系列可能的落子位置所产生的结果，从而确定未来若干步棋的落子计划。同时，这种正向推演还应该能在更长的时间线上进行，比如“以当前的情况发展，1 小时、1 天甚至 1 年后将会如何？”这就需要机器拥有“时间”的概念，也是成年人类在这个层级上比婴儿和动物更强的方面之一，毕竟后者几乎不具备对时间（特别是较远时间跨度）的理解能力。

此外，到达因果关系之梯第 2 梯级生物的一个典型特征是有意识地使用工具（第 4 章），因而拥有 4 级智能的机器在遇到问题时也应该能够主动寻找并使用工具。例如当机器无法依靠自身打开坚果时，可以在理解“用重物砸→坚果碎裂”这一因果关系的基础上，在周围寻找石头等重物作为工具，利用其砸开坚果。

4 级智能的产品

严格来说，目前几乎没有哪个产品能谈得上实现了 4 级智能的上述内部机制。即便是“看到孩子和飘飞的气球适当减速”或“找石头砸坚果”这种对人类来说轻而易举的操作，当前的机器实施起来也相当费力。究其原因，是因为目前产品所使用的 AI 技术几乎都是由数据驱动的，其发掘的是事件的相关性（因果关系之梯的第 1 梯级）而非因果性。

还以“追气球的孩子”为例，如果使用深度学习技术，那么需要用相对大量的由机器记录或由人标注的数据（如“飘向道路的气球 + 孩子→危险”）来对模型进行训练，但这种方式存在很多局限性。首先，在很多时候，我们很难收集到足够多的数据，例如要积累几千张标注好是否危险，且包含不同孩子和各种气球的图片就并非易事（积累类似的文本描述会容易很多，但也需要积累大量用于训练的文本）；其次，即便收集到了，现实中的情况千变万化（如孩子脱手的是皮球、孩子与路之间有围栏等），使用历史数据对新情况做出的判断可能并不准确；另外，这个过程需要计算机进行大量的运算，但人类不仅只需要几步简单的逻辑推演，甚至在完全没有历史数据的情况下都可能比机器做得更好。因果推理往往可以在数据很少甚至无场景相关数据的情况下，仅基于常识和逻辑对各种场景进行有效的推演和预测，而当前的机器并不具备这样的能力。正如朱迪 · 珀尔和达纳 · 麦肯齐在《为什么》一书中所说：

“与 30 年前一样，当前的机器学习程序（包括那些应用深度神经网络的程序）几乎仍然完全是在关联模式下运行的……例如，如果自动驾驶汽车的程序设计者想让汽车在新情况下做出不同的反应，那么他就必须明确地在程序中添加这些新反应的描述代码……处于因果关系之梯底层的任何运作系统都不可避免地缺乏这种灵活性和适应性。”

目前，AI 领域在这个层次上的研究尚浅，因果推断技术应该是一个重要的研究方向，但究竟需要哪些技术才能真正实现 4 级智能的内部机制，我们尚无法确定。相信随着 AI 领域的不断发展，产品在内部机制上也会逐渐迈入 4 级智能的时代。

不过，虽然在内部机制的实现上存在困难，但从产品体验的层面，我们也并非无计可施。事实上，通过良好的设计，即便没有使用因果推断技术，我们还是可以给用户创造一种“能够进行因果推演”的错觉。一个典型的例子是成功战胜围棋世界冠军的 AlphaGo（其内部机制我们会在第 6 章进行讨论），会给人至少拥有 4 级智能的感觉。电动汽车的“充电提醒”也是一例，这个功能比较简单，常见的设计是设定一个提醒的阈值，如当“剩余电量降到 20%”时将电池图标变成红色，并通过仪表弹窗提醒用户充电。由于不具有对环境变化的灵活性，这项功能属于 0 级智能（如果配合良好的提醒则可能达到 3 级，但不是因为这项功能本身，而是因为精心设计的交互方式）。

下面我们来换一种方式：让汽车根据用户过去 1 个月的通勤记录，预测未来通勤所需的最低电量，并在每天用户快到家时检查电量。若剩余电量不足以保证次日通勤，且用户习惯在家附近的充电站充电，则对其发出提醒：“剩余电量可能不满足明日通勤需求，需要为您导航到常用的充电站吗？”

这样的充电提醒需要汽车回答两个问题：如果保持当前的车辆状态，会发生什么？如果剩余电量不够用，应该怎么做？同时，这个推演还涉及“明天”这个时间概念。因而如果提醒是合理的，那么即便谈不上惊艳（毕竟功能比较简单），也还是会给人一种“这车有点儿智能”的感觉。不过，机器其实完全不理解这些因果关系，所有的因果推演过程都是由设计者完成的。同时，程序中也不包含任何因果模型，而是设计者根据因果推演的结果构建了一套包含具体执行步骤的产品运行机制——机器所做的只是动态更新通勤所需的最低电量数值、定时比较数值，并在需要时调用一个固定的语音文件。不仅如此，这个过程甚至可以不包含任何复杂的 AI 技术，比如对最低电量的预测可以使用机器学习，但也可以使用诸如“对往返公司所有日子的行驶里程取平均值”这样简单的方式（虽然可能不如机器学习预测得准确）。

也就是说，设计师可以通过对用户情境的因果推演，构建出有效的产品运行机制，使用户在与产品互动时产生“它很智能”的错觉。当然，若能使用机器学习等 AI 技术，甚至机器能够自己构建因果模型，那么对创造卓越的智能体验绝对会大有助益。只是目前来说，产品的 4 级智能几乎都要靠精心的设计才能实现。

5 级智能：想象

4 级智能只能在已存在的世界（如“气球飘飞”的场景、眼前的棋局）的基础上，对自身行动的结果（包括可能引发的相关者行动，如对手可能的落子位置）进行正向推演，明确要执行的行动，在行动后也可以对结果进行观察。

5 级智能则有所不同，其对应因果关系之梯的第 3 梯级，代表生物是成年人类。5 级智能的核心是“反事实”，即机器可以虚构出完全不存在的场景或事件，如“如果孩子的气球没有脱手”或“假如我刚才没有下这步棋”，并以这种假想的虚构世界[①]为基础展开因果推演。借由这种能力，机器能够从过去吸取教训、探寻现象背后的原因，甚至构建抽象的理论来解释所观察到现象背后的原理。简单来说，4 级智能的逻辑是“现在是这个情况，将会如何，又该怎么做”，而 5 级智能的逻辑是“如果不是这个情况，又会如何，为什么会产生这种情况”。

拥有 5 级智能的机器应该具备的能力包括（但不限于）如下。

理论抽象：发掘现象（如苹果从树上掉落、一系列落子位置）背后的深层因果关系，并构建出能够解释现象的抽象模型（如万有引力定律、下棋的战略战术）。

宏观规划：制定战略层面的“规划”（4 级智能制定的是具体行动层面的“计划”），时间跨度也更长（可以模拟几年甚至几千年的未来），此外，虚构事件的能力也使其在模拟未来（包括规划和计划）时考虑得更加系统而全面。

创造能力：能够构建出新想法、新理论、新工具等不存在事物的“发散”能力，以及从众多新想法中筛选出可能有效方案的“收敛”能力[②]（比如基于审美或品位进行评价）。

显然，5 级智能的内部机制更加复杂，对 AI 技术的要求也比 4 级智能更高，我们尚不确定在内部机制上如何构建这样的系统，甚至在体验层面也没有哪个产品能成功地让人觉得它拥有“抽象”或“规划”的能力。不过，还是有少量产品能够让人感觉拥有了“创造力”，比如 ChatGPT 等 AIGC（AI Generated Content，指利用 AI 生成内容）类产品可以撰写演讲稿、撰写论文或作画。但这种“创新”需要人类事先提供足够的信息，特别是抽象信息。例如，你可以给 ChatGPT 以下描述。

请模仿齐白石的风格画一幅画。画中有一个女子，有长长的黑色头发、皮肤白皙、眼里闪烁着光芒，坐在河边，怀里抱着一只黄色的小猫。

而后，ChatGPT 就会根据这段描述中的要素生成一幅可能不错的画。写诗或写论文也是如此，ChatGPT 需要从你那里获取明确的需求，然后再综合某种风格或模式输出一组文本。这种“关键词 + 风格 + 输出形式→图片或文本”的模式会不会觉

① 注意与互联网的“虚拟世界”相区别，后者严格来说是用计算机硬件和软件构建的数字世界，也属于“已存在世界”的范畴，5 级智能构建的是完全不存在的世界。

② 收敛的核心是根据标准进行“评价”的能力，4 级智能在选择行动时也涉及一定的评价能力。

得有些眼熟？是的，这依然是一种机器学习。事实上，ChatGPT 所使用的核心技术正是深度学习和基于人类反馈的强化学习（RLHF），而目前来看，仅仅依靠深度学习、强化学习等当前的机器学习技术很可能不足以实现5级智能的内部机制。从根本上说，创造活动依然是由人主导的，AI 所做的工作只是将人提出的“抽象的创新”具象化。当然，“创新”的定义方式有很多，如果我们将创新定义为“产生新奇的东西”，那么这个将抽象创意具象化的过程也可以视为一种创造性活动。不过，当前 AI 的具象化机制与人类的思考方式存在很大的不同，且受制于深度学习等技术的局限性，其所产生的内容也无法超过其训练数据（即人类已创造内容）的水平。也就是说，当前的 AI 还无法创造出超过人类现有水平的内容，如开创出全新的哲学体系或绘画风格。此外，ChatGPT 也不具备“收敛”的能力，其生成的图片是否“够好”仍需要人类加以鉴别，而生成的文稿往往也需要人类的修改才能在正式场合使用。ChatGPT 之所以让人产生 5 级智能的错觉，是因为它能够生成让人觉得很新奇或很专业的内容——特别是对于那些缺少绘画或写作技巧的人，但他们之前做不到这些往往不是因为没创意，而是没有将创意具象化的能力。当然，能让人产生 5 级智能的错觉足以说明 ChatGPT 的强大，且将创意具象化的能力显然可以大幅提升人类在创造过程中的生产力。我们赞赏 AI 领域的进步，也期待随着因果推理等 AI 技术的突破，未来能够实现在内部机制上也达到 5 级智能的产品，为我们的工作和生活带来更加美好的体验。

6 级智能：自我

到目前为止，我们讨论的都是机器的“能力”，但“能做”和“想做”是两码事。一辆 L5 级的完全自动驾驶汽车可以灵活地应对行驶途中的各种事件，将人从出发点安全地送到目的地。不过，设定行驶目标的说到底还是人，如果没有人类（通过人机交互）提出的要求，即便强如 L5 级的汽车一样形同废铁，这样的机器自然也谈不上“拥有生命”。也就是说，只有“能力”的机器，不管能力有多强，本质上都只是一种工具，属于产品的范畴。要想让机器在智能水平上进一步突破，就必须赋予机器在遵从他人要求之外的某种“主动性”。

6 级智能的机器能够在自身动机或需求的驱使下开展行动，6 级智能的代表生物也是成年人类。根据能力的不同，机器的需求也会变得愈加复杂，我们可以借鉴第 4 章提到的马斯洛需求层次，给出一个机器的需求模型，如表 5-1 所示。需求层次越高，包含的 6 级智能越多，也就更偏向于高等生物。例如，拥有“生理需求”的扫地机器人能够自动补电或进行自身维护，而拥有“安全需求”的机器狗可以在危险来临时设法保护自己——就像《流浪地球 2》中的笨笨在面对太阳风侵袭时能够自己找墙角躲避并给自己盖上防护毯。在此之上，机器还可能拥有更加丰富的动机，如希望融入群体、获得某种地位或权利、主动寻求挑战，甚至探究自身存在的意义。

表 5-1　马斯洛需求层次（机器智能版）

智能水平	可能的需求（6 级智能）层次及内容
5 级智能	自我实现的需求（发挥潜力、拥有意义深远的目标）
4 级智能	
3 级智能	尊重的需求（自信、价值和能力感、自尊与受尊重）
	归属与爱的需求（融入群体、建立联系、爱与被爱）
2 级智能	安全需求（避免损坏、稳定运行）
1 级智能	生理需求（能源、保养、更换）
0 级智能	无

这里的关键是，机器需要拥有某种“自我意识”。我们当然可以人为地将类似“低电量时到充电站补电”这样的算法编入程序，但严格来说这还是一种预设的需求（类似生物的本能）。要想让机器做些人类要求之外的事，就必须让它理解“我”这个概念，进而自己产生动机。对这方面的讨论涉及大量哲学及伦理方面的内容，比如自我意识的定义、机器的价值观、机器的权利等，这显然超出了产品设计的范畴。事实上，拥有自我意识的机器已不能再被称为“产品”或“机器”，而是某种形式的“智慧生命体”了。

关于 6 级智能的上述机制应该如何实现，我们尚不得而知，毕竟人类对自己的自我意识从何而来都没有太多头绪——也许它只是一种人类自欺欺人的幻觉。我们暂时还只能在影视作品中见到完全意义上的 6 级智能，如《钢铁侠》中的贾维斯和《流浪地球 2》中的 MOSS。或许，正如我们在本章开头所讨论的，机器智能的演进可能走出一条与人类智能完全不同的模式。但从产品的角度，让机器看起来拥有 6 级智能，哪怕只是一些低层次的需求（如在汽车程序中编入自动补电或保养的算法），也会给人带来很强的智能感。因此，与 4 级和 5 级智能一样，即便内部机制尚难实现，我们还是可以通过设计（当然这并不容易）让机器给人带来拥有 6 级智能内部机制的错觉。

现在我们理解了产品智能的 7 个层次。你可能已经注意到，这种分层方式既可用于产品背后的实现机制，也可用于产品给用户带来的体验。但在很多时候，同一产品的内部机制与外在体验（也就是用户认为的内部机制）并不对应，例如让人觉得拥有自我意识的产品依靠的可能是 3 级智能的内部机制。如此，我们该如何划定产品的智能水平呢？根据 AI 体验主义的思想，智能应以产品给用户带来的体验为准。在下一章中，我们将以著名的 AlphaGo 为例，来对这个问题做更进一步的阐述。

第6章 体验定义智能

很多时候，智能产品的内部机制与外在体验之间会存在很大的差异，即便是击败了世界围棋冠军的 AlphaGo 和近来备受关注的聊天机器人 ChatGPT（见第 12 章）也是如此。为了帮你更好地理解这个问题，下面以 AlphaGo 为例，来看一看被认为能够在围棋领域“媲美人类”的 AI 背后的真实算法。这部分内容参考了 AlphaGo 团队的相关论文 [21]，我尽量使用通俗易懂的语言对程序的基本逻辑进行讨论，并对很多复杂的技术细节进行了简化，如果你对具体的技术实现感兴趣，那么可以参考相关的书籍和文献。

用深度学习下围棋

在很长一段时期里，围棋极高的复杂性一直困扰着 AI 领域的研究者。说到围棋的复杂性，我们知道围棋棋盘有 361（19×19）个落子位置，而每个位置可能有黑子、白子、无子 3 种情况，这使得棋盘可能出现 1.74×10^{172}（3^{361}）种不同的状态。这是个什么概念呢？假设某宇宙中有 10^{24} 个星系，每个星系有 10^{24} 个星球，每个星球有 10^{24} 人，每个人有 10^{24} 台计算机，每台计算机每秒可以计算 10^{24} 个棋盘状态，在强到如此不切实际的计算能力下，要把围棋的所有可能性计算一遍，我们还需要 10^{24} 个这样的宇宙联合计算超过 5.5×10^{20} 年才行！

因此，对所有可能的棋盘状态及相应走法（解决方案）进行整理并输入计算机，让其通过自动检索进行对弈的思路，无论对研究者还是计算机来说都是完全不现实的。我们需要放弃给机器提供解决方案的思路，转而提供某种找到解决方案的办法，使机器能够根据棋局的变化灵活地进行判断，找到更有可能获胜的落子位置——是的，这需要 AI 的帮助。

具体来说，围棋程序的输入是一个棋盘状态，而输出是每个落子位置的取胜概率。你可能已经想到了深度学习（见附录 B），如果将落子位置作为棋盘状态的标注，那么大量专业棋手的对弈数据就组成了一个庞大的监督数据集。这样一来，我们就可以利用这些数据来训练一个深度学习模型，使计算机能够针对每个棋盘状态给出一个专业棋手更可能落子的位置（如图 6-1 所示）。看起来是不是很棒？事实上，AlphaGo 团队确实这样做了[22]。研究者使用了 KGS 围棋服务器上由 16 万场专业棋手对弈产生的近 3000 万个形如“棋盘状态→下一步落子”的数据，训练了一个 12 层的卷积神经网络。在随后的对弈中，这个神经网络展现出了相当不错的对弈水平，相当于专业六段的人类棋手。但它与顶级棋手间的差异还是非常明显的，并且在与 Pachi、Fuego 等传统围棋程序的对弈中，也没有取得过半的胜率（仅为 11%~47%）。

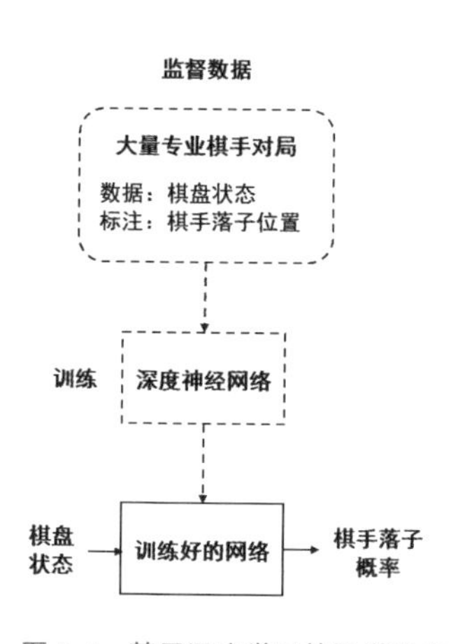

图 6-1　基于深度学习的围棋程序

造成瓶颈的一个很重要的原因是，深度神经网络预测的是单个回合的最佳落子，但一系列单回合的最佳落子不一定是整盘棋的最优策略。举个例子，假如有两个落子位置，对手对每个落子有两种反击方式。对于落子 1，两种反击后的胜率变为 20% 和 50%，而落子 2 反击后的胜率为 10% 和 80%。平均来看，两种落子在对手反击后的胜率分别为 35% 和 45%，后者胜出。但在实际对弈中，如果对手段位够高，可能根本就不会选择 50% 和 80% 的走法，从而使两种落子的胜率变为 20% 和 10%，反而选择前者更好。对于动辄一两百个回合的围棋比赛，仅基于当前棋盘状态做出的预测从整个比赛来看可能并不是最佳的。因此，要想让程序达到更高的段位，我们需要让它拥有一定的“全局视野”，即能够考虑到双方的一系列落子对胜率可能产生的影响。

幸运的是，当时的一个主流围棋算法正是这样做的，这就是**蒙特卡洛树搜索**。

运气与数量

蒙特卡洛树搜索（Monte-Carlo Tree Search）这个名字看起来很高深，但其实理解起来并不困难。对于某个棋盘状态，会有多个可能的落子位置，而每个落子位置又会有多个后续可能的落子位置。如果用图形来表示，就是从一个最初的“根”发散出很多一级分支，这些一级分支又会发散出很多二级分支、三级分支等，从而形成一棵包含所有可能性的“大树”（如图 6-2 所示）。从全局来看，从根到某个最终分支（如“根→1→3→4”）的包含一系列分支的组合代表了根的一种可能的发展，对围棋来说就是一次完整的对弈。而我们要做的，就是在海量的分支组合中找到最符合要求的一个，这个过程就是“树搜索”。

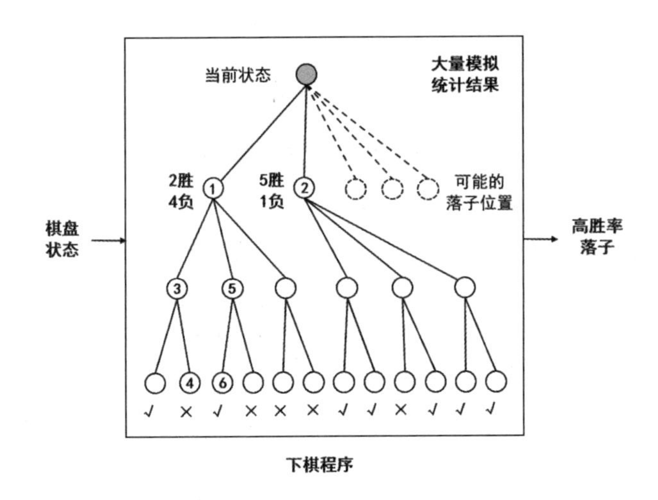

图 6-2　基于蒙特卡洛树搜索的围棋程序

由于围棋的树太过庞大，对所有分支进行探索是不现实的，我们只能从中选取一组“样本”来对总体的情况进行推测。那样本该如何选择呢？最常见的方法就是随机抽样，就好比在第一个分岔处摇骰子，摇到哪个走哪个，到下一级分岔处再接着摇，一直摇到最后一级，如此便得到了一个分支样本。那“蒙特卡洛”是什么呢？它是位于摩纳哥公国的著名赌场，因而这个方法就被称为“蒙特卡洛”。所谓“蒙特卡洛树搜索”，其实就是利用随机（赌博）的方式对树的分支进行选择的过程——能否找到最佳落子全靠运气。

具体而言，采用蒙特卡洛树搜索的围棋程序在下每一步棋之前，都会对每个可能的落子位置进行大量的对弈模拟。在每次模拟中，程序会不断进行随机落子，直到分出胜负，类似图 6-2 中的“1 → 3 → 4 →负”和“1 → 5 → 6 →胜”。在模拟完成后，程序会对模拟结果进行统计，从中选出胜率更高的落子位置作为这一步棋的输出。比如同样是 6 次模拟，两个落子位置的结果是“2 胜 4 负对 5 胜 1 负”，那么程序就会倾向于在后者处落子。

在统计学上，样本量越大，对总体的判断越准确。也就是说，在下每一步棋前，对其模拟的次数越多，程序的下棋水平就越高。例如，刚刚提到的基于深度神经网络的程序在与 Pachi（一种使用了蒙特卡洛树搜索的程序）对弈时，若 Pachi 对每步棋做 10000 次模拟，则神经网络的胜率是 47%，但当 Pachi 的模拟次数上升到 100000 时，神经网络的胜率便骤降到 11%。如此一来，问题似乎就变成了一个硬件问题：如果计算机在走每一步前能够做数百万甚至更多次的模拟，那么是否能战胜人类冠军呢？很遗憾，这非常困难。

相比于围棋的可能性，即便样本的数量上亿，其占比依然小到可以忽略不计。我们当然可以继续堆积算力，相信通过使用更多的、计算速度更快的计算单元，最终可以让程序在某一天突破某个“临界点”，进而超越人类冠军的水平——AI 领域经常弥漫着这种“大力出奇迹”的畅想和执念。但量变并非总是有效的，也不是解决问题的唯一途径。在开始拼命积累“量”之前，也许我们应该思考一下，算法本身是否还存在提升的空间？

其实，蒙特卡洛树搜索存在一个非常明显的问题，那就是完全的随机性。这就好比是一个完全不懂围棋的“小白”，每次都凭感觉乱走，但他下每一步棋的时间非常充足（对计算机来说是运算速度极快），可以先下 10 万局，并根据对这 10 万局比赛结果的统计决定落子位置。但是，稍微有一点围棋知识的人都知道，棋盘上很多位置的落子毫无价值。也就是说，在这些方向上的探索，无论是几百次还是几万次，从一开始就没有意义，其占用的计算资源也就白白浪费了。如果我们能让程序具备一些围棋知识，将注意力（计算资源）用在刀刃上，就可能大幅提高其下棋的水平。

那具备围棋知识的程序去哪找呢？巧了，刚提到的深度神经网络就是一个。

靠运气，但不全是

蒙特卡洛树搜索通过对未来一系列落子的大量模拟拥有了一定的全局视野，但对围棋知识一窍不通；深度学习吸收了大量专业棋手的对弈数据，能够对单步落子给出相对专业的预测，但缺少全局视野。AlphaGo团队注意到了两种技术间巨大的互补性，并使用能够预测落子位置的13层深度神经网络（在AlphaGo中称**策略网络**）替代简单的“摇骰子”来对分支进行选择。

具体来说，如图6-3所示，对于蒙特卡洛树搜索，白棋默认所有落子位置都拥有相同胜率（随机抽样），而策略网络会对每个落子的胜率进行预测，进而收窄白棋落子的范围（有方向性地抽样）。将两种技术结合，就是让计算机在模拟对弈时使用策略网络来走子，不过这严格来说已不能再称为“蒙特卡洛”，而是一种嵌入了策略网络的“深度学习树搜索”。如果说蒙特卡洛树搜索是一个纯靠蛮力的围棋小白，深度学习是只看眼前的专业棋手，那嵌有策略网络的搜索就是有长远眼光的专业棋手。当然，尽管搜索范围被大幅收窄，但剩余的分支数量依然极为庞大，因而搜索过程还是存在相当比例的运气成分，但不再是全靠运气了。

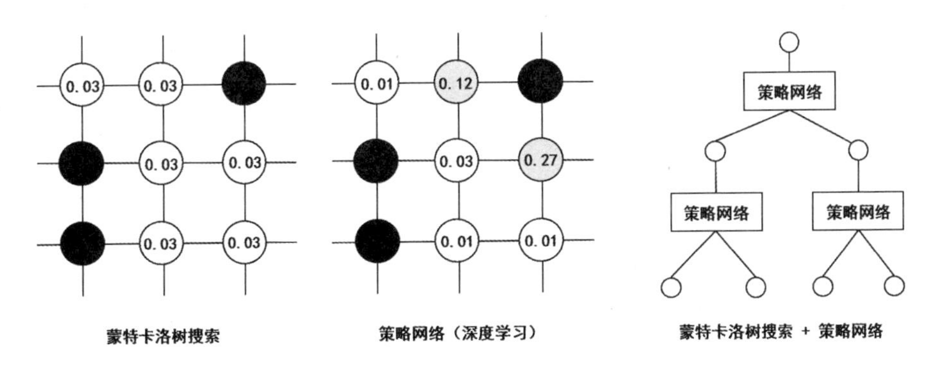

图6-3 使用深度学习技术的蒙特卡洛树搜索

这里我们可以用烹饪做个比喻。假如一道菜需要2类食材（每类有100种选择）、3类工艺（刀工、烹饪方式、火候，每类有10种选择）、3类调味品（每类有100种选择），这些可能性就构成了一个包含10万亿（100×100×10×10×10×100×100×100）个分支的超级大树。此时让你创造一道味道很棒的新菜，该怎么做呢？如果你既没有烹饪知识，也没吃过什么像样的菜，即对烹饪中各元素的合理搭配毫无经验，那常见的方式便是对每项内容任意选择（蒙特卡洛方法），例如“韭菜→地瓜→切片→炒→10级火力→老抽→米酒→黄豆酱”，然后真的去做一遍，看看味道好不好。尽管当你尝试的次数足够多，例如做了3万盘（一天3盘要吃27年），也是可以做出一盘好菜的，但这时你可能都快退休了——一辈子出一个菜，效率实在太低。事实上，现在的你可能一眼就看出“米酒酱爆韭菜地瓜片”是一道黑暗料理，因为你有相关的知识和经验。因而，厨师在创造新菜时，会基于经验将不靠谱的选项过滤掉（如第一类食材选韭菜时，第二类食材往往不会考虑地瓜），从而可以在几天时间内就创造出一道美味佳肴，这就是深度学习对树搜索的价值。

所以围棋问题成功解决了，对吗？很遗憾，这个方法在理论上有其合理性，在实践中却缺少足够的可行性。因为 13 层的深度神经网络计算一步棋的速度很慢，需要约 3 毫秒，假如一次模拟包含 200 步棋，那仅一次模拟就需要 0.6 秒！换言之，除非同时有几十万台甚至更多的计算机联合工作，否则在比赛时下一步棋的几秒钟内模拟出足够多的对弈是极为困难的。

为了让深度学习树搜索可行，我们还需要对算法做进一步的优化。

快速走子与强化学习

AlphaGo 团队对算法所做的优化主要有以下两种。

第一种优化被称为**快速走子**，利用棋盘状态的局部特征作为监督数据，训练出一个“比完全随机更有效，但能力不如策略网络”的预测模型。这个快走模型下一步棋需要 2 微秒，只有策略网络的 1/1500。在模拟时，我们可以使用策略网络先下十几步，然后通过快走模型快速走子走完剩余的步数（剩余落子全部用时加起来还不及策略网络的一步）。虽然预测准确率较之前有所降低，但还可以接受——关键是它足够可行。

但要击败人类冠军，只有快速走子还是不够，AlphaGo 团队又引入了第二种优化技术——价值网络。

人类在下棋时，有时会提前认输，这是因为其对整个棋局的输赢走势做了判断，认为继续下棋无益。如果计算机能够在发现取胜无望时提前认输，或更进一步地，能够对棋盘状态的输赢走势做出有效预测，就可以提前结束模拟，从而大幅节省计算资源。从本质上说，对棋盘状态进行胜负判定是典型的分类问题，这又是深度学习非常擅长的领域。我们可以使用本章开头提到的 KGS 围棋服务器上的专业棋手数据（AlphaGo 团队曾用其训练出了一个能达到专业六段围棋水平的深度神经网络）来训练一个深度神经网络，进而对棋局的输赢进行预判。

但这里出现了一个问题：监督数据的量不够了。KGS 服务器上有来自 16 万次对弈的 3000 万张棋盘状态，但每场对弈中约 200 个棋盘状态存在着高度的相关性，这对于模型的训练是不利的，最好是从每场对弈中只取一个棋盘状态作为监督数据。但这样一来，监督数据的数量就从 3000 万骤降到 16 万，不足以训练出一个令人满意的神经网络——我们需要更多的监督数据。

为了积累更多的数据，AlphaGo 团队采用了强化学习（见附录 B），让策略网络 1.0 与自己对弈，并根据对弈结果优化自身，得到策略网络 2.0。之后，策略网络 2.0 再与策略网络 1.0 或策略网络 2.0 对弈得到策略网络 3.0，策略网络 3.0 再与之前的某个版本对弈……经过不断迭代，我们得到了一个强化版的策略网络。在此基础上，AlphaGo 团队让这个强化版策略网络与自身对弈超过 3000 万场，从而得到了超过 3000 万个互不相关的监督数据。事实证明，用它们训练出来的 15 层深度神经网络（在 AlphaGo 中称**价值网络**）对胜负预测的准确率可以达到与使用了强化版策略网络的树搜索相同的水平，但计算量只有之前的 1/15000！

在实际对弈时，AlphaGo 团队将价值网络与快速走子相结合。在策略网络走了若干步后，用价值网络对输赢进行判断，并用快速走子走完剩余步数，得到一次模拟的结果。而后，计算机将价值网络“对全盘的整体判断”和快速走子的“单次模拟演练”综合起来，得到对之前策略网络一系列走子的价值判断。这一策略大大缩短了单次模拟的时间，使得在相同的时间内可以进行更多次搜索。

从统计的角度来说，策略网络的作用是增加有效的样本数量（减少了资源浪费），而价值网络配合快速走子的作用是缩短单次抽样的时间，使得相同时间内可以获得更多的样本（进一步提高资源的利用率）。换言之，计算机用以决定最佳落子的有效样本数量得到了质的提高，而正是这些改善，为 AlphaGo 最终战胜人类冠军奠定了基础。

AlphaGo 如何“思考”

下面我们来看一看 AlphaGo 战胜人类冠军的完整过程。

在与人对弈之前，我们需要对 AlphaGo 程序中必要的部分进行训练。先使用专业棋手对弈的数据训练出快速走子网络和策略网络，然后利用策略网络和强化学习得到强化版的策略网络，再利用后者的自我对弈生成足够的监督数据，最终训练出一个有效的价值网络，如图 6-4 所示。

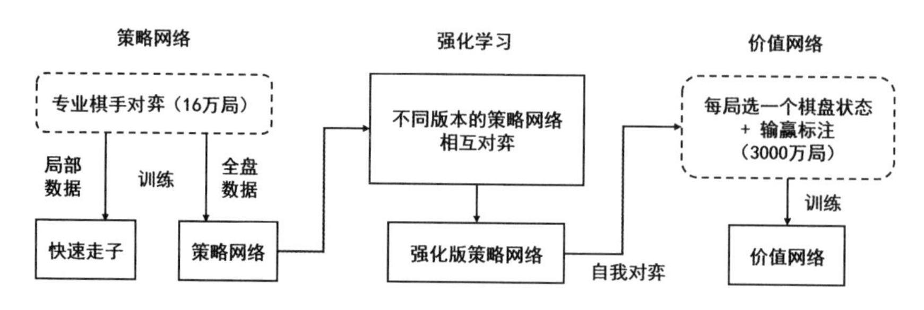

图 6-4　AlphaGo 的模型训练过程

接下来就是实际对弈阶段，如图 6-5 所示。在下每一步棋之前，AlphaGo 会先用策略网络走 L 步，然后用价值网络和快速走子对策略网络的一系列走子进行综合评价，并根据评价结果对策略网络给出的最初胜率进行调整。在比赛允许的时间内，AlphaGo 会对未来可能的对弈做尽可能多的模拟，并不断优化各落子位置的胜率，最终给出对最优落子位置的预测。用 AlphaGo 团队的说法就是“通过将树搜索与策略和价值网络相结合，AlphaGo 最终在围棋中达到了专业水平”。值得一提的是，比赛版本的 AlphaGo 在对手思考落子时也在持续地进行搜索（人类棋手也不会浪费这部分宝贵的时间），以便在下一轮落子时拥有更多的模拟数量，进而做出更准确的预测。

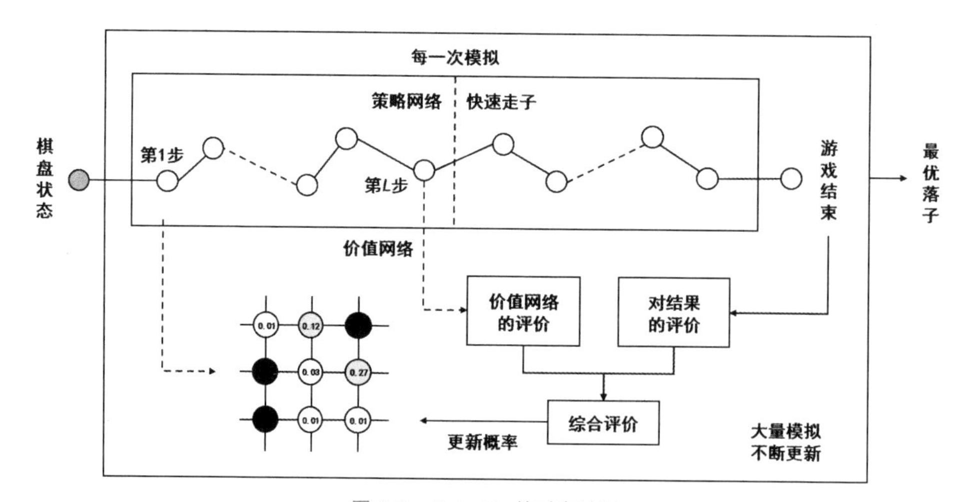

图 6-5　AlphaGo 的对弈过程

以上就是 AlphaGo 在对弈时的“思考”过程。尽管在算法上做了大量优化，但由于策略网络和价值网络需要的运算量远大于传统的搜索算法，使得 AlphaGo 对计算资源的消耗相当惊人。例如，一个分布式版本的 AlphaGo 包含了多台机器、40 个搜索线程（能够同时在 40 个方向上展开搜索）、1202 个 CPU（用来模拟）和 176

个 GPU[①]（对策略网络和价值网络进行计算）。而一个更强版本的 AlphaGo 甚至包含 64 个搜索线程、1920 个 CPU 和 280 个 GPU。依靠巧妙的算法和强大的计算能力，AlphaGo 最终以 4:1 的比分成功地击败了李世石。

现在，你应该对 AlphaGo 的基本原理有了一个比较完整的理解。当我们拨开 AlphaGo 那层“智能”的面纱，会发现如此强大的 AI，所做的其实还是执行。严格来说，AlphaGo 的成功是其研发团队在计算机的算力取得飞跃的时代背景下，以当时前沿的机器学习技术为基础，针对“下围棋”这个具体问题，巧妙地构建了一套以计算机为执行工具的算法，并借助这个强大的工具击败了人类围棋冠军的故事。真正战胜李世石的不是机器“觉醒”的某种智慧，而是 AlphaGo 团队中每个人的智慧，以及大量 CPU 和 GPU 的共同努力。这次事件的重大意义在于，AI 研究者终于证明了，人类有能力利用计算机来解决像围棋一样复杂的认知问题，而这在使用传统程序的过去是无论如何都做不到的。

AlphaGo 是几级智能

下面让我们来思考一个有趣的问题：AlphaGo 的智能水平究竟有几级呢？

如果我们将“思维”定义为解决问题的一系列过程，那么不可否认的是，AlphaGo 的确拥有某种思维。但从刚刚对其内部机制的阐述中，我们可以看到 AlphaGo 在下棋时使用的思维方式与人类完全不同。计算机很擅长并行计算，而人类的大脑是“单核处理”的，即每次只能思考一件事——但大脑很擅长在不同任务间切换，从而让我们产生了可以“一脑多用”的错觉，实际却并非如此[23]。不仅如此，人类的计算速度和记忆力也远不及计算机。对人类来说，在短短几秒钟的时间内，别说是模拟几万场对弈，甚至连对几万个模拟结果进行记忆或统计的能力都没有。但人类棋手很擅长推理、规划和抽象（4 级和 5 级智能的内部机制），能够在战略和战术层面，基于过去的经验制定有效的策略，并能根据局势的变化对策略进行灵活的调整。尽管有时也会凭直觉落子，但通常来说，如果你问一位棋手，为何要这样落子，他会给你讲出一套非常清晰且合理的落子逻辑。

相反，AlphaGo 确定落子的过程不包含任何因果推理或是从抽象到具象的过程，

① 图形处理器，通常包含超过数千甚至更多个可并行工作的计算单元，复杂运算能力不及 CPU，但能够同时进行大量较简单的运算，这一特质非常符合深度学习一类 AI 技术的要求，因而经常被用于 AI 领域。

而是利用从海量历史数据中挖掘出的相关性（如“棋盘状态”与“输 / 赢”之间的关联，以模型结构及一系列调整好的参数的形式体现），以及对大量模拟对弈结果的统计。如果你询问 AlphaGo 落子的原因，它只会告诉你它“觉得”在这里落子取胜的概率更高，对具体的逻辑则解释不清——但从外在表现来看，这套算法至少帮助 AlphaGo 圆满地实现了战胜人类冠军的目标。

不过，AlphaGo 解决问题的这套策略在人类身上并非完全不见踪影。你可以回想下自己学骑自行车或打羽毛球时的情景，以打羽毛球为例，你可以在毫无理论基础的前提下，通过观察别人打球时的动作（监督学习），或一边实践一边根据击球效果微调自己的动作（强化学习）来逐渐提升打球技巧。这里我们可以想象在人脑中有一组参数，能够控制手臂“模型”上的一系列小肌肉，而这些小肌肉的联合作用使我们最终完成了一次有效的挥拍动作。以这个视角来看，学打羽毛球的过程就变成了人脑不断优化模型参数（机器学习）的过程。

大部分时候，人类对身体的控制几乎是无意识的。你可以摆动一下手指，然后想想自己是如何控制这个过程的——想必你会毫无头绪。对于学打羽毛球来说，你对大脑调节手臂肌肉“参数”的过程同样一无所知。即便你完全掌握了挥拍技巧，能够打出一记漂亮的扣杀，但如果有人问你为何要如此挥拍，你只能用“直觉”、“手感”这样的词来形容——这与 AlphaGo 的情况别无二致。你的确通过学习掌握了足以达成目标的能力，但这个过程不涉及因果、逻辑和抽象的理论，甚至几乎没有意识的参与。或者说，你并没有学习到我们平时称之为“知识”的东西——既无法向他人解释和传授，也难以将掌握的东西推广到看似无关的其他领域。不过，也正是得益于这些无意识过程，人类才得以从纷繁复杂的空间活动中解脱出来，将大部分意识投入到更加高层次的思维活动中，比如边跑动击打羽毛球边思考后续的战略战术，而无须思考腿或手腕该如何控制。

在产品智能金字塔中，“基于相关性的空间活动”（如挥拍击打羽毛球）是 2 级智能内部的典型机制。而这一机制并非人类的专利，比如猫头鹰在捕捉田鼠时，可以基于田鼠及其所在的地形，凭感觉预判出实施抓捕的最佳落点——就像 AlphaGo 基于一个棋盘状态，凭感觉知道在哪里落子胜算更大一样。如此来看，AlphaGo 是在以 2 级智能的内部机制“硬刚”人类的 5 级机制，这可能就是其不得不消耗远超人类的巨量计算资源的原因。专业的羽毛球选手依靠的不仅仅是手感，还有被抽象和总结出来的系统性的专业知识和丰富的战略战术，而这部分差距对于仅依靠感觉的人来说，可能需要上万次的观察和试错来弥补。至于对围棋这种对认知水平要求很高的项目，AlphaGo 甚至还需要进行额外的海量模拟，这相当于每次击球前在 1000

个“平行宇宙”中挥拍，然后选择胜率最高的动作。好在，对于计算机来说，这种“科幻”的操作是可以实现的。

不过，如果单看外在行为，人们会认为成功击败李世石的 AlphaGo 能够像人类一样思考，因而其内部机制也应该是 5 级的。这使得 AlphaGo 的内在实现与外在表现出现了很大偏差：AlphaGo 其实是一个披着 5 级机制外衣的 2 级机制。

那 AlphaGo 究竟是几级智能呢？这就回到了图灵测试与中文屋的争论，我们究竟该用内部实现还是外在表现来衡量智能？两者其实各有道理，但对于智能产品来说，体验永远是最终极的意义，因而我们选择了图灵的视角——不管 AlphaGo 是不是真的像人一样思考，既然它能够让人感觉拥有 5 级智能的行为（及相应机制），那它就是 5 级智能。

智能是一种体验

其实，用体验来定义产品的智能也有其内在的合理性。

AlphaGo 的案例告诉我们，相同的产品行为可能源于完全不同的内部机制。另一方面，相同的机制也可能由多种不同的基础技术来实现。例如“利用大量棋手对弈的全盘数据训练模型，对落子概率进行预测”这个机制，我们可以使用深度学习技术，但也可以使用其他机器学习技术——只是目前深度学习的预测能力更强，但它是否是最佳选项还未可知。

反过来，同一个基础技术可以被用于不同的机制，而同一种机制可能因所用的技术不同而产生行为上的差异（如有些下棋程序落子专业，有些则时好时坏）。此外，机制展现出的行为水平也会受环境的影响，如让小车在迷宫中来去自如的机制，到了公园里可能让小车乱走一气。有趣的是，在落子很专业或小车走迷宫非常顺畅的情况下，人们会认为机器是智能的；而如果落子时好时坏或小车在公园到处碰壁，人却会认为机器“不太聪明”。

也就是说，技术、机制、行为，这三者之间并非一一对应的关系，且用户并不会因为产品使用了某种技术，或实现了某种内部机制（他们甚至对产品内部的情况一无所知），就认为它是智能的。如此，我们似乎可以用行为来定义智能。但且慢，因为产品行为与人类感受之间还可能存在偏差。

让我们想象这样一个场景：一辆完全自动驾驶汽车，能够在电量很低时自动行驶到附近的充电站充电，这是不是很智能？但如果用户并不理解这种行为的意义，而是觉得“车三天两头就跑出去乱走”，反而会认为车出了什么问题。因此，产品被认为是智能的关键在于“认为”本身——如果用户认为产品是智能的，它就是智能的——而这个“认为”就是体验。对于能自动充电的汽车来说，只有借由某种交互方式将其“溜走”的原因自然地传达给用户，才会真正坐实这个“智能”的属性。

由此可知，产品的“智能”属性是由用户的体验定义的，我称之**体验定义智能**（如图 6-6 所示）。如果用户在与产品互动的过程中认为产品很聪明，那么相关的一系列产品行为就是“智能行为”，其内部机制就是“智能机制”，相应的基础技术也就是“智能技术”。这也进一步呼应了我们在第 4 章中对机器智能所做的定义，让我们再来回顾一下。

在产品层面，机器智能是机器为实现一个目标（如控制车辆、与人聊天）进行的一系列自动化操作，这些操作包含了对环境中不断变化的输入（如障碍物位置、人说话的内容）的灵活反馈，并在实现目标的过程中使与之交互的人产生“它拥有生物智能”的错觉。

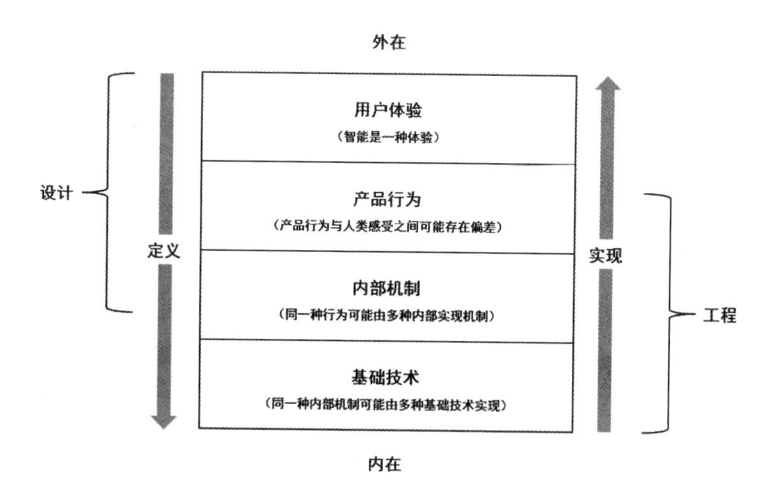

图 6-6　体验定义智能

当然，强调体验并不是说技术、机制和行为对智能产品不重要，它们是体验的实现途径：没有基础技术，内部机制便无法实现，进而无法产生相应的产品行为，用户体验也就无从谈起了。从业务分工来说，设计往往会内探到机制，但偏重于用户体验；而工程经常会外沿到行为，但偏重于基础技术。显然，要想创造出卓越的智能产品，唯有依靠设计和工程的通力合作才能够实现。

最后回到产品智能金字塔，严格来说，我们在上一章说的“5 级机制”是生物实现 5 级智能行为（生物没有用户，因而以行为为准）所对应的内部机制，但不见得是产品带来 5 级智能体验的唯一机制。因而在产品层面，采用“体验定义智能”的观点，将智能的 7 个层次作为用户体验的划分标准更加合理。在设计智能产品时，我们应当在符合用户需求的前提下，尽可能在产品的每个智能层次上进行设计，从而创造出更加丰富和优质的智能体验。

第2部分

总结

在这一部分，我们探讨了两个对智能产品设计来说非常本源的问题。

如何判断产品是否智能？

如何评估产品的智能水平？

这两个问题看似与设计无关，但如果缺少明确的定义，我们便不知道所讨论的对象究竟是不是智能产品，那么由此衍生的设计方法也就缺少坚实的根基。同时，“智能”这样的概念过于笼统，既难以对产品的智能水平进行评估，也不利于具体设计工作的展开。因此，要想对智能产品进行系统且精细的构建，回答这两个问题尤为重要。

对于第一个问题，我们借鉴意识时空理论，绕开机器内部复杂的技术实现，从外在的行为（对环境变化的灵活反馈）和体验（使人产生拥有生物智能的错觉）的角度对产品智能进行了全新的定义。对于第二个问题，我们在两个生物智能分层理论的基础上，提出了“产品智能金字塔”，将产品的智能水平细分为执行、反馈、空间、社交、干预、想象、自我7个层次，并以AlphaGo为例，进一步阐明了产品“内”与“外”之间的关系，提出了“体验定义智能”的观点。

现在，我们已经为讨论更具体的设计框架和设计流程打下了不错的基础。在下一章中，我们将从通用的UX理论出发，讨论智能产品所包含的四大要素，并由此构建出一个智能产品设计的思考框架。

第3部分
设计框架与设计流程

第7章 智能产品的思考框架

从这一章开始，我们将深入探讨智能产品的设计过程。在之前的讨论中，我们知道智能产品的内部机制与外在体验往往是不同的，而体验（智能感）是设计的最终目标。同时，我们从生物的智能中汲取灵感，构建了产品智能金字塔，对智能体验的设计工作有了一个更加清晰的思路。这里其实还有一个小问题：

对产品智能的设计为何要依托生物智能？这背后的底层逻辑是什么呢？

下面就让我先来对此做出解答。

窗户与空调

请想象如下场景。

如果我们在窗户转轴的下方安装一个圆盘，圆盘上连着绳子，绳子的另一端通过滑轮连在一个操纵杆上，拉下操纵杆后空调关闭，松开操纵杆后空调则恢复之前的状态（如图 7-1 所示）。如此，当窗户打开时，圆盘跟着转动并卷起绳子，进而拉下操纵杆，空调关闭；当窗户关闭时，圆盘复位松开绳子及操纵杆，空调恢复工作。

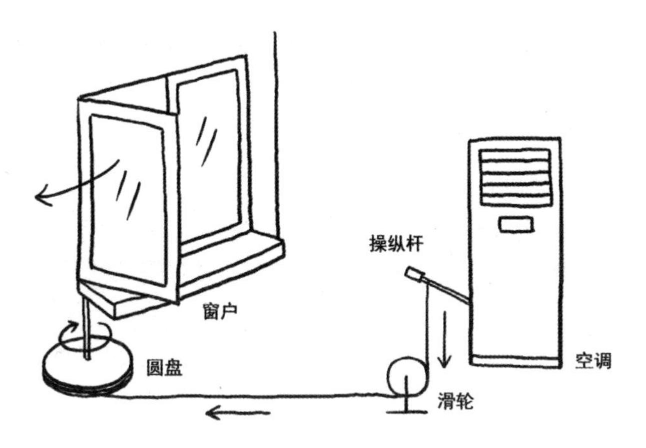

图 7-1　通过窗户开关空调的机械系统

通过这套系统，用户能够有效避免因“开窗后忘关空调”而产生的能源浪费。现在请思考一下：用户会觉得这套由圆盘、绳子、滑轮和操纵杆组成的机械装置是一套“智能化系统”吗？恐怕大多数人不会这样认为。那请再想象如下场景：

在窗台的侧壁安装一个距离传感器，并将其通过无线电波和 Wi-Fi 路由器与空调相连（如图 7-2 所示）。距离传感器发出的超声波在遇到被测物体后会反射并被传感器接收，随后距离传感器会根据发出和接收超声波的时间差计算出与被测物体的距离。当窗户打开时，距离传感器检测到距离变小（关窗时的距离是到对侧墙壁的距离），并发出信号“0”，控制空调关闭；当窗户关闭时，距离恢复，传感器发出信号“1”，空调恢复之前的工作状态。

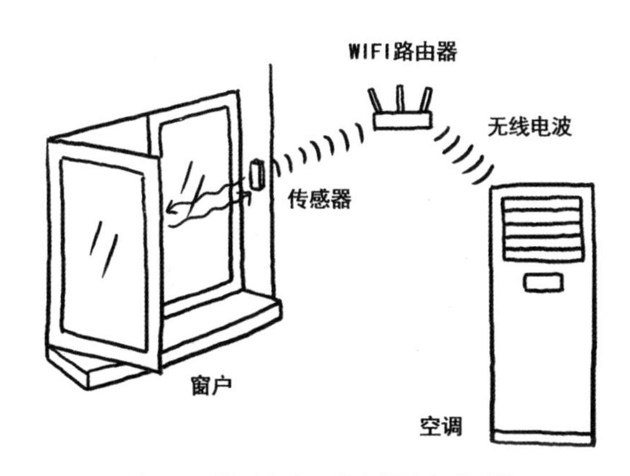

图 7-2　通过窗户开关空调的电子系统

用户会觉得这套由传感器、Wi-Fi 路由器和空调（无线电波不可见）组成的电子装置是一套“智能化系统”吗？似乎是的，虽然智能的感觉不是那么强烈。事实上，如今的市场上就存在类似的门窗传感器与空调设备互联的智能产品，如 Netatmo 公司的“智能散热器阀门”[24]。当检测到窗户打开时，这款产品会立即停止对房间的供暖，从而帮用户节约能源。

但仔细想想，我们会发现这里有一个十分有趣的地方：上述两套系统其实都实现了“窗户打开→空调关闭”的反馈回路，所用的技术也都不算复杂，区别只在于技术的实现方式，但我们往往会将电子装置划入智能的范畴，机械装置却不然。

为什么会这样呢？这就要从“基本超归因错误”说起。

基本超归因错误

在《媒介等同》（The Media Equation）一书中，社会学家 Cifford Nass 和 Byron Reeves 从一个令人信服的案例中发现，人类对待产品的方式及其对产品做出的反应，如同人与人之间的交往[9]。也就是说，我们总是以“人人交互”的方式与机器进行互动。例如，当 AlphaGo 的一系列落子让人类对手误入歧途时，人们的反应往往是“机器成功地骗过了人类”或“机器已经学会了骗人”。但正如我们在第 6 章看到的，AlphaGo 所做的只是在深度神经网络的基础上不断模拟对弈，并选择预期胜率最高的位置落子——它从未有过任何“骗人”的打算。

人类总是倾向于将机器拟人化。当机器表现出与人类相似的行为时，人们会认为它也拥有与人类相同的某种思维机制，但事实往往并非如此。盖瑞 · 马库斯和欧内斯特 · 戴维斯借鉴社会心理学的概念，将这一有趣的对机器行为背后机制的认知偏差称为**基本超归因错误**[25]。他们认为，由于人类在整个进化过程中都与人为伴，而人类的行为都源于思想、信仰、欲望等抽象概念，我们总会不自觉地从拥有认知的角度去看待机器，也就特别容易被愚弄。

在我看来，基本超归因错误本质上是一种“可得性偏见”。我们的大脑在做决策时，为了节省脑力，或给难以回答的问题找一个看似不错的答案，会倾向于走一些被称为“启发式”（heuristic）的捷径，以降低准确率为代价来快速获取一个结果。**可得性启发式**就是大脑使用的一个重要启发式，此时“人们通过评估他们是否很容易地从记忆中提取相关的例子和记忆提取是否困难来判断事件发生的概率”[26]。比如你曾有两次看到小明在帮助别人，但对小刚不太了解，如果被问到二人谁比较乐于助人，那么由于小明帮助人的记忆很容易获取，你很可能会选择小明。总的来说，可得性启发式得到的答案是相对准确的，但也会产生很多错误——小刚可能经常帮助人，只是你没有看到，这时“可得性偏见”就发生了。

造成可得性偏见的一个重要因素是“熟悉性”，毕竟熟悉的事物更容易从记忆中获取，我们也更倾向于将其作为答案，但这显然也可能导致对结果预测的偏差——例如基本超归因错误。作为社会性生物，我们需要理解他人行为背后的逻辑，以便更好地与他人进行互动来实现自己的目标。但麻烦的是，我们无法钻到另一个人的脑子里了解其真实所想，因而只能通过观察他人的行为（如动作、表情、话语）来进行间接的推测。事实上,我们从儿时起就一直在与人交往的过程中不断积累关于“如何了解他人真实想法”的经验。即便如此，我们还是经常误读他人的行为，甚至“说话”这种看似能够直接表达想法的行为，也经常因“言不由衷”而将我们引入歧途。不仅如此，由于无意识思维过程的存在，我们有时就算想实话实说，还是无法知道或说清自己的真实想法，这进一步增加了他人理解的难度。那么当我们不确定他人真实想法时会怎么做呢？我们会倾向于使用最容易得到的答案，而这个答案往往是做出相似行为时我们自己的想法——毕竟我们最熟悉自己的行为逻辑。换言之，我们倾向于用自己的经验来理解别人，这种“推己及人”的方式就是一种由熟悉性引发的可得性偏见。

事实上，不仅对同类如此，对于狗、鹦鹉、甲虫等其他生物，我们也会倾向于使用有关人类的经验来尝试理解其思维，这也更容易产生错误，我将这种现象称为**思维可得性偏见**。还记得“写在前面”中的“聪明汉斯”吗？当人们看到一匹马用蹄子做出与数学题答案相同数量的敲击时，便直接将行为的原因归为“它能够完成数学计算”，因为人类通常需要依靠计算才能完成这一行为。显然，聪明汉斯的故事是一个典型的思维可得性偏见，而这种将动物拟人化的现象几乎随处可见。同样的道理，当我们看到其他不熟悉的事物展现出与人相似的行为时，也会倾向于使用自己关于人类的知识来揣测其行为背后的内部机制——当这种情况发生于智能产品上时，基本超归因错误就发生了。因此，我们可以将基本超归因错误看作“思维可得性偏见的机器版本”。

智能产品设计的心理学基础

相比于人类漫长的进化史，电子产品是新之又新的事物，智能产品更是如此，这使得人们在理解机器的“思维方式”方面的经验非常匮乏。加之智能产品所使用的技术对普通人来说往往过于复杂，要想理解机器行为的内部机制，可用的几乎只有与人交往的经验。例如，由于人类在对弈时会有目的地通过一系列落子来迷惑对手，当我们看到 AlphaGo 的落子行为也产生了让人类棋手“误入歧途”的效果时，便会不自觉地将自己对人类的经验推广到机器上，认为 AlphaGo 一定也同人类一样深谙“欺骗之术”——就像认为“聪明汉斯”会做数学题一样。

如此，“窗户与空调”例子中机械与电子的差异也就不难理解。对大众来说，机械结构是可见且熟悉的，我们很清楚这种系统的运转方式与人脑不同，也就不太可能将自己与人交往的经验赋予机械装置，产生的智能感自然远少于运转方式几乎不可见的电子装置。而如果我们将圆盘、绳子等机械结构全部藏于窗台和墙壁之中，使得人们只能看到“窗户打开后空调关闭，窗户关闭后空调恢复之前的工作状态”的行为（与电子装置基本无异），基本超归因错误也就更有可能发生。可见，问题并不在于是机械还是电子，而是其功能的实现机制对用户来说是否足够不透明且深奥难懂——如果“包装”得到位，那么在基本超归因错误的作用下，简单的机械装置同样可以摇身一变成为时髦的智能产品。

基本超归因错误的影响极为强大，这一点在 1966 年那个最早的聊天机器人 ELIZA（见第 2 章）上就已经体现得淋漓尽致。即便 ELIZA 使用的技术以现在的标准来看再简单不过，完全谈不上对人的任何理解，但还是让很多人沉迷于与它聊天。其创造者约瑟夫 · 魏岑鲍姆曾对人们在与 ELIZA 聊天的过程中所发生的现象做如下描述。

> 人们本来对机器对话这件事心知肚明，但很快就会将这一事实抛在脑后。就像去剧院看戏的人们一样，在一环扣一环的情节渲染下，很快就会忘记他们眼前的一幕并非“真情实景”。人们常常要求和系统进行私下交流，并且在交流一段时间之后，坚持认为此机器真的懂他们，无论我再怎么解释也没用。[25]

ELIZA 尚且如此，拥有一众强大 AI 技术支持的 ChatGPT 会让人们觉得它能像人一样理解和表达想法，甚至产生自我意识，也就不足为怪了。关键在于，这股力量往往源自我们无意识的直觉，这使得其影响很难被完全抑制。即便我们理解机器内部的真实情况，也只能在一定程度上遏制这种倾向，稍不留神还是会陷入拟人化的错觉之中。

在《如何创造可信的 AI》一书中，马库斯和戴维斯认为基本超归因错误是阻碍 AI 领域发展的“三个大坑”之一，从技术研究的角度上看的确很有道理。由于人们很容易被表象欺骗，一旦某种人类行为在技术上被实现，不管其内部机制如何，总会被戴上“AI 成功超越人类”的桂冠，而这可能会麻痹 AI 的研究者，令他们满足于已有的成就。还以 AlphaGo 为例，当 AlphaGo 击败李世石，特别是其升级版本 AlphaGo Zero 能够借助更好的强化学习算法实现从零积累对弈数据之后，很多人便认为“机器下围棋”这个问题已经没什么可研究的了。但人类在进行围棋活动时，无论从计算量还是能量消耗上都远小于 AlphaGo，这说明“人类算法”的综合水平比 AlphaGo 要高。尽管人类算法不一定是解决机器下围棋问题的最佳答案，但这至少暗示机器下围棋的算法可能还有很大的进步空间，而谁又能说在人类水平之上没有更厉害的算法呢？正如马库斯和戴维斯在书中所说：“业界在狭义 AI 短期成绩上的痴迷，以及大数据带来的唾手可得的‘低垂的果实’，都将人们的注意力从长期的、更富挑战性的 AI 问题上转移开来……用技术行话来说，我们可能会陷入局部最大值，这种方法比已经尝试过的任何类似的方法都要好，但是没有好到可以将我们带到想去的地方。”

不过，当我们从产品设计的角度来看时，情况却正好相反。如果人们一眼就能洞见机器内部所发生的事，或是不理解内部机制时也不会将自己与人交往的经验赋予机器，那么以现有的技术来让用户觉得产品“很智能”便十分困难。正是因为基本超归因错误巨大影响力的存在，才使得“通过精心设计，仅靠现有技术来构建强烈智能感”的路径成为可能。在这个意义上，如果抛开生物智能，产品智能也就失去了意义——这也是我们必须依托生物智能来设计智能产品的原因。可以说，基本超归因错误不仅为智能产品的设计提供了心理学基础，也为设计工作指明了努力的方向。

设计原则：

智能产品设计旨在利用人类的基本超归因错误，通过让产品表现出与人或其他生物类似的行为，使用户产生“它拥有生物智能”的错觉。

可见，立场和视角不同，同一件事的价值也可能截然不同。对于设计师来说，基本超归因错误是工作的基础，我们需要思考如何利用人类的这种心理来构建体验——重要的是解决“构建智能感”这个问题的结果，而非内部实现的过程。而 AI 研究者和技术人员如果也抱着“解决问题就行，内部实现不重要”的想法，就可能故步自封，错失发现更佳算法的机会。蒙特卡洛树搜索已经让机器具有了专业棋手的水平，理论上只要不断提高机器的计算能力，总有一天（如每秒模拟 1 万亿次对弈），它会超越人类冠军的水平——但若是抱着这样的想法，AlphaGo 也就不会出现了。

产品的 4 个要素

理解了心理学基础，现在让我们来看看智能产品设计的思考框架。

在《这才是用户体验设计》中，我给出了一个设计产品的通用框架，将“产品”这个概念拆分为技术、服务、界面和环境 4 个要素。

技术指支撑服务、界面和环境的一切硬件、软件和工艺，是产品的基础，但大部分时候对普通用户是不可见的。以餐厅为例，后厨系统就是一个典型的“技术”。显然，没有后厨系统就做不了菜，餐厅自然也无从谈起——但食客往往既不关心也看不到这套系统。

服务指为满足用户需求而由人或机器提供的一系列劳动。通常来说，技术必须由服务串联起来才能够实现完善的功能，并被赋予意义。例如，后厨系统本身只是一系列可能的烹饪操作，当这些操作被厨师用来制作各种菜品，为用户提供“烹饪”服务时，后厨系统才真正具有意义。此外，点餐、传菜、买单等也都属于服务的范畴，这些服务最终使用户的“用餐”需求得以满足。

界面指一切与人直接交互的对象——不只是数字化产品的屏幕，遥控器的物理按键、餐厅的服务员等其实都是界面。尽管功能是由技术和服务实现的，但真正被用户感知到的是界面，因而其对体验的影响往往比技术和服务大得多。当服务员表现出友好、礼貌、热情等品质时，我们会觉得餐厅提供了优质的服务，而这里的“优质”很多时候单靠服务本身是很难实现的。

环境包括前端环境和后端生态两部分。前端环境指用户一侧的环境，如餐厅的室内装潢、播放的背景音乐、其他用餐者、社会环境等，这些都会直接影响用户的体验。与界面一样，前端环境也是用户可以感知的。两者的区别在于，界面是用户直接交互的对象，而前端环境是产品所营造的一种氛围，对体验的影响更加微妙，但其影响力往往并不比其他元素逊色。后端生态指支撑技术和服务有效运转的一切元素，如餐厅的供电系统、供水系统和食材采购人员等。缺少后端生态的支持，再好的后厨系统也会陷入瘫痪，因而对于产品的市场化落地来说，后端生态有举足轻重的影响，这也是我们在设计产品时需要仔细考虑的问题。

图 7-3 以餐厅为例展示了产品的 4 个要素及其相互间的关系。很多人在谈论“产品”一词时，指的往往是一个设备或一套数字化系统，但 UX 视角下的“产品”范围显然比这要大得多。对体验的设计是一个系统性的工作，需要我们用更加宏观的

视角来看待和思考产品——这对于智能产品也是适用的。

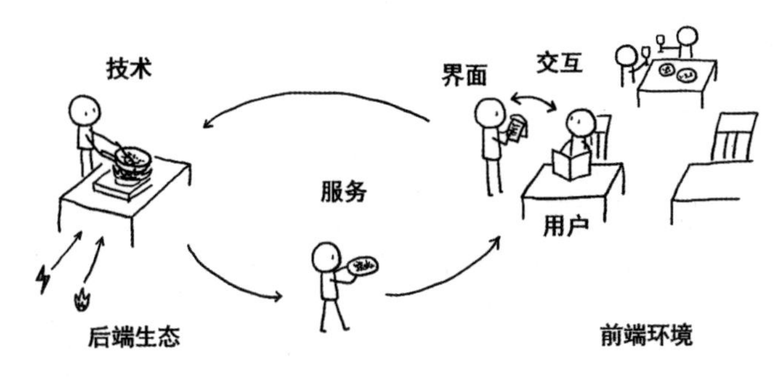

图 7-3　产品的 4 个要素（摘自《这才是用户体验设计》）

此外需要指出的是，“智能感设计”只是我在《这才是用户体验设计》中讨论的 20 大 UX 设计思想之一。即便设计的对象是智能产品，我们也应该尽可能提高产品在易用、简约、有趣等维度上的体验，而 AI 技术也可能在这些维度的实现过程中起到意想不到的重要作用。总而言之，在设计产品时，只盯着产品里的某个“智能部分”是远远不够的，我们还要看到整个产品——包括产品的各个要素，以及每个要素的不同体验维度。

设计原则：

智能产品设计应从技术、服务、界面、环境 4 个方面对产品进行系统性设计，并兼顾易用、简约、有趣等各个体验维度。

当然，本书讨论的主要是智能感设计这个维度。下面让我们以产品的 4 个要素为基础，来看一看智能产品的每个要素。

技术：不只是 AI

作为设计师，我们需要在理解人性的基础上，利用已有技术精心构建产品，进而实现卓越的用户体验。虽然不必具备与工程师一样的技术实现能力，但要想利用好技术，并与工程团队实现良好的协作，我们还是应当对与产品相关的技术拥有一定程度的理解。

通常来说，智能产品所使用的技术包括**基础功能技术**和 **AI 技术**两部分。例如电饭煲的基础功能是按照给定的温度曲线焖饭，而“智能电饭煲”会根据用户偏好、季节等变化给出更佳的温度曲线，但它的基础功能（根据温度曲线自动焖饭）不变。也就是说，这款智能产品包含了一个“基础功能模块”（由基础功能技术实现）和一个能够对环境变化进行灵活反应的“AI 模块”（由 AI 技术实现），两者共同实现了一个智能化功能。纯数字化产品也一样，例如“智能电影推荐 App”是在传统 App 开发技术的基础上，叠加了一个能根据用户的历史行为对其感兴趣的电影进行预测的 AI 模块。因此，在展开设计前，设计师应当花些时间，对智能产品相关的基础功能技术和 AI 技术进行了解（这属于设计调研的范畴，我们会在第 9 章讨论这部分内容）。

技术的进步日新月异，因而在理解较成熟 AI 技术的同时，设计师还应当始终关注 AI 领域的最新研究成果，并尝试将它们应用于自己所设计的产品中。毕竟更强的 AI 技术意味着机器能够更高效或更优质地完成任务，甚至完成一些过去无法完成的任务。如此一来，通过设计创造更好产品体验的想象空间也就随之变大了。

不过，过分关注前沿 AI 技术也并不可取。毕竟在产品层面，“AI 技术”是由体验定义的。如果将“人工”理解为人工搭建，“智能”理解为智能感，那么 AI 技术就是能用于人工搭建的能带来智能感的技术——只要能让用户产生智能感，机器学习、物联网、云计算，甚至传统的计算机程序就都可以被称为 AI 技术。设计师需要打开思路，避免因过分关注深度学习等前沿 AI 技术而陷入技术主义（见第 3 章）的陷阱。当我们将 AI 技术视为实现智能感的手段而非目的时，AI 技术才能更好地为我们所用。

服务：任务重构

服务设计的本质是对体验流的设计，这包括大流程和小流程两个设计层次。

大流程设计（也称主流程设计或任务流设计）是在宏观层面，将整体活动拆解为一系列任务和子任务。例如，我们可以将“主题乐园游览”这项活动拆解为入场、寻找游乐设施、排队、存包、乘坐游乐设施、领取纪念照等任务。而每项任务（如“入场”）又可以拆解为一系列子任务（如抵达入口、身份确认、通过入口等）。

小流程设计（又称详细流程设计）则是在大流程设计的基础上，对微观层面的人与产品之间的详细交互流程进行设计。基本步骤是先梳理“呈现”（产品为用户提供了什么）和“操作”（用户对产品做了什么）两类接触点，将它们以合理的逻辑连接成形如“呈现→操作→呈现→操作”的模式直至子任务结束，而后对每一个接触点进行设计和优化。例如“身份确认”这项子任务，若采用扫描二维码门票的方式，那么可以被拆解为图 7-4 所示的流程（方块是呈现，连接线是操作或条件判断）。

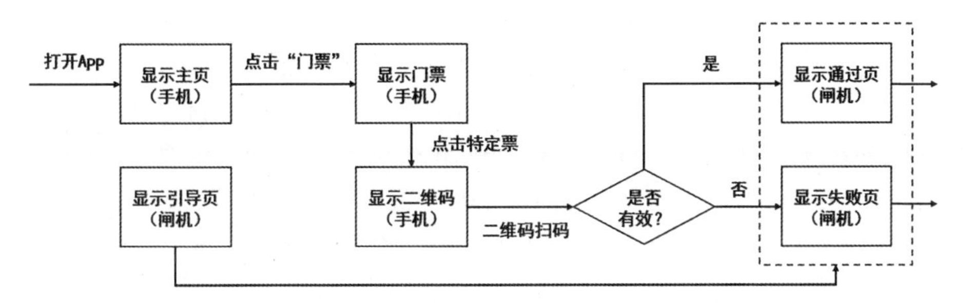

图 7-4 “身份确认”子任务小流程拆解（扫描二维码）

对于智能产品，服务设计的核心在于“任务重构”，即思考如何将 AI 技术嵌入当前的流程中，使流程更短、更流畅，或使每个接触点的体验更佳。对于“身份确认”，我们可以引入基于深度学习技术的人脸识别功能，使其流程变为如图 7-5 所示的样子。

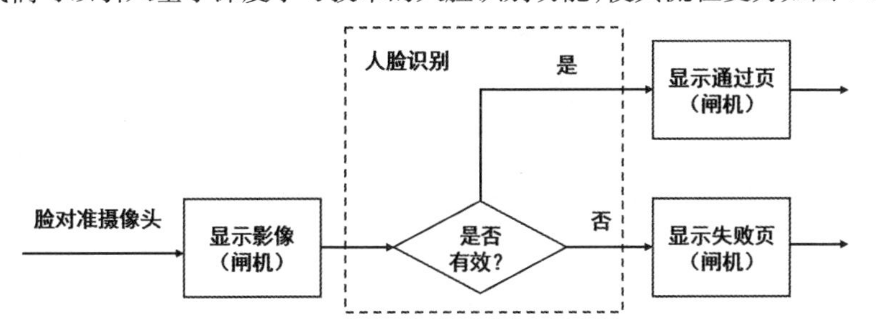

图 7-5 “身份确认”子任务小流程拆解（人脸识别）

可以看到，采用 AI 技术后的流程明显变短，特别是用户的操作从 4 个降至 1 个，这显然对体验的提升具有非常积极的意义。同时，我们可以看到智能产品并不是每个步骤都要使用 AI 技术。事实上，AI 技术所做的只是“判定是否有效”过程中基于人脸图像判定用户身份的部分，而获取用户脸部影像、根据身份信息确认入场权限以及闸机屏幕的显示均由基础功能技术完成。

服务也赋予了 AI 技术以明确的意义。深度学习本质上是在训练完成后，根据输入数据对类别进行判定的技术，本身既没有现实的意义，也谈不上智能。而当把输入设定为人脸图像，输出设定为身份信息后，深度学习技术就实现了“人脸识别”功能（工程领域更愿意称之为“人脸识别技术”），这时 AI 技术才开始具有意义，并给人以智能的感觉。但“人脸识别”只是一个功能，对产品和用户的意义还不够完善。那“人脸识别”的意义又在哪里呢？是“基于人脸识别的入场权限确认”，而后者的意义在于“入场”及更加宏观的“主题乐园游览”。如此，在AI技术的支持下，用户享受到了“主题乐园”产品提供的“智能入场”服务，并在相应的互动过程中体验到了智能的感觉。

总的来说，体验主义下的“智能化”工作是在服务和流程的基础上，利用AI技术对已有的任务进行重构。这与从AI技术出发思考如何构建产品有着本质的区别，不仅更加系统和完善，还可以很清楚地看到AI技术在用户与产品互动过程中所处的位置及其对流程的意义与贡献——这对于AI技术的开发也是非常重要的。大西可奈子在《AI超入门》中曾指出：“一般来说，‘AI’只是产品的一部分。如果有的产品被称为AI，我们就应了解其AI功能究竟体现在哪些方面。”而服务与流程设计正是解决此问题的一个非常系统且有效的途径。

界面：超越GUI

对智能产品来说，界面是最为关键，但也最容易被误解的元素，因而我们有必要先对其建立一个正确的认识。在《这才是用户体验设计》中，我对“界面设计”作了如下定义。

界面设计是在人与技术/服务间建立一层无限薄的薄膜，将人与“产品的复杂性”隔离开来，帮助人们更好地理解和控制产品。

也就是说，界面是简单与复杂的分界。无论产品内部如何运转，用户能感知到的只有界面。例如扫地机器人，其内部涉及复杂的硬件和软件（包括AI）技术，但对用户来说，它只是一个能在地上边走边吸尘的“圆盘”——不只是屏幕和按钮，产品的外在形态以及语音、声音等也都是界面的一部分。如果我们将扫地机器人内部的智能移动技术放在一辆玩具小轿车上，产品给用户带来的感受便会截然不同，界面对体验的影响可见一斑。

事实上，正是由于界面的存在隐藏了产品的真实情况，才使得让用户产生基本超归因错误（进而产生智能感）成为可能。在很大程度上，智能感的水平取决于用界面对AI技术及服务进行“包装”的方式。如果我们能将AI技术以一种更符合人类对智能生物预期的形式呈现出来，那么用户的智能感自然会随之增强，而这显然需要通过好的设计来实现。

不过，在AI技术大放异彩，特别是ChatGPT这样的AI程序已经能与人进行频为顺畅交流的今天，有人不禁发出了“未来产品不需要界面”“界面设计已经过时了”的感叹。这些观点有没有道理呢？在我看来，这取决于我们对“界面”的定义。在很多人的观念里，界面基本可以等同于 GUI，即图形用户界面[①]，主要依靠电子屏幕（可能配合一些物理按键）对信息进行传递——这显然不同于我们平日与人交流的方式。随着 AI 技术的发展，人与产品间的交互会变得更加自然，例如更加直接地基于语音、文本、表情甚至肢体语言的“对话式界面”。如此一来，传统 GUI 逐渐退出舞台中心几乎是大势所趋，要说以传统 GUI 为中心的界面设计已经过时，也并不为过。

但需要注意的是，“对话式界面”也是一种界面。毕竟在我们的定义中，传统的 GUI 只是众多界面形式中的一种。只要人与产品之间存在“接触点”，就会有界面的存在，往往也需要对界面进行设计。以图书馆的“找书”任务为例，传统的 GUI 设计需要构建一套合理的信息架构，帮助用户通过依次点击按钮（如“教材→小学教材→三年级→数学”）来逐步缩小搜索范围，直至发现需要的图书。但在对话式界面下，用户可能会直接说“我想给孩子挑一本数学参考书”。人类图书管理员不会强迫用户按特定格式提出需求（如“搜索小学三年级的数学教材”），真正的智能产品也不该如此，这就需要产品能够通过与用户的不断沟通（如“请问您孩子现在读几年级”）来逐渐锁定用户的目标。尽管当前 AI 在开放式聊天方面的能力可圈可点，但在针对具体任务进行沟通方面，还是需要设计师在理解任务细节和人类沟通方式的基础上，对智能产品的界面进行细致的设计与优化——对于复杂度更高、容错率更低的专业性任务（如车辆驾驶）来说更是如此。不过，就此摒弃 GUI 这个方向也是不可取的，毕竟“图形化”对人际沟通来说依然是一个非常有力的工具——这也是我刚才一直使用“传统 GUI”这个称呼的原因——也许智能产品需要的是另一种形式的 GUI 也未可知。

总而言之，智能产品不是不需要界面，界面设计也并不过时，但我们需要跳出“以传统 GUI 为中心”的思考方式，转而探索更适合智能产品的下一代产品界面。关于智能产品与用户的沟通，我们会在第 12 章做更进一步的探讨。

环境：氛围与基础

环境包括前端环境和后端生态。与其他产品元素相比，智能产品的前端环境存

① 图形用户界面，英文缩写为 GUI（Graphic User Interface），通常指电脑、手机等数码产品上的图形化视觉界面，硬件上多基于电子屏幕，常见元素包括滑动条、按钮、对话框、图标、下拉菜单等。

在感偏弱，但也不是完全没有。当你的智能产品包含一个或多个空间，例如一家所有服务均由机器人提供的“智能咖啡厅”时，那么两种可能的策略如下。

- 在室内装潢中使用极具科技感的元素，并搭配光电效果，营造未来世界的氛围以强化用户与机器人交互过程中的智能感。
- 精心设计舒适的咖啡厅空间，并让机器人的造型、举止和言语符合咖啡厅侍者的优雅气质，充分融入所在环境，让用户在一系列不经意的细节中体验到智能感。

这两种策略都涉及对前端环境的精心设计，也都有助于提供更加优质的智能体验，因而对于此类产品，环境元素是需要仔细斟酌的内容。当然，如果你不确定智能产品是否含有空间，那么为了避免错失改善体验的重要机会，还是以产品的 4 个要素为框架思考产品更保险一些。

另一方面，后端生态在设计时也经常被忽视，但其对智能产品的影响往往比我们想象的大得多。一种常见的情况是智能产品需要从其他设备处获取数据，例如对于自动驾驶汽车来说，提前了解前方十字路口交通灯的变化情况（当前是红灯还是绿灯，要持续多少秒等）有助于制定更佳的行驶策略。但车企和导航软件提供商并不能直接决定交通灯等公共基础设施如何建设，因而汽车的智能水平便可能因此受到制约。智能家居也是一例，物联网能够为产品中的监督学习算法提供所需要的海量数据，从而提升其智能水平，但智能家电之间的互联需要标准化的数据接口。如今的智能家电产品往往只能在同企业或同品牌内建立一定程度的互联生态，例如小米公司旗下的智能家庭品牌“米家”。而在跨企业共享数据方面，目前还有数据格式标准、数据安全等很多问题尚未完全解决，对于没有生态支持的智能单品，很多有助于增强用户智能感的创新设计概念便很难实现。

可见，前端环境和后端生态都可能对智能感产生巨大的影响。在设计产品时，我们也应当将环境元素纳入思考框架，并在需要时对这个元素的内容进行精心的设计。

智能产品的思考框架

最后，我们将产品的 4 个要素与上一章中智能感由内而外的实现过程结合起来，给出一个智能产品的思考框架，如图 7-6 所示。

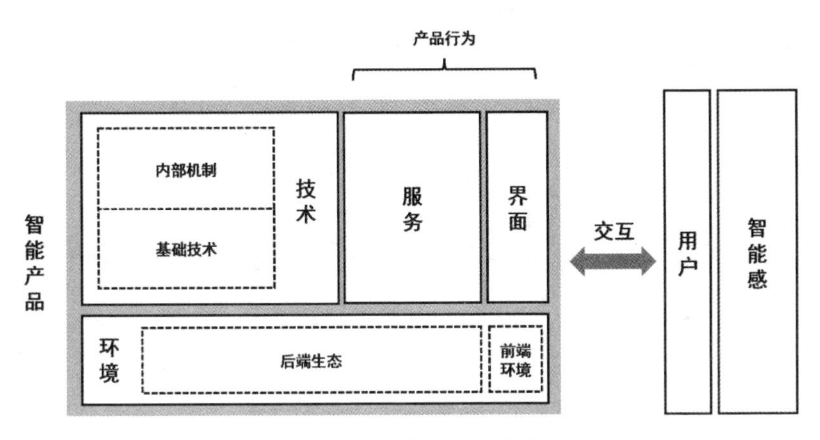

图 7-6　智能产品的思考框架

“内部机制”是产品的内部实现逻辑，是抽象的技术，与具体的“基础技术”都属于技术元素的范畴，通常对用户是不可见的。服务是产品表现出来的宏观和微观行为，但比较抽象，需要通过界面来具体呈现，因而“产品行为”包含了服务和界面两个要素。正如我们在第 6 章所说，产品行为与人类感受之间可能存在偏差，实现智能行为很重要，但更加重要的是让用户真正感受到智能的体验。而产品行为能否产生我们所期望的体验，很大程度上取决于界面，精心设计的界面还可以在基本的智能行为之上使体验变得更加优质——就像接受过专业培训的餐厅服务员那样。

此外，技术和服务需要后端生态的支持，而界面可能需要前端环境来烘托，两者共同组成了环境要素，并与技术、服务和界面构成了智能产品。而后，用户在使用过程中与智能产品的界面及前端环境进行交互，并在基本超归因错误的影响下产生了智能感（即最外层的“用户体验”）。

以上就是智能产品的思考框架。利用这个框架，我们可以对在设计智能产品时应当思考的内容有更加清晰的认识。但要想对智能产品进行完整且系统性的设计，只有横向的“框架”是不够的，我们还需要了解纵向的“流程”。在下一章中，就让我们来看一看智能产品的设计流程。

第8章

智能产品的设计流程

在《这才是用户体验设计》中，我提出了“双塔模型”和“UX 三钻设计流程”，这两个模型同样适用于智能产品的设计。在本章中，我会先对这两个知识点做简单的介绍，然后结合智能产品的特性对其中的一些要点做进一步的探讨。

设计层次与智能

双塔模型（如图 8-1 所示）包括描述产品设计从抽象到具体过程的“产品塔”和描述人与外部世界互动层次的“用户塔”，以及两塔层次间的对应关系。

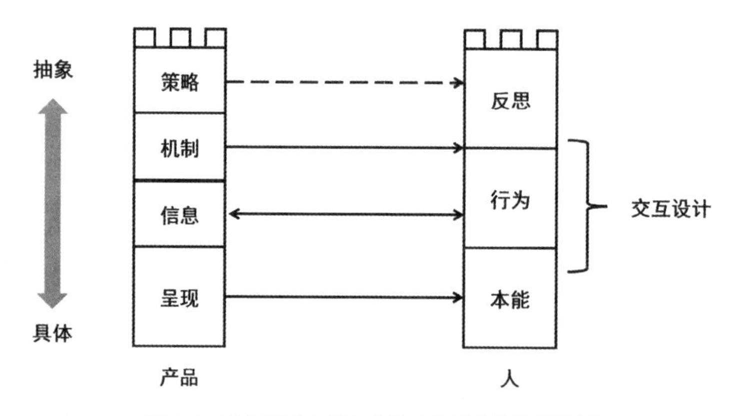

图 8-1　双塔模型（摘自《这才是用户体验设计》）

先说右侧的用户塔。唐纳德·A·诺曼在其著作《设计心理学 3：情感化设计》中指出，人与外部世界存在本能、行为和反思三个层次的互动。不同层次的互动会产生相应层次的体验，而设计师需要在每个层次上对体验进行设计。

本能层次的设计：对产品的形状、色彩、声音、气味、触感等给用户带来的直觉性感官反应进行设计，例如美化蛋糕的糖果装饰效果，或增加奶油的香气。

行为层次的设计：对用户与产品间一系列动作所带来的感受进行设计，例如对吃蛋糕时“靠近→拿刀→切开→放在碟子上”的操作流进行易用性优化。

反思层次的设计：对因使用产品而产生的深层认知（如意义）和复杂情感（如有趣）进行设计，例如设法减轻身材敏感型用户在吃蛋糕后的负罪感。

对比来看，本能层次的体验是用户在见到产品的一瞬间所能感受到的东西，虽然动效也属此类，但整体上是一种偏静态的体验。行为和反思层次的体验则源自真正的“产品使用”过程，用户需要与产品进行一系列行为上的互动才能感受得到，因而是一种偏动态的体验。两者的区别在于，行为层次的体验只涉及易读性、空间映射关系等相对浅层的认知，而反思层次的体验需要更深层次的认知（包括直觉性的认知偏见）和复杂情感的参与——这也是我在书中将反思层次的体验称为**深度体验**的原因。

那么我们可以思考一下，“智能”这种体验处于哪个层次呢？

这个问题其实不难回答。我们在第 8 章中曾讨论过，智能产品让用户产生“它拥有生物智能”错觉的心理学基础是一种被称为“基本超归因错误”的思维可得性偏见，这属于深层认知的范畴。而用户通过产品的一系列行为推测其是否智能（及其智能水平）的过程显然也需要深层认知的参与。因此，“智能”是一种深度体验，需要在反思层次上对其进行精心的设计。

产品塔：从抽象到具象

再说左侧的产品塔。我将产品从抽象到具象的设计过程分为策略、机制、信息、呈现 4 个层次，层次越高，设计的内容越抽象，相应的设计工作在产品流程中的位置也越靠前。

策略层是产品的灵魂，涉及对用户及需求的定义、功能的取舍、品牌的定位，以及对产品所传递的情感、趣味、意义等内容的设计。策略层明确的是产品战略及设计目标，因而最为抽象，用直观的模型或图像来展示也相对困难，但其对用户体验的影响是最为深远的。毕竟如果方向不对，那么走得越远，反而越偏离我们期望的效果。但要注意，策略层的输出并非诸如“提升品牌价值”“让用户愉悦”这种空泛的目标。设计师需要在深刻理解使用情境的基础上，明确产品的品牌建设路径、功能的取舍及原因、重点关注的深度体验维度（如“意义”）和具体方向（如应赋予产品什么样的意义）等具体内容。策略层设计的主要是反思层次的体验，“智能”自然也包括在内。对于智能产品，策略层要想清楚的内容包括“智能”要解决的具体问题、期望的智能水平、智能产品的角色（如朋友、宠物）、智能功能的使用情境、品牌对智能的影响，以及智能如何贡献于品牌等。

机制层是产品的筋骨和行为模式，涉及对产品各要素间结构关系和运作方式的设计，以及详细功能的定义。机制层是对策略层的具象，在这一层上，产品已经有了一个基本的雏形（尽管与最终产品相比还比较抽象）。我们可以用生物来做个类比，策略层会告诉你“这是一种在陆地生活的哺乳动物”，而机制层则会更进一步，告诉你这种动物的体型、身体各部分的比例、生活习性等。通常来说，我们可以将机制相似的生物（如边境牧羊犬和拉布拉多猎犬）归为一类。同样的道理，若机制明确，产品在本质上就已经定型了，因而机制层（以及作为其基础的策略层）对产品非常重要，但这两层往往没有得到企业的足够重视。机制层内部也有两个小层次，以第 7 章提到的“主题乐园”产品为例，机制层的上半部分涉及对产品架构（如主题乐园的区域划分、游乐项目的位置关系等）和大流程（如“主题乐园游览”活动包含的任务、子任务及其相互关系）的设计，对应反思层次。下半部分则属于更为具象的小流程设计（如对“身份确认”子任务的拆解），对应行为层次。对智能产品来说，机制层需要想清楚“智能”在产品架构和流程中所处的位置，以及详细的运作方式。此外，设计师需要确保智能产品在技术上是可实现的，因而其内部机制也在机制层考虑的范围内。但与技术上的软硬件架构不同，这里的“内部机制”更加抽象，指对产品内部运转方式的大体描述，例如用哪种机器学习模型、提供什么样的监督数据、输出什么结果等。当然，这部分工作通常需要与工程团队合作才能完成。

信息层是产品的信息交换系统，涉及对信息的内容及表达方式的设计。这里需要注意，“信息”并不仅仅是屏幕上显示的文字，图像、语音、声音、振动、用户对产品的操作（如语音指令、按钮点击）等其实都是在传递信息。小流程设计中会明确每个步骤所传递信息的主题（如在主题乐园的闸机上显示“通过页”），这部分工作就属于信息层的范畴。在此基础上，我们会对信息内容（如“通过页”上包含的信息条目）及位置关系等进行更加详细的设计。此外，信息的传递方式也很重要。对于“产品→用户”的信息，要考虑注意力、易懂性等问题；而对于“用户→产品”

的信息，要考虑可用性、易操作性等问题。到信息层这里，尽管还不够美观，但产品已经能够用技术实现，并与用户进行真实的互动。对于智能产品来说，信息层的关键是让产品和用户能够更快更好地理解彼此的意图，并让沟通过程更符合人类对相应生物的认知（不一定是人类，这取决于智能产品的角色定位），使产品更容易引发用户的基本超归因错误。

呈现层是产品的皮肤和血肉，涉及对产品造型、色彩、质感、音色等方面的设计，是产品最终的外在表现。由于其高度具象化的特点，呈现层在企业中往往最受关注，甚至不少企业将设计简单理解为对产品的“美化”。但优质的产品呈现需要建立在对策略、机制、信息的精心设计之上。正如刘嘉闻和罗伯特·舒马赫所说：“一个关键是，我们只在最后才主张应用图形和视觉处理。大多数人认为的设计其实是图形（视觉）处理，只有在原型设计中确定了交互模型之后才会进行……在建筑中，你不能在墙立起来之前粉刷房子。在应用程序开发中，不应该首先创建漂亮的图标。设计始于研究领域，而不是从 Photoshop 开始。”[27] 特别是像“智能”这种需要通过一系列交互过程来实现的体验维度，呈现层能发挥的作用比起其他三层要小得多。不仅如此，对语音对话等更自然交互方式的诉求，正在使智能产品的界面设计重心向信息层一侧偏移。对于智能产品来说，呈现层不应忽视，但我们还是要将设计的重点放在信息、机制及更为抽象的策略上面。

从双塔模型可见，体验维度所处的层次越高，越需要在更抽象的层面对产品进行设计。对于行为层次的易用性等维度，只关注机制下层和信息层也还可以接受；但对于“智能”这样的深度体验，策略和机制上层就是必不可少的。当然，其他层次对智能感的构建也很重要，因而可以说，智能感的构建需要我们在从抽象到具象的“全流程”中对产品进行精心的设计。

设计原则：

对于智能产品，需要在策略、机制、信息、呈现 4 个层次上对“智能”这一体验维度进行全流程的精心设计。

其实，这个从抽象到具象的过程也是产品由 0 开始一步步实现的过程，缺少哪一步都可能导致失败。那我们用什么来保证设计工作的完整性和系统性呢？答案是：一套设计流程。

UX 三钻设计流程

UX 三钻设计流程是我在双钻设计过程模型①、诺曼的人本设计流程[28]、ISO 人本设计流程[29]和传统产品开发基本流程[30]的基础上，结合设计实践提出的一套完整的以体验为中心的产品设计流程，如图 8-2 所示。

从整体上看，UX 三钻设计流程包括三个发散→聚焦的“钻石”过程。

问题钻的本质是机会的识别，旨在找出符合企业定位、技术水平、资金条件等实际情况的最值得投入资源来满足的根本用户需求，包括机会发现和问题定义两个阶段。机会发现阶段整体上是发散的，它始于对与产品有关的一切信息的收集，然后通过对信息的分析研究得到对产品背景的基本理解（这个内嵌的发散→聚焦的过程被称为设计调研），并在此基础上对一切可能的机会进行探索和挖掘。问题定义阶段则是一个聚焦的过程，首先根据市场、技术、成本等标准将发散出的大量机会筛选至可以进一步研究的数量，然后对筛选出的机会快速建立原型，并适当迭代，最终确定价值最高的机会点。此外，机会必须与品牌策略相契合，若品牌尚未建立，则问题钻中也应包含品牌设计的工作。

解决钻旨在找到既能解决（由问题钻定义的）问题又能带来优质体验的产品解决方案，包括概念开发和设计交付两个阶段。概念开发阶段同样始于设计调研，但目的不是发现机会，而是做好设计，因而比问题钻中的调研更具针对性也更深入。在调研之后，通过创意激发发散出大量的概念方案。设计交付阶段首先通过初步分析将大量概念筛选至可进一步研究的数量，而后对每个筛选出的方案建立低保真度原型②,进行评估和迭代,并筛选出少数几个准方案。之后对每个准方案进行设计细化，建立中保真度原型并继续评估和迭代，最终确定出一个尽可能优质的产品解决方案。

① 英国设计协会在 2005 年提出的设计流程，将产品设计过程分解为“发现→定义”和“开发→交付”两个由发散到聚焦的过程。

② 原型根据保真度不同可分为三种：低保真度原型采用最简单和最便宜的材料，几乎不考虑细节，尺寸被缩放，甚至没有实物，看起来完全不像最终产品；中保真度原型至少有一个方面看起来像最终产品，互动性更强，并开始拥有真实的结构、材料及视觉设计等；高保真度原型功能完整且已非常接近真实产品（参考自《原型设计：打造成功产品的实用方法及实践》）。

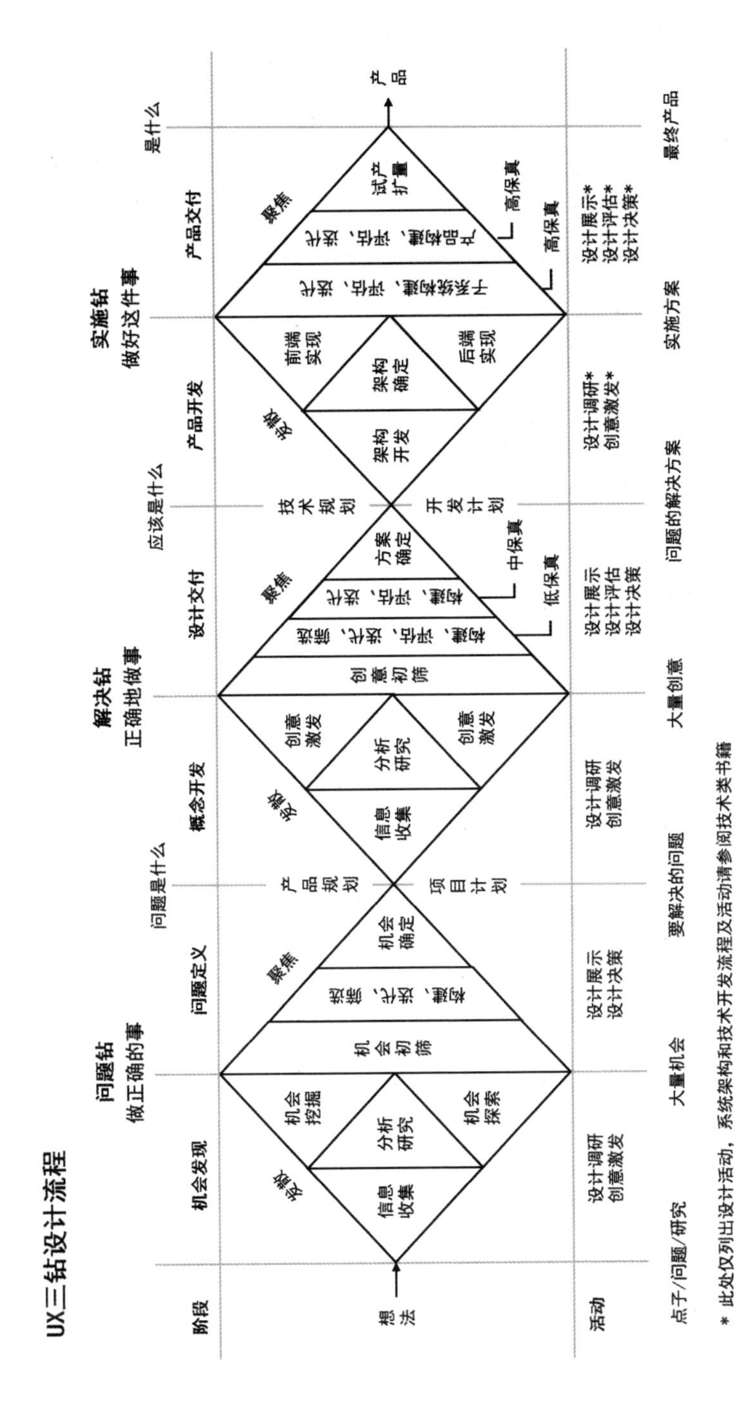

图 8-2　UX 三钻设计流程

实施钻旨在将找到的最优解决方案并将其变为现实，也分为两个阶段。产品开发阶段通常始于架构的开发和确定，而后对架构中的每个模块进行详细开发。这里的详细开发包括前端实现（界面呈现效果、界面和前端环境的实现）和后端实现（服务、内部机制和后端生态的实现）。产品交付阶段首先对各子模块建立高保真度原型，在一系列测试、评估和迭代后，将各子模块集成为产品级高保真度原型，并进行整体的测试、评估和迭代，最终得到可试生产和扩量的原型级产品。后续的试产扩量过程主要是将原型级产品转化为市场级产品，例如确保千万级用户同时在线、生产线调整、工人培训、服务人员培训和前端环境施工等。

至此，产品已达到了上市的标准，但这并不是终点，因为上市的产品会暴露出更多的问题和不足，这将返回来引发新一轮的 UX 流程，从而推动产品的不断升级。

简单来说，问题钻回答了“问题（机会）是什么”，确保我们在做正确的事；解决钻回答了“产品应该是什么”，确保在正确地做事；实施钻则回答了“产品是什么”，确保把这件事做好。从双塔模型来看，问题钻是策略层的一部分，而策略层其余部分以及机制层和信息层的工作都是在解决钻中完成的。在信息层之后，产品的基本形态和行为举止已非常明确，对呈现形式的改变不会对产品解决用户问题的过程产生质的影响，因而呈现层的设计工作处于实施钻之中——产品内部的具体技术实现工作也是如此。

此外，UX 设计流程中包含了 5 类主要活动，其中，设计决策活动用于从大量机会、方案及设计评估发现的问题中聚焦工作目标，而设计调研、创意激发、设计展示（原型）、设计评估 4 类活动共同组成了一次“以人为本的迭代”。UX 流程的每个钻都包含大量这样的迭代，从而确保流程中的每个阶段都向着提升用户体验的方向不断努力，最终输出一个能带来卓越体验的产品。

把锤子收在工具箱里

UX 三钻设计流程是一个通用流程，而且是“全流程”的，这非常符合智能产品的设计需要。遵循这样的流程进行设计，为卓越智能产品的构建提供了强大的助力。

设计原则：

智能产品的设计应遵循 UX 三钻设计流程。

不过，就目前来说，大部分企业在设计智能产品时，还处于以AI技术为出发点的技术主义思维之下。这就好比你拥有了一把威力无比强大的新型锤子，自己甚是喜爱，于是到处寻找能砸东西的“场景”，希望它有用武之地。有一天你突发奇想，觉得锤子能不能用在造船上呢？便找来几条船看了看，发现新型锤子可以将更多层的木板钉在一起得到更加坚固的帆船甲板，于是推出了一款甲板更厚的帆船产品。

这就是当前很多企业实现智能化的方式。不可否认，这种“拎着锤子找钉子”的方法在有些时候也能产生不错的智能产品创意，但它也存在一些非常明显的劣势。

- 伪需求。从技术视角来看，产品是在应用技术来满足用户的需求，但拿锤之人很容易在发现一个新“应用”时将用户需求抛之脑后。锤子的确能实现更厚的甲板，但“更厚的甲板”对帆船用户来说可能是一个毫无价值的伪需求。
- 错失解决真正问题的机会。在更糟的情况下，用户可能根本就不需要帆船来解决问题，他们想要的可能是一个更结实的木桥。如果只盯着“帆船”这个解题方向，那么哪怕把整个船身加固个遍，还是无法解决真正的问题。
- 遗漏其他可能的应用。一艘船有很多零件，桅杆、船舵、齿轮等很多地方都可以用锤子加固，但由于缺乏对船的系统性思考，很多（尤其是大量细碎但很有用的）应用点可能根本就不会出现在拿锤之人的视野里。
- 忽视其他工具。拿锤之人往往对自己的锤子有一种执念，遇到问题总倾向于用锤子解决，这使其很容易忘记其实还有很多工具可以使用。加固甲板不一定要用锤子，也可以使用胶水，或是锤子与胶水配合，而这样做的实现难度和成本可能比只用锤子低得多。
- 错失颠覆的机会。当我们将视野扩大到整条船，并将锤子与其他工具综合考虑后，可能会构建出一些只有在锤子参与下才能实现的全新帆船形态。而如果只关注船上有哪些地方可以加固，就会错失颠覆现有帆船类产品的机会。

与技术主义不同，UX的设计流程在开始时往往并没有锤子的身影，而是先从对用户需求的分析中识别机会，并对用户当前解决问题的过程进行系统性的拆解，然后拿出工具箱，看看哪些工具对解决问题会有帮助，这其中自然也包括锤子。当然，由于锤子是一种非常强大的工具，我们可能会在设计时格外关注它，但这并不会使其凌驾于其他工具甚至要解决的问题之上。其实，在UX设计师看来，在全流程中设计智能感并不是多么重要的事情，因为“智能”本就是产品设计过程中应当考虑的一个重要的体验维度。因此除了一开始就希望做一款智能产品的情况，有时即便开始没想做，随着UX流程的推进，“智能”也可能被纳入核心体验目标，并最终做出一款智能产品。

此外，UX 流程从抽象到具象的系统化过程可能会给人一种效率不高的错觉，毕竟从技术出发直接找应用点似乎更加“立竿见影”。如果只是想找个方向应用一下，那么这样说也没什么问题。但若想设计出一款卓越的智能产品，则需要尽可能关注到每一个可能提升智能感的细节。此时“想到一个是一个”的如打补丁一般的方法首先很难想全，而就算最终真的想到了足够多的细节，其效率也远低于系统化的方法——对于卓越产品而言，“按部就班”往往就是最好的捷径。

总而言之，对于智能产品来说，AI 技术从来都不是设计流程的主语——不是“AI 能做什么”，而是“哪里需要 AI”。只有这样，我们才可以从技术主义思维的束缚中解脱出来，让“AI”这把锤子真正为我们所用。

设计原则：

在对智能产品展开设计前，设计师需谨记：把锤子收在工具箱里。

体验维度与设计路径

在理解思考框架和设计流程的基础上，我们可以用一个包含三个维度的坐标系来进一步阐明 UX 的设计路径，如图 8-3 所示。

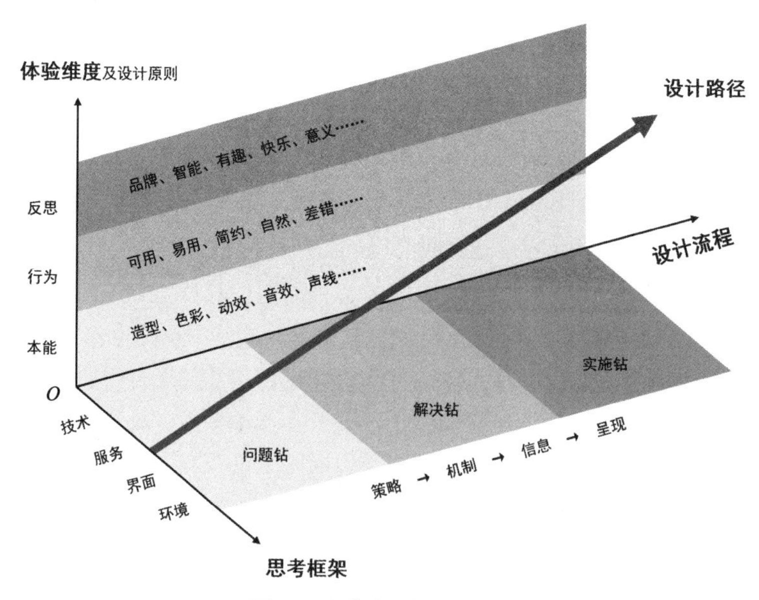

图 8-3　智能产品的设计路径

第 1 个维度是思考框架，即产品的四要素。无论产品设计工作进展到哪个阶段，或是在设计哪种类型的体验，都应当始终记得设计工作需要考虑技术、服务、界面和环境这四个方面，避免错过任何有可能改善用户体验的机会。

第 2 个维度是设计流程，包含问题钻、解决钻和实施钻三个主要阶段（从产品的抽象度来说则是策略、机制、信息和呈现四个层次），产品的设计工作整体上是按照这个维度逐步展开的，直至实现一个能够上市的产品。

第 3 个维度是体验维度，指“优质体验”中可能包含的体验类型。“体验”这个概念太过笼统，对于具体的设计工作几乎谈不上有什么指导价值。只有将“体验”拆解开，我们才能知道可以从哪些方面入手来改善产品的体验，而体验目标的制定（维度的取舍）、体验的系统性评估等工作也才能有效展开。在双塔模型中，我们曾谈到体验包含反思、行为和本能三个层次，这为拆解工作提供了很好的基础。我在《这才是用户体验设计》中总结了 20 大 UX 设计思想，其中大多数思想专注于反思或行为层次的某个体验维度。我将这些体验维度提取出来，如表 8-1 所示。

表 8-1　体验的一些核心维度

序号	反思（深度体验）层次		行为层次	
	维度	描述	维度	描述
1	品牌	在用户心智中建立对品牌的反射	可用性	使用产品时不会遭遇困难
2	智能	像与优秀的人类伙伴互动一样	易用性	高效、顺畅、舒适地使用
3	有趣	带有惊喜的喜悦感	自然	自然地与产品互动
4	心流	高度沉浸、专注、快乐、享受	简约	一种简单的感觉
5	游戏	持续的内在动机和快乐	控制感	一种“一切尽在掌握”的感觉
6	美感	美的感受	自由	一种无拘无束的感觉
7	意义	非凡的意义	差错	使用时更少犯错或犯错后果更轻
8	接受	愿意使用	平静	生活不被产品打扰

当然，体验的复杂性意味着在反思和行为层次上可能还存在其他体验维度，但以上这些核心维度可以使设计工作拥有更加清晰的思路。此外，本能层次也有很多更直观的体验维度，如造型、色彩、动效、音效、气味等，不过这些更偏向传统工业设计和艺术设计的范畴，通常需要由相应领域的设计师来主导完成。

你可能已经注意到了，“智能”也是我们在设计体验时需要考虑的核心维度之一。因而在这个意义上，与其说我们是在将 UX 流程应用到智能产品，倒不如说是在讨论“智能”这一体验维度的设计方法——所谓的“智能产品设计”，其实是以“智能”

为主要体验目标，并以“能给人带来智能感的产品”为目标输出的定向体验设计过程。但需要注意的是，设计体验是一项高度系统化的工作，因而要做出一款优质的智能产品，忽视“智能”以外的体验维度是不可取的。反过来，任何产品也都应当将“智能”维度纳入设计工作，从而为改善用户体验带来更多的可能性。

同时，对于比较复杂的体验维度，我们还可以对其做更进一步的拆解，例如“智能”可以被拆分为得力（精明灵活、负责能干）、有礼（言行得体、体现尊重）和贴心（主动关心、周到入微）三个子维度[31]。当维度被拆解得相对清晰时，我们就可以在每个维度 / 子维度上对“设计原则”进行总结。在设计时参考这些原则，有助于构建出相应维度 / 子维度的体验，进而贡献于产品的整体体验。由于这些设计原则建立在“维度→子维度→原则”这种高度系统性的拆解之上，以这些原则为指导的体验设计工作自然也更具系统性。此外，不同维度之间存在冲突也是常有的事，这需要设计师以更加宏观的角度，对各个维度进行平衡，直到获得期望的体验。

设计原则：

对体验的系统性设计需要建立在对“体验”的系统性理解之上。

可见，坐标系中的每个维度都源于对 UX 设计的系统性思考。当我们以产品四要素为基本框架，沿着设计流程，参考每个体验维度 / 子维度上的原则对产品进行设计时，就形成了一条体验不断上升的“设计路径”（如图 8-3 所示）。当然，这只是为了便于你理解而进行的粗略可视化。关键在于，我们需要对体验进行系统化的设计，智能产品也是如此。

需要说明的是，我们说双塔模型中的抽象层次和体验层次之间存在对应关系，但这并不意味着某一体验层次只在对应的抽象层次上进行设计。毕竟更抽象的设计最终还是需要通过后续各层的设计来逐步具象，而用户能直接接触到的也只有呈现层的输出。双塔模型“对应关系”的含义在于，体验的层次越高，人类的深层认知和情感介入的就越多，也就越需要更高抽象层次的设计来实现，但其他更具象的层次也是需要的——因而“智能”这种反思层次的体验才需要全流程的设计。同时，对于一些行为和本能层次的典型体验，更抽象的设计也可能大有帮助。例如在策略层删除用户不需要的功能，往往比在呈现层删减视觉元素更有助于带来“简约”的体验。因此，在图 8-3 中，我们还是将“体验维度”作为一个坐标系的独立维度，以表明无论在哪个抽象层次，都应该将所有的体验维度纳入思考范围。

现在我们已经理解了产品（包括智能产品）的设计路径，但对于“智能”这个非常复杂的体验维度，刚刚提到的三个子维度还是稍显粗略。在本书中，我会对“智能”做更进一步的拆解，并对每个子维度下的设计原则进行总结。同时，“接受”这个维度对智能产品也极为重要，毕竟不被接受往往意味着不被使用，那么花再多心思在“智能”上对产品也毫无意义。这些内容我们将在第 4 部分进行讨论，在此之前，让我们回到设计流程，来仔细思考两项对智能产品设计非常重要的活动——设计调研与设计评估。

第9章 情境与评估

在 UX 流程中，我们需要确保设计工作是一个以用户体验为中心的“闭环”，这需要做好两件事：一件是在发散创意之前对与目标用户及产品相关的信息做尽可能深度的理解，这被称为**设计调研**；另一件是在设计方案及原型出炉后，对方案是否真的满足用户需求，以及是否为用户带来我们所期望的体验进行充分的验证，这被称为**设计评估**。对于智能产品来说，理解用户和评估智能感也是设计过程中至关重要的内容，本章就让我们聊聊与之相关的一些要点[①]。

智能产品的情境

设计调研是一项复杂且系统性的活动，这里仅讨论其中一个对智能产品非常重要的概念——情境。

情境（context，也译为上下文、语境）指用户使用产品时的所有背景信息。**场景**是在某个场所中发生的事情的当时状况，而情境是一个比场景更大的概念，且包含时间维度，包括“用户是谁”以及与用户过去（如知识、文化、经历、偏好、熟悉的行为模式、过去的场景）、现在（如可用的资源、并行的相关场景、当前的任务）和未来（如目标、计划、预期）相关的所有信息。产品的功能运行于场景之中，而场景在情境之中，如图 9-1 所示。在进行概念设计时，我们需要基于情境对产品功能及可能的使用场景进行推演，并在对功能、场景和情境的完整理解下对场景下的功能进行详细的设计。

① 本章中相关设计活动的定义及描述参考自《这才是用户体验设计：人人都看得懂的产品设计书》。

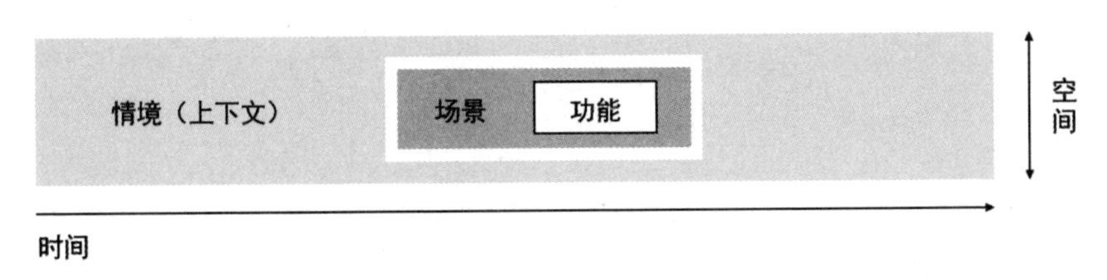

图 9-1　情境、场景与功能的关系（摘自《这才是用户体验设计》）

由于情境包含了大量用户自身很难察觉或正确记忆的细节，问卷、访谈等手段很难有效获取情境信息，因而往往需要借鉴人类学的方法，通过对真实情况的实地观察来理解情境，这个过程被称为“情境研究”。简单来说，情境就是生活，而情境研究就是对可能影响产品使用的用户生活的方方面面进行深入了解，以期让产品更好地融入用户生活，并为用户带来实实在在的价值和优质的体验。

对使用情境的理解是 UX 设计基础中的基础，因为情境不同，用户与产品的互动方式可能大不相同，产生的体验也可能天差地别。《人工智能与用户体验：以人为本的设计》一书曾举过一个非常典型的案例。

法国官方铁路公司 SNCF 希望构建一个基于 AI 聊天机器人的票务应用，于是设计团队收集了大量旅客与售票员之间的对话，然后用这些对话训练 AI 模型。但当他们将产品原型拿给用户做测试时却失败了，因为用户并没有按照他们预想的剧本与 AI 模型沟通。例如，AI 模型本来预期用户会说“买一张今天上午 10:00 从巴黎到里昂的票”,并使用训练好的模型给出合适的回答。但用户实际说的是:“嗨！我想买票。”

这个案例中的问题在于，用户跟售票员对话的情境与跟 AI 对话的情境完全不同。售票员是一个公共场所（售票窗口）的工作人员，而用户经常需要在窗口排队购票。这是一个相对正式和紧张的氛围，当轮到自己买票时，用户往往会因为感受到来自身后队伍的压力而提高购票的效率。因而在这种情境下，用户会尽量言简意赅，让一句话中包含更多的购票信息。但当用户使用票务应用购票时，情境完全变了——没有了公共场合的拘束，也没有来自排队人群的压力，AI 模型此时更像一位好友或助手。于是，用户转而使用更加轻松、友好和日常的沟通方式，而如果 AI 模型并没有接受过这方面的训练，那么它与用户的交互过程及带给用户的智能感很可能不尽如人意。

好在，设计团队及时发现了问题，并利用真正情境下的用户对话重新训练了 AI 模型，但这不可避免地浪费了大量时间和资源。可见，从情境出发来思考是非常必要的，我们在智能产品设计时也应对包括情境研究在内的设计调研活动加以足够的重视。

创造有价值的 AI

从本质上说，产品是一条帮用户实现目标的路径，如果一个产品不能为用户解决实际的问题，那么它也就没什么价值。智能产品也不例外，在创造更好的智能体验之前，我们需要首先确保 AI 所做的工作是对用户有价值的。

如今，几乎每个企业都宣称自己是“从用户需求出发”的，但说起来容易做起来难，真正肯花心思深挖用户需求的企业并不多。特别是搭载了 AI 等新技术的产品，由于原理过于深奥，用户对于 AI 能帮自己解决什么问题完全没有头绪，这使得用户对智能产品的需求变得更加隐晦。设计师往往需要借助情境研究（对用户生活的深入了解）才能洞察到那些甚至用户自己都没有意识到的根本需求，从而为智能产品设计及后续的 AI 开发提供有实际价值的“问题”。

然而，当前的 AI 领域普遍处于“拎着锤子找钉子”的技术主义思维之下。人们为 AI 找到了各式各样的“钉子”，却忽视了这些钉子是否真的能够解决用户的实际问题。比如大语言模型（ChatGPT 背后的 AI 技术，参见第 12 章）可以很好地帮用户完成课后作业，或写出一篇形式上像模像样的论文，甚至能够在 SAT（也称“美国高考”）等官方考试中居于前列。在这些场景中，AI 有没有解决问题？当然有，做作业、写论文、在考试中取得好成绩，这些都是 AI 正在试图解决的问题，也让我们看到了机器解决问题能力的巨大飞跃。那 AI 在这些场景中有没有为用户创造价值呢？似乎有，比如很多学生开始用 AI 替自己做作业或撰写毕业论文，但我们不妨思考一个问题：

做作业和写论文的根本目的是什么？

在我看来，做作业的根本目的是让学生更好地掌握知识，写论文的根本目的是将一个人对世界的新发现或新认识总结出来加以分享，而不是完成作业或论文本身。从这个角度来说，能替学生写作业或写论文的 AI 不仅没有创造价值，反而给一些学生提供了偷懒和作弊的工具，使其思维能力得不到很好的锻炼——从产品的角度，如果不能提升学生的思维能力，那么“做作业”和“写论文”这两个智能化问题也就没有意义，而用于解决无意义问题的 AI 同样没有意义。但要注意，我们并没有否定AI本身的价值，而是在讨论如何对AI进行真正有效的利用。既然如今的AI已经在做作业和写论文方面展示出不错的能力，我们就应当更进一步，在当前技术成果之上去思考如何更好地帮助学生掌握知识，或提高学生用论文表达个人思想的效率（让他们将更多的精力用在思考而非形式上），而这些都需要通过以情境为基础的对产品的精心设计来实现。

在AI领域，研究者们经常先寻找一个有可能发挥AI能力的问题（比如赢得围棋比赛），再努力用AI去解决这个问题，但这些问题可能并非真正的现实问题。同时，缺少对情境的理解也导致对AI使用场景复杂性的严重低估——在理想环境中运行良好的AI在解决实际问题时可能并不好用。此外，还有一种傲慢且更具破坏性的想法，认为“只要你做出来，用户就会有需求”，从而彻底摒弃对用户及使用情境的理解。如果只是新技术研究，那么这样的想法倒还算合理，毕竟后续会有设计介入。但对于产品来说，如果你不把用户当回事，用户也就不会把你当回事，这样做出来的产品自然也很难得到用户的长期认可。

诚然，在技术狂热期内，很多成果依然会因其展现出了AI的强大能力而备受赞誉。但是，如果这些成果迟迟没有真正惠及大众甚至引发忧虑（如担心一些学生或研究者用AI进行论文造假），就可能严重打击大众对AI的信心，甚至出现一些抵制AI发展的思潮，这对AI领域显然是不利的。AI领域要想得到社会的长期肯定和未来发展所需的资源支持，避免被炒作捧杀，就必须深入用户的真实生活，思考如何更好地解决普通用户生活中的实际问题，创造出真正有价值的AI。

AI不是人类的复制品

现在让我们来思考另一个问题。

如果我们希望构建的不是票务应用，而是一个在售票窗口内工作的售票机器人（与人类售票员的情境相似），是否就可以跳过对情境的深入理解，而直接使用人类交互的数据来训练AI模型呢？

的确，这种“用AI复制人类活动”的方式看起来是一条构建智能产品的捷径，这也是很多以技术为中心的企业在构建智能产品时很喜欢做的一件事。

能看病的AI？没问题，把人类医生的诊断数据拿来训练一下。

能卖票的 AI？没问题，把人类售票员与旅客的对话拿来训练一下。

能讲课的 AI？没问题，把人类教师的授课内容拿来训练一下。

从本质上说，这些过程都是在让 AI 复制人类对特定问题的解决方案。既然解决方案是现成的，理解情境看起来也就不是那么必要——我们要做的就是尝试用技术复刻人类方案，然后将 AI 的表现与人类进行比较。若 AI 的表现能够比肩人类甚至更好，大家就欢呼雀跃甚至炒作 AI 对相关职业可能构成的威胁，反之则垂头丧气甚至冷嘲热讽。但这样的“产品化”其实存在很多隐患。

首先，我们复制的解决方案可能并不适用于产品真正使用的情境。正如刚刚介绍的 AI 票务应用案例一样，如果用户根本没按“剧本”沟通，那么即便 AI 真的可以百分之百还原人类售票员的对话方式，也依然难以胜任这份工作，或至少体验不佳。

其次，人类和机器在能力上各有所长，即便情境相似，人类的解决方案也不见得是机器解决问题的最佳方案或比机器解决得更好。例如人类检票员不可能通过“看脸”来确认每一位游客的身份，所以需要对纸质票上的信息进行核对。随着检票系统的数字化，纸质票逐渐被电子票取代，最佳的入场方式变成了将手机上的二维码对准摄像头。而如今的 AI 很擅长人脸识别，“刷脸”又成了游客入场的最佳方式——这显然与人类的检票方式大相径庭。售票机器人也是同样的道理，即便情境相似，但人类售票员往往要一边操作计算机一边与用户对话，而售票机器人本身就是计算机的一部分，因而可以一边通过触摸屏等硬件来展示信息，一边与用户说话，并允许用户在说话的同时利用屏幕完成部分操作，以提高购票的效率。

此外，在很多时候，最佳解决方案需要人与机器的紧密合作，如 AI 配合医生对病情进行“联合诊断”，以实现更高的诊断准确率。

总的来说，人类解决问题的操作往往是在特定情境下与人类能力最匹配的策略，但这种策略不一定是 AI 的最佳策略。正如刘嘉闻和罗伯特·舒马赫所说，如果我们只把目标局限于复制人类的方案，那么对 AI 是一种伤害。[27] 要想让 AI 的能力得到充分发挥，我们必须跳出“人类方案”，从 AI 及人机协作的视角来思考问题的最佳解决方案。这不仅需要理解人类当前做了什么，还要理解人类在什么样的情境下要解决什么问题，以及人类为何如此。事实上，用 AI 盲目复制人类活动的过程不只没有情境，甚至也谈不上设计。因为“设计思维”是一个“花时间确定真正的、根本的问题所在，然后，不是立即解决问题，而是停下来想一想更充分的潜在方案”[28] 并最终找到最佳方案的过程。缺少了设计的参与，智能产品很难做好也就不奇怪了。

最后还有一点需要指出，我们一直说大部分时候智能产品应该“以人类的方式与用户互动”，但这与“复制人类活动”是两码事。前者说的是产品的界面，偏重于信息层；而后者说的是服务，偏重于机制层。产品首先要将AI的能力充分发挥出来，然后通过对产品行为的精心设计使其表现得更像人类（机器狗等情况除外），进而带来智能感。由于AI与人类各有所长，通常来说，除了旨在仿生的人形机器人或虚拟AI，绝大部分AI都不会真的像人一样活动，因而“与人相似”主要指交互方式——扫地机器人既长得不像人类，也无法用人的扫地动作完成打扫任务，但若是它能像人一样与用户自然地交流和互动，用户就会觉得它是智能的。

人机共生

其实，在“AI复制人类活动”倾向的背后还隐藏着一个更加深远的目标——用AI取代人类。这种思想在AI领域非常普遍，每当AI成功完成了一项人类活动（如生成了一篇形式上不错的论文）时，总会有人大加渲染，宣称AI马上要取代人类，这个行业的人要失业了云云。但正如我们刚才所说，很多时候，问题的最佳解决方案需要由人类和AI共同实现，这就要说到UX设计的底层逻辑（见附录C）之一——人机共生（man-computer symbiosis）。

人机共生并非什么新兴思想，它在AI领域发展初期就已经存在，最早可以追溯到1960年由HCI先驱利克（见第1章）发表的开创性文章《人机共生》。但直到今天，大多数人依然没有正确理解这一思想，其中一个非常普遍的误解是将人机共生简单地理解为人类和机器共同完成工作。比如汽车的有条件自动驾驶（L3级）能够在一定条件下执行自动驾驶，并在条件不允许时请求人类驾驶员接管车辆。在这种情况下，驾驶任务是由AI和人类共同完成的，那么这属于人机共生吗？

答案是否定的。利克在《人机共生》中讨论了两个很容易与人机共生混淆的概念：机器增强的人类（mechanically extended man）和人类增强的机器（humanly extended machines）。

先说**机器增强的人类**，此时机器只是人类活动的一种拓展，比如一种“智能外骨骼”可以使穿上它的人跑得更快，或轻松搬起数百斤的重物，但所有动作本质上都是人类动作（及动作背后的人类意图）的延伸。在这个人机系统中，只有人具有主动性，与其说是“生活在一起的两种生物”，两者的关系更像是伐木工和斧头的关系——只是这把“斧头”包含了AI技术，使其可以辅助人类完成更加复杂的活动。

再说**人类增强的机器**，这种情况下的最初目标是用机器实现“完全自动化”，但由于机器无法胜任部分工作，不得不用人类来填补。例如在电影《摩登时代》中，查理·卓别林饰演的主人公在工厂的流水线上麻木地拧螺帽，这个“全自动传送带+拧螺帽工人”的系统就是一种人类增强的机器。在这样的系统中，人类只是机械地配合机器完成工作，而这些工作并非出于他们个人的意愿。如果说机器是工具，那么这些人就是“工具的工具”。作为工业时代的产物，这样的人机关系随处可见，并一直影响到现在的AI领域。你可能已经想到了，我们刚刚提到的L3级自动驾驶也是一种人类增强的机器——在这种情况下，人类接管车辆是因为AI无法胜任，而不是他们希望享受驾驶的乐趣。

那什么是真正的**人机共生**呢？利克指出，“两个不同的有机体以亲密联系甚至紧密结合的方式生活在一起”，这样的合作关系被称为共生。也就是说，共生关系中的人类和机器都不是机械性地执行任务，而是具备一定“主动性”的个体，两者紧密合作以更好地实现目标。利克还指出，“人类增强的机器”与人机共生的区别在于，前者本质上是人类在帮助机器，而非机器帮助人类，但“在某种意义上，任何人造系统的本质都是帮助人类”。

以医疗AI为例，AI要做的不是学习人类医生的治疗方案数据，然后给出治疗方案并与人类医生一较高下。在一种可能的共生关系下，AI负责快速完成搜索、计算、数据可视化等人类不太擅长的“技术性工作”，而人类医生负责与患者沟通，为AI提供更多信息，并综合AI的分析给出比之前更好的治疗方案。在这个过程中，AI和人类都不是彼此行动的指挥官，他们各自处理自己擅长的工作，充分交流、相互协作。更重要的是，AI将人类医生从繁复的技术性工作中解放了出来，让他们有更多的时间为患者提供人文关怀——而这是仅靠AI在短期内很难做好的。

此外，我认为在共生关系中，除因人机能力差异产生的分工外，还有一种分工源于人类的需要（我称之为**机器按需增强**）。有些时候，不是机器不擅长，而是人类因保护隐私、希望享受过程（如驾驶的乐趣）等原因不愿让机器插手太多，需要机器酌情提供支持。显然，这对于改善人类体验非常重要，需要我们在设计智能产品时多加关注。

总的来看，AI与人类的关系有两个主要的思考方向。

一个是取代人类（全自动或自主机器），如果有取代不了的部分就用人来填补（人类增强的机器），这是技术主义的常见观点。

另一个是通过被动（机器增强的人类）或主动（人机共生）的方式帮助人类更好地解决问题，这是体验主义的常见观点，也是 UX 能够给 AI 领域带来的一个非常有价值的差异化视角。

在如今的 AI 领域，我们经常会听到“战胜”“超越”“取代”这样的词汇，但在 UX 领域却很少听到。对体验主义者来说，AI 的存在不是为了战胜或取代人类，而是为了让我们的世界变得更美好。当然，“取代人类”也可以是一种解决问题的有效手段，如危险的救火工作最好有一天能被 AI 完全取代，但它绝不是所有智能产品设计的最终目标。如果说工业时代将很多人变成了机器，那么在智能时代，“人”理应回归世界的中心——我们可以努力将机器变成人，但更重要的是，用机器将人变成更好的人。

智能产品的评估

接下来让我们来看看智能产品的评估。在之前提到的 AI 票务应用案例中，设计团队使用错误情境下的数据训练了 AI，但产品并没有以失败告终（尽管浪费了一些资源），这要归功于及时的设计评估，使产品的问题得以在上市前被纠正，其对智能产品设计及 AI 开发的价值可见一斑。

最早的智能产品评估方法当属图灵测试，即让用户在与帘子后的机器或人互动后判断对方是不是真人。尽管图灵测试依然被广泛用于评估聊天机器人的智能水平，但若被用于智能产品的设计评估，其局限性还是很大的。例如智能产品家族如今早已远超“拟人”的范畴，智能空调、智能汽车等产品一看就不是真人，从一开始就无法通过图灵测试。为了设计出更好的智能产品，我们需要一套新的评估方法，而 UX 设计可以在这方面提供很好的帮助。

与其他产品一样，智能产品主要有三种评估方式：**专家评估**指具备 UX 素养的专家（如 UX 专家、资深 UX 设计师）基于专业知识和原则对设计进行评估，**用户评估**是邀请潜在目标用户对设计进行评估，而**数据分析**是对通过技术手段（如运动监测、眼动追踪等）获取的用户数据进行分析来评估设计。这三类评估的基础知识点和方法对智能产品同样适用，这里不再赘述，仅探讨几个与智能产品相关的评估要点。

1. 需求为先

智能产品也是产品，而产品首先要解决用户的根本问题。在《心灵的未来》对意识时空理论（见第 4 章）的讨论中，加来道雄在意识水平分级的基础上，将“反馈回路”的数量作为评估生物在每个层级意识水平的依据。例如，一朵花（0 级意识）拥有对温度、水分、阳光等的 10 个反馈回路，那么它的意识水平就是 0:10。这个思路对智能产品很有启发性，但产品与生物的不同之处在于，生物的反馈回路都是为了解决“生存”的问题的，而大自然已经在这个方面对生物进行了筛选（相当于产品设计经历过真实市场的洗礼），因而评估生物的反馈回路是否解决问题意义不大。但对于产品设计来说，我们并不确定流程中的设计方案是否真的在解决用户的根本问题，若并非如此，那么再强的智能感对产品的成功也没有太大意义。因而在评估智能感前，需要先对设计能否满足用户的需求进行评估。当然，你需要事先理解用户的根本需求及需求所处的情境是什么（借助设计调研），并将设计方案置于情境及场景之中进行评价。

2. 以体验（智能感）为中心

智能产品评估的核心是看产品最终带给用户的智能感有多少。尽管体验更佳的产品往往意味着更复杂的技术和更好的技术表现（如更高的人脸识别准确率），而技术表现也会对体验产生影响，但它们与体验并没有因果关系。产品的智能不是靠技术来定义的，自然也不应将技术表现作为智能产品好坏的最终判定依据，否则很容易陷入技术主义的陷阱。对于智能产品（或产品的“智能”维度）来说，最重要的评价依据只有两个——是否解决问题，以及是否在解决问题的过程中带来足够多的智能感。当然，智能产品也要考虑简约、易用、有趣等其他体验维度，因而在评价时也应当根据需要对这些方面的体验进行评价。

3. 对智能感进行分层评估

用户对产品“整体智能感”的评估，例如对“你觉得它有没有智能”这个问题从 0~10 打分，在汇报设计成果时很有用，但对设计工作本身的价值很有限。毕竟就算知道用户打了 3 分（感觉不太智能），我们对产品在哪个方面没有做好依然毫无头绪。这里我们可以参考意识时空理论，在产品智能金字塔的各层次上对智能感进行评估，或对一些层次上的子维度做更进一步的评估。你可以根据需要设定问题，表 9-1 仅给出一些问题的参考示例。

表 9-1　智能感分层评估问题示例

层次	一级问题	二级问题
自我	你觉得它有自己的想法吗?	
想象	你觉得它有想象力吗?	你觉得它做规划的能力怎么样? 你觉得它抽象思考的能力如何? 你觉得它的创造力如何?
干预	你觉得它擅长给建议吗?	你觉得它的推理水平如何? 你觉得它做计划的能力怎么样? 你觉得它擅长使用工具吗?
社交	你觉得它擅长社交吗?	你觉得它有感情吗? 你觉得它理解你的情绪吗? 你觉得它有常识吗? 你觉得它擅长沟通吗? 你觉得它懂礼数吗? 你觉得它是不是一个好队友?
空间	你觉得它行动自如吗?	你觉得它的行为方式够聪明吗? 你觉得它的动作像一个人 / 狗 / 小动物吗?
反馈	你觉得它的反应方式够聪明吗?	

通过分层评估，我们可以了解产品在各层次上给用户带来的感觉，对“智能”这个笼统感觉的内部情况有一个更加清晰的认识，从而找到努力的基本方向。例如一款智能汽车在“空间”层次上得到 8 分，但在“社交”层次只得到 1 分，这就说明我们需要在人车交流方面投入更多的资源。而在专家评估中，专家也可以通过逐层的方式对产品的智能水平做出更加细致的判断（可参考第 4 部分的设计原则）。此外，如果产品包含多个功能，那么也可以对每个功能进行分层评估，从而更精准地确定问题所在。

4. 情境、充分互动与直觉性

用户评估的过程需要注意三点，一是评估要在尽可能真实的情境下进行，这个不难理解，但实际操作时却经常被忽略。二是用户在评估前需要先与原型进行充分的互动，这里的“充分”指让用户与待评估的产品原型或功能模块进行尽可能多轮次的互动。这一点对智能产品非常重要，AI 程序执行的是找到解决方案的办法，因而其每次的输出往往并不相同，单次交互的体验可能无法代表其整体水平。另外，受训练数据的影响，基于机器学习的 AI 在生成内容（包括对话）时可能会遵循一定的“套路”，例如让某个 AI 程序写故事，第一个生成的故事可能看起来非常新颖，甚至有清晰的主线，让人感觉非常智能。但如果让 AI 再写几个，可能就会发现故事的结构大同小异，没有那么智能了。再比如语音助手的回应方式起初会让人觉得很智能，但如果后续每次遇到类似的问题时都是这一种回应，就会让人觉得呆板而没那么智能。因此为了让用户评估的结果更精准（毕竟真正使用时用户通常不会只跟产品交互一两次），我们要尽可能确保交互的充分性。三是智能感是一种直觉性偏见，应当让用户对每个问题快速给出一个直觉性的判断，以避免用户的过多思考对评估结果产生影响。

5. 智能感不是绝对的

长期来看，智能感的强度会随着 AI 水平的提高而变弱，或者说，人们对智能产品的预期会随其智能水平的发展而不断提高。就像两三岁的孩子刚学会自己穿衣服时，我们会惊呼“好聪明”“好厉害”，但过几年之后，我们会觉得一个六七岁的孩子能自己穿衣服没什么好大惊小怪的，也不会再因此夸孩子聪明。如今的 AI 尚处在蹒跚学步的阶段，人们对智能产品的预期也相对较低（炒作另算），例如看到汽车能从车位自动开到车库出口并在有行人时停车（这对人类驾驶员来说实在是轻而易举），大家就会觉得车辆很智能。但过一段时间，当所有车辆都能轻松完成这个任务时，大家的反应可能就没有这样强烈了。这里似乎有一个有趣的悖论：当良好的设计使智能产品逐渐普及并被人们接纳，以至于真正融入了人们的日常生活时，人们反而不会觉得它有多智能了。也就是说，好的设计会使产品的智能感在短期内提高，并在长期后回归常态，进而推动产品智能水平的进一步提高——融入生活并变得“普通”，也许这正是智能产品设计的最终目标。在设计评估（特别是用户评估）时，这意味着对整体及各层次智能感的纵向比较是不可靠的，比如今年打 7 分的 B 方案可能比去年打 8 分的 A 方案更好，因为若今年对 A 方案进行评估可能只有 5 分。而对同时期内不同方案或产品的横向比较是可参考的：要比较 A、B 方案的智能感，那么应使用相近时间点的评估结果。

6. 获取对问题的即时反馈

整体或分层评估只能了解大体情况，我们还希望借助用户评估发现有损智能感的细节。让用户与产品进行充分交互本质上是一种可用性测试。对于可用性测试来说，让用户在互动后指出问题点并不算是一个很好的办法，因为用户对交互过程的回忆往往并不可靠。更好的方法是由训练有素的评估师全程跟踪并进行视频记录，同时在必要时请用户澄清细节。这里要注意不能交流太多，以免干扰用户的思绪，更深入的讨论可以放在互动结束后再与用户进行。此处“发声思考”也是一个不错的方法，即让用户在与智能产品互动时将即时感受持续地、自言自语地说出来，从而既提高了问题描述的可靠性，又能够大大减少询问对互动产生的干扰。不过，这个过程对于发现已有的细节问题很管用，但难以发现当前设计未考虑到的智能层次，或是对每个层次的智能感水平进行评价，因而还是应与分层评估搭配使用效果更佳。

7. 建立智能感专家评估框架

通常来说，用户评估可以帮助我们发现“不好的地方”，但很难回答哪些方面可以更好，后者需要借助我称之为“卓越评估”的专家评估，先建立一个包含卓越产品设计思想和设计原则的评估框架，然后由经验丰富的 UX 专家基于框架对设计方案进行评估。作为体验的维度之一，“智能”本身就是卓越评估的一个重要方面。评估框架不是唯一的，你可以将所有与智能产品相关的（包括你自己总结的）设计原则纳入其中，并根据所设计产品的情况适当删减，从而得到合适的评估框架。我们会在第 4 部分详细讨论智能产品的设计原则，并给出一个“原则矩阵”，以供你在构建评估框架时参考。

8. 真实效率和效果的提升

体验（智能感以及主观感受到的达成目标的效率和效果）当然重要，但真实效率和效果的提升也不应忽视。我们可以设定一些能够衡量活动效率的客观指标（如任务完成时间、用户犯错次数等），而后使用“数据分析”的评估方法来检验 AI 介入后活动的效果是否真的得到了改善。这些客观指标虽不能替代主观感受，但能够帮助我们更好地理解产品的真实情况，进而可能找到一些能改善体验之处。同时，我们也可以通过营销的方式将指标的改善传递给用户，进而提升用户对产品的印象。需要注意的是，体验的直接来源是产品的外在表现，因而虽然一些技术指标（如自动闸机的人脸识别率）也能够间接衡量活动的效率和效果，但使用与活动直接相关的行为指标（如每分钟通过闸机的人数）往往更合适一些。此外，正如在讨论情境时所说，AI 不是人类的复制品，因而不能简单地将人类水平作为评估标准。例如在 2017 年，研究人员将 IBM 的医疗诊断 AI“Waston”在印度和韩国进行了测试[27]，发现 Waston 给出的治疗方案与印度医生给出的方案的一致度为 81%~96%，但与韩国医生给出的方案的一致度仅为 49%，那么这款智能产品是好还是不好呢？事实上，由于 Waston 是用美国医生的治疗方案训练出来的 AI，这样的测试结果只能说明美国医生与印度医生的治疗思路相似，与韩国医生的治疗思路不同，而无法说明 AI（及三个国家医生）治疗水平的高低。人类水平往往不是解决问题的最高水平，评估应关注 AI 介入后的效果较原有水平的改善（如病人治愈率的提高），而不是看它是否能够与人类“一较高下”。

图灵与巫师

值得一提的是，在做智能产品的用户评估时，有一个非常有用的工具，其名称颇具童话色彩，被称为“绿野仙踪”。

绿野仙踪也被称为“奥兹向导”，但它们其实源自同一英文名称“Wizard of Oz”，出自美国作家弗兰克·鲍姆（L. Frank Baum）的小说 *The Wonderful Wizard of Oz*。书名直译为“奥兹的奇妙巫师”，国内一般译为《绿野仙踪》。

在绿野仙踪的故事中，“伟大的巫师奥兹”其实只是一个没有任何魔力的小老头儿，他年轻时曾是一位热气球驾驶员，因一些机缘巧合乘热气球飘到这里，人们误以为从天而降的他拥有强大的法力,便推举他来统治这个地方。为了让谎言不被拆穿，奥兹用道具制造了美丽女士、大火球等不同的形象，然后将自己藏在幕后，用口技发出相应的声音与主人公们对话。在这个由技术制造的表象下，人们误以为自己是在与一位强大的巫师交谈，但其实面对的只是一个“套着巫师外衣的凡人”。

而在绿野仙踪测试中，被试者被请入一个房间，房间里有一个“产品”。研究人员会告诉被试者这是一个开发完成度较高的原型产品，但这个“产品”其实并没有真的用技术实现，它的所有行为都是由躲在另一个房间中的“巫师”（另一位研究人员）通过计算机远程操控的。比如，被试者在与计算机的对话框中输入“请给我放首歌”后，“巫师”通过向计算机输入文本“好的”来控制计算机在对话框中反馈的内容，并远程控制计算机播放某一首歌曲。由于“巫师”很难同时兼顾观察、访谈、记录等工作，因而绿野仙踪测试通常需要至少 2 位研究人员合作完成。在被试者看来，他是在与机器互动，机器的这些操作都是由它自己控制的，但其实他是在与“套着机器外衣的人类”互动。显然，这与奥兹的把戏如出一辙——这种方法被称为“绿野仙踪”也就不奇怪了。

绿野仙踪本质上是一种可互动的原型工具，这种原型的优势在于，允许用户在设计概念被技术真正实现前与之进行互动。绿野仙踪测试则是使用绿野仙踪原型的一种可用性测试，以尽早对设计方案是否符合用户的认知和行为偏好等进行评估，从而提高迭代效率，节省开发资源。尤其对于涉及数据收集、模型训练等复杂工作的智能产品来说，绿野仙踪测试可谓再合适不过。只是智能维度上的这种测试关注的不是操作上的障碍或便利，而是用户对智能机器行为的预期和用户对其做出的真实反应。人是非常复杂的生物，要对特定情境下目标用户的想法及行为进行正确预测是非常困难的。因而在实际的绿野仙踪测试中，我们经常会发现用户与产品的实际互动方式与我们的预期大相径庭，但这也正是绿野仙踪的价值所在——帮助我们直面现实，实事求是地设计产品，进而使产品向更容易制造基本超归因错误（第 7 章）的方向演进。

当我们将绿野仙踪测试与图灵测试进行对比时，会发现两者的思路非常相似，都是让人对“幕后之物”产生错觉。但两者的方向和目的不同：图灵测试是将机器藏在幕后，看用户是否会将机器误认为人，旨在评估机器的智能水平；而绿野仙踪测试是将人藏在幕后，让用户将人误认为机器，旨在验证用户的真实行为是否与我们的预期一致，如图 9-2 所示。

图 9-2　图灵测试与绿野仙踪测试

在构建绿野仙踪原型时，要考虑如何在不对功能进行真正技术实现的情况下，给用户营造出功能已经实现的假象。比如我们可以在与计算机相连的麦克风外套上一个智能音箱的模型，将其装成一个已经开发好的新产品。当然，这也需要一些技术，如将“巫师”（研究者）输入的文字转化成语音并通过麦克风播放，但这与真的训练一个 AI 模型相比要容易不少，且很多这样的系统搭建出来后还可以长期使用，毕竟它只是构建了通道，不涉及内容及具体的行动。至于具体要搭建什么样的系统，要视待测的设计概念而定，如果概念有实体功能，那么我们可能还需要制作一些仿真的物理按键，甚至能够被人工远程操控的指示灯或机械结构。另外，这个原型对“巫师”也要足够易用，以便让用户的操作可以得到及时的反馈，避免糟糕的交互流畅度对评估效果产生不利影响。

你可能会想，如果没有资源搭建这样的系统，是不是就没办法进行绿野仙踪测试呢？其实不然。绿野仙踪的核心思想是营造技术实现的假象，以便观察用户的真实反应，只要能够在一定程度上实现这个目的，任何形式的原型都可以使用。高度逼真的原型当然好，但在条件不允许时，我们也可以尝试一些相对简易的手段，甚至办公软件也可能成为搭建原型的工具。例如，图 9-3 是我的同事在项目早期阶段使用 PowerPoint 软件搭建的一个绿野仙踪原型，旨在评估车内“媒体控制”功能的语音交互设计。该原型的大致搭建过程如下：

（1）将设计好的语音交互流程编写到 PowerPoint 页面中。

（2）将流程中的所有语音内容用真人录音或软件生成的方式转化为音频文件。

（3）将音频文件插入流程中的相应位置。

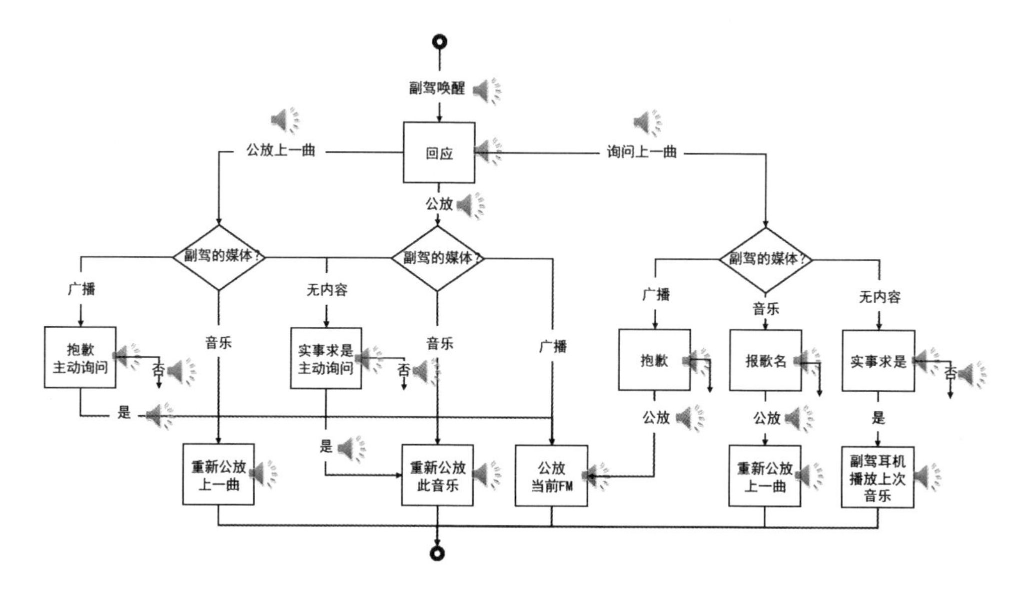

图 9-3　绿野仙踪简易原型示例（由胡刁凡提供）

在实际测试中，我们可以告诉被试者该语音功能只是一个“测试版本”，且其对问题的反应有时可能不会特别流畅。而后，“巫师”会根据被试者的实时输入选择页面上合适的音频文件来播放，假装系统可以自己生成语音反馈。虽然这样的原型在测试流畅度、灵活度等方面存在一定的劣势（这对于相对复杂的功能会更加明显），但我们还是可以在观察用户与其互动的过程中对真实用户的预期和反应形成有效的洞见，进而实现更加有效的设计迭代。可见，通过适当的设计（任何原型都需要设计），使用相对简单的工具也可以搭建出有效的绿野仙踪原型。在实际工作中，我们可以在理解绿野仙踪核心思想的基础上，根据方案及资源的具体情况设计出合适的原型。

第3部分

总结

在本部分，我们讨论了智能产品设计的心理学基础、思考框架、设计流程、使用情境及评估方法，这些工作都会对产品最终能给用户带来多少智能感产生深远的影响。

如今，尽管企业都宣称自己“重视用户体验”，但大多数企业都严重低估了创造优质体验的难度。缺少系统化的定义、设计思想、方法论及方法，无论如何重视，都难免偏离正轨。智能体验也是如此，很多企业觉得将 AI 技术搭载在产品上，然后实现一些所谓的“智能化功能”就万事大吉了，但这还远远不够。缺少完备的设计体系，甚至完全没有设计的参与，要构建出卓越的智能体验是极为困难的——这也是“强大 AI 技术”与“卓越智能产品”经常出现脱节的根本原因。

观念的转变很重要，企业必须意识到：

在产品层面，智能不是一个技术问题，而是一个设计问题。

我们曾说“有多少人工，就有多少智能”，对于智能产品，这个“人工”其实还包含大量的设计工作。从体验的角度，我们可以这样说：

有多少人工（对产品进行设计和开发），就有多少（带给用户的）智能（感）。

聊到现在，我们已经对产品智能的定义及其整个设计过程有了一个比较清晰的认识。但还差一个很重要的板块，那就是构建智能感时应当遵循的设计原则——也是第 8 章智能产品设计路径中“智能”维度所包含的原则。如果我们能有一套相对完整的原则体系，那么不仅可以系统性地思考设计方案，还可以对方案进行系统性的评估。

在下一部分，就让我们来详细探讨一下智能产品的设计原则。

第4部分
智能产品设计的70个原则

第10章

解放用户

智能机器的兴起对设计者的意义是什么？过去，我们必须考虑到人如何与科技互动。现在，我们还要考虑到机器的观点。智能机器一定需要互动、共生与合作，无论对象是人还是其他智能机器。

——唐纳德 · A · 诺曼《未来设计》

我们正身处于新一轮 AI 浪潮之中，“人工智能”早已成为街头巷尾热议的话题，搭载了各种 AI 技术或号称“智能”的产品也层出不穷。但就目前来说，关于智能产品在设计时应当遵循哪些原则，可供借鉴的资料并不多，拥有系统性框架的“原则体系”更是少之又少。

在《这才是用户体验设计》中，我曾指出“智能感设计”的基本思想是“卓越的产品能够像优秀的人类伙伴一样与用户进行互动”（这一思想在本书中得到了进一步的延伸），并将“优秀的人类伙伴”的特质归为三类：得力、有礼、贴心，这就是**智能感三要素**，如图 10-1 所示。在“三要素框架”下，我总结了 19 个典型设计原则[①],如“灵活响应用户的实时需求”“不傲慢”“预判使用场景”等。这些原则拥有一定的系统性，也为智能感的构建提供了有效的参考思路。

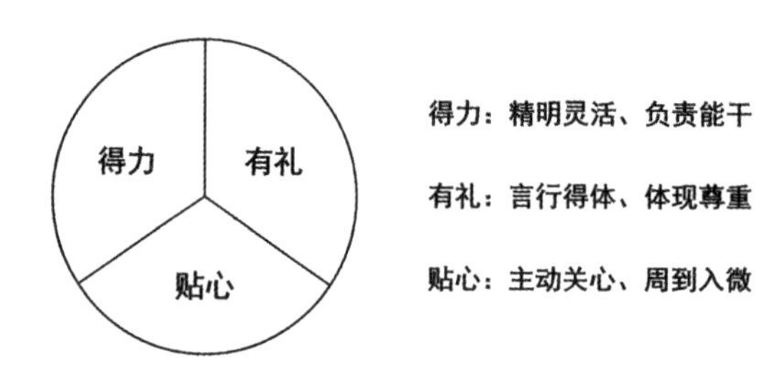

图 10-1　智能感三要素（摘自《这才是用户体验设计》）

① 其中部分原则参考自《设计的陷阱：用户体验设计案例透析》和《About Face 4：交互设计精髓》。

另一个原则框架是刘嘉闻和罗伯特·舒马赫在《人工智能和用户体验：以人为本的设计》中提出的**AI-UX框架**。该框架包含3个AI-UX原则或维度，第一个是情境[①]，从事AI产品研发的人应当了解其输出的情境，这包括与AI执行任务相关的一切外部信息（具体可参考本书第9章的讨论）；第二个是交互，AI在采取行动前，应当尝试与用户沟通，这是AI需要具备的体验，且交互过程需要精心设计；第三个是信任，信任对用户是否真的会使用AI至关重要，且信任非常脆弱，必须谨慎地设计出能让用户信任的智能产品。

尽管对设计工作具有不错的指导意义，但是，对于正变得日益复杂的智能产品来说，这两个框架还是显得有些单薄。因而在本书的这一部分，我将产品智能金字塔与智能感三要素结合起来，给出一个智能感设计原则的“矩阵框架”（我称之为**智能感原则矩阵**），以进一步提升智能产品设计工作的系统性。该原则矩阵有两个维度，横向是产品智能感所包含的几个主要方面，包括智能感三要素、外形及接受度，纵向是产品智能金字塔的6个层次（第0层“执行”不是真的智能，因而不在矩阵的讨论范围之内），如表10-1所示。在这个原则矩阵下，我们可以在每个层次上思考智能感的不同方面，或是在每个方面对智能感的不同层次展开设计，从而实现对智能产品的系统性思考。

表10-1 智能感原则矩阵

层次	得力			有礼	贴心	外形	接受
	解放用户	强化用户	智能沟通				
6. 自我							
5. 想象							
4. 干预							
3. 社交							
2. 空间							
1. 反馈							

这里有一点需要说明，尽管最近非常热门的AIGC类产品属于智能产品的范畴，但智能产品远不只有AIGC。我提出的原则矩阵旨在为更加丰富且多样的智能产品提供有益的设计指南，以帮助AI领域更好地利用新技术解决用户的实际问题，并为用户带来优质的使用体验，从而形成一个良性的发展循环。当然，作为智能产品的一

① 此书中将“context”译为上下文、场景、背景，对应于本书中的“情境”。

个重要分支，AIGC 类产品也可以利用这一原则矩阵来获取设计的建议与灵感。

卓越的智能产品至少应当是一名得力的助手，能够帮助用户出色地达成任务目标。《现代汉语词典》将得力定义为“做事能干；有才干”，要带给用户这样的感觉，我们可以从三个主要方面入手对智能产品进行设计。对于那些用户本就不愿做的环节，可以尝试用 AI 加以替代，将用户从这些烦琐的工作中解放出来，我称之为**解放用户**。而对于用户需要参与或希望参与的环节，可以尝试让 AI 在用户完成任务的过程中提供有力的支持或拓展用户的能力，以帮助其更好地实现目标，我称之为**强化用户**。除此之外，得力的助手还要做到**智能沟通**，这方面的内容我们留到第 12 章再说。

设计原则 1（得力感设计）：

卓越的智能产品应当能够以解放或强化的方式改善用户的任务，并在改善过程中与用户进行智能的沟通。

关于解放和强化，我们在具体设计时需要首先对达成用户目标的过程进行分析，以明确有哪些环节可以被 AI 解放，又有哪些环节可以被 AI 强化，而后再对每个可利用 AI 的环节进行精细化设计（这个过程可以参考第 7 章中对“服务”的讨论）。那么 AI 有哪些解放或强化用户的方式呢？这就是接下来两章将要讨论的内容。在本章中，我会在每个智能层次上提出利用 AI“解放用户”的设计原则，并给出一些现实中的产品案例①，为设计师设计智能产品提供有益的参考。

解放用户：从省力到省心

所谓“解放”，就是无须用户介入，产品可以独立完成相应的活动或任务。在这个意义上，所有处于产品智能金字塔 0 级的传统自动化产品，如全自动电饭煲、全自动传送带等，本质上都是对用户的一种解放——使他们不再需要在调整火候、转动传送带等任务上花费心力，甚至能够以远超人类的力量、速度或精度来完成工作。但由于只是机械地执行设定好的操作，缺乏对环境变化的灵活性，这些产品通常只能替代人类完成一些纯体力劳动。为了进一步解放用户，我们需要为产品增加一些智能的元素，用意识时空理论来说就是要增加一些“反馈回路”（第 4 章）。例如一种能在每天 6 时和 18 时自动开闭的路灯（0 级），由于不同月份的日出日落时间不同，固定的开闭时间会让路灯经常出现“天亮了灯没关”或“天黑了灯没亮”的情况，

① 部分案例参考自《智能产品设计》一书。

这样的路灯自然不会让人觉得智能，毕竟有智能的人类会根据天色的变化对路灯的开闭进行灵活的控制。要想实现相同的效果，我们可以委派专人控制路灯，但这不仅耗费人力，工作本身也非常无聊。显然，这是一个典型的可以被 AI 解放的环节。如果产品拥有了人类的这种"光线明暗→路灯开闭"的回路，就能够替人完成路灯的操控，进而让人觉得有点"智能"（1 级），这样的路灯自然也就可以被称为"智能路灯"。

设计原则 2（解放用户）：

卓越的智能产品应当能够独立完成用户所需的部分活动或任务，而无须用户介入。

当然，增加一个反馈回路只是解放用户的一种最简单的方式。借助产品智能金字塔，我们可以在 6 个层次上对"智能产品如何解放用户"这个问题进行思考。其中，1 级和 2 级侧重于替代人类完成体力性质的工作，如在上述例子中，跟踪光线变化并对路灯进行相应的操作主要就是在帮人"省力"。而 3 级及以上的产品需要实现一些脑力含量更高的行为，从而替代人类完成对生物智能要求更高的、更加复杂的工作，即帮人"省心"。

下面让我们先来看看"省力"的部分，它包括两个主要方面：接管简单回路和接管空间行动任务。

1 级解放：接管简单回路

如果你仔细留意用户的生活，就会发现很多由单个或多个环境因素和对环境变化的响应操作所构成的简单回路，例如"屋子冷了开暖气"就包含了一个"室温（环境因素）→开关暖气（响应操作）"的回路。这里的"简单"有两层含义，一是与空间行动无关（回路不涉及对空间环境的理解，也不需要进行移动、抓取物品等空间性质的操作，这些都是 2 级智能的范畴），二是不包含复杂的逻辑推演。对于人类来说，实现这样的回路需要完成三个方面的工作：一是识别环境的变化，二是确定合适的操作，三是执行操作。例如，对于"屋冷开暖气"的操作，需要先识别温度的变化，然后将这种变化转化为打开或关闭暖气的操作，最后完成对开关的控制，如图 10-2 所示。

图 10-2　简单回路

如果产品能够接手上述三类工作，就可以将用户从这些简单回路中解放出来。那如何接手呢？传统自动化技术虽然擅长执行，却缺少对环境变化的灵活性。为了实现这种灵活性，我们需要使用感知设备（如温度传感器）来对环境进行识别，并针对具体功能给出一套“确定合适的操作”的有效算法（如“当温度低于 18℃时打开暖气阀门，当温度等于或高于 18℃时关闭暖气阀门”)，从而将传统的“自动”变为“智能”。也就是说,回路中的“智能部分”是从环境感知到决定要执行操作的过程，这也是我们在思考 1 级解放时需要关注的主要内容。

设计原则 3：

卓越的智能产品应当能够接管用户生活中由单个或多个环境因素和对环境变化的响应操作所构成的简单回路。

对于环境因素的识别，设计师需要思考有哪些因素可能会直接或间接地对用户的体验产生影响。例如除室温外,用户的“衣服厚度”可能也会影响用户的冷热感受，这是一个直接因素。但衣服厚度不易测量，我们可以尝试寻找一些能够有效反映用户衣服厚度的因素，如季节、穿衣习惯等，这是一些间接因素。在这个问题上，情境（见第 9 章）尤为重要，因为只有深入理解用户的真实生活，才能发现那些不易察觉但可能对预测合适操作有益的环境因素。同时，设计师还应思考如何有效地获取这些因素的数值，以及相应的成本是否合理、是否有隐私风险等问题，并最终确定产品需要识别的环境因素。

再说操作的执行，“执行”本身的实现通常是工程师们负责考虑的问题，而设计师在这里主要关注的是有哪些操作可以有效改善用户的体验。这需要跳出传统产品的定式，从用户生活出发来思考更多的操作可能性。例如，除了空调和暖气，我们还可以通过控制门窗开闭（甚至开闭幅度）、调整地毯或坐垫温度、改变灯光颜色（冷暖色）等方式来改善用户在室内的冷暖感受——显然，从情境出发更有可能发现这些有用的操作。

最后是确定合适的操作，这部分可以被看作以识别到的环境因素为输入，以需要执行的操作为输出的一个“决策模块”（如图 10-3 所示）。设计师的工作主要是明确具体的输入输出关系，例如对智能路灯来说，这可能是光照强度与路灯开闭的关系，而对智能电饭煲来说，这可能是不同季节、天气和地域与（用来控制自动加热过程的）“温度曲线”上各温度值的对应关系。那如何确定这些关系的具体数值呢？我们往往需要借助系统性的用户研究与测试，先明确合适的数值确定标准（例如将“90% 的用户认为暗到影响路上活动”的光照强度设定为路灯打开的条件，或将某环境下烹饪出“95% 的用户觉得口感好的米饭”的温度曲线设定为该环境下的理想输出），然后邀请真实的潜在目标用户对相关因素（如光照强度）进行评价，并基于相应的标准确定输入或输出在关系中的具体数值（如 90% 用户认为暗的光照强度为“100Lux[①]”）。

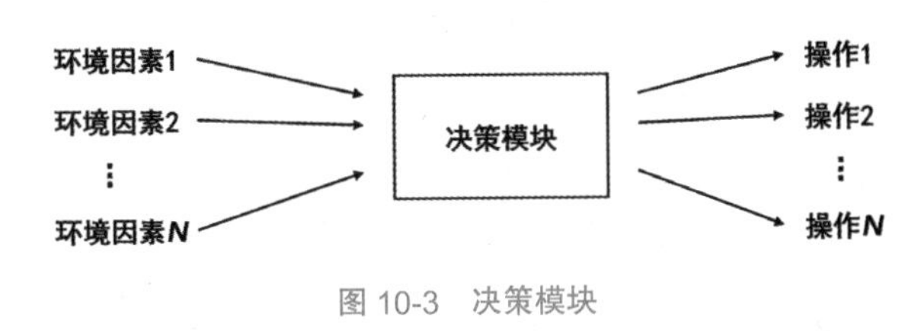

图 10-3　决策模块

明确了决策模块的输入输出关系，剩下的工作就是找到某种规则或算法，使其在特定环境组合下得到期望的输出。以之前提到的“屋冷开暖气”为例，如果决策模型只有一个“室内温度”的输入和一个“暖气开关”的输出，其内部机制可以是：

若输入值小于或等于 16，则输出“开”；若输入值大于 16，则输出“关”。

而后，我们就可以将决策模块与温度传感器（感知模块）和自动暖气阀门（执行模块）组合起来，最终使暖气实现根据室温变化的智能开闭行为。当然，这只是一种最简单的“智能”实现方式，其所带来的智能感也很弱。为了让产品表现出更加智能的行为，我们往往需要对环境进行更全面的了解（如“室温＋季节”），同时执行更加复杂的操作（如“暖气＋窗户”）。对决策模块来说，更多的输入和输出意味着更加复杂的输入输出关系，其内部机制也很可能因此变得非常复杂。你可能已经注意到了，图 10-3 与监督学习（见附录 B）的形式非常相似，因而在面对更加复

① 勒克斯（Lux），光照强度单位，指单位面积上所接受到的可见光的光通量（参考百度百科词条“光照强度”）。

杂的输入输出关系时，深度学习等机器学习模型可能会是非常不错的选择——在这个意义上，设计师所做的其实是给机器学习技术提供一个能够大概率为用户带来优质体验的“数据集”。不过，正如我们在第 6 章中所说，同一种行为可以有多种内部实现机制，考虑到成本等因素，机器学习不见得就是最佳答案。在实践中，采用何种技术，以及技术的实现细节，都需要结合具体问题加以斟酌，而这些就是 AI 工程师更擅长的领域了。

关于设计与工程的关系，有句话叫“设计师提出问题，工程师解决问题”。这里的“问题”并非设计师臆想的用户需求，也非通过设计调研挖掘的用户需求，而是能够满足用户需求的产品行为。设计师必然是要出方案的，但其给出的是行为和形态层面[①]的解决方案，即一种“外在表现”，还没有被技术真正实现。对于工程师来说，这些方案依旧是一种待解决的“问题”。因此，我认为对两者关系更为清晰的表述是“设计师（通过解决用户问题）提出工程问题，工程师解决工程问题”。在智能产品语境下，设计师的主要任务是定义能够为用户带来智能感的产品行为，而工程师的主要职责是找到能够有效实现这些行为的内部机制及基础技术。当前，很多企业都将关注点放在解决工程问题上，但若想做好智能产品，在“工程问题”的建立上也应下足功夫，而这也正是设计师的价值所在。

最后再讨论几个设计要点。

第一，“感知设备”并不局限于传感器，也可以是摄像头、麦克风，甚至互联网、物联网。例如智能雨伞不一定非要自带湿度、温度等传感器，也可以通过互联网或其他设备（如蓝牙连接手机）来获取天气信息。当然，这些信息实质上也是通过感知设备来获取的。此外，感知、决策和执行三个模块也可以在物理上彼此独立，并通过蓝牙等方式建立联系，即以物联网的形式来构建产品。例如，一个安装在客厅的“智能管家”产品通过安装在卧室墙壁上的传感器获取卧室的温度，再控制卧室暖气管道上的阀门，同样可以实现“屋冷开暖气”的智能行为（只是用户会认为智能的是能够灵活做出开关暖气决策的“管家”而非暖气）。

第二，尽管更智能的行为往往需要更多的传感设备、更复杂的策略及更复杂的操作，但并不表示越多或越复杂就越好。如果“2 个输入 + 简单逻辑 +1 个输出”所表现出的产品行为给用户带来的智能感达到了我们的预期，就没有必要再增加输入或输出，或使用深度学习等复杂模型，以避免投入不必要的资源或成本。我们应参

① 在《这才是用户体验设计》中，我曾提到产品从抽象到具象的过程会经历策略、机制、信息、呈现 4 个层次，两者并不矛盾，因为 4 个层次的工作最终都会落在产品的行为和形态上。另外，“形态”不只是外观样式，还包括产品的功能架构，即产品由哪几部分组成及各部分间的关系是怎样的。

考简约设计的“少即是多”原则，在满足体验要求的前提下，尽可能对产品进行简化（砍掉不必要的部分，或采用更简单的决策机制或操作），最终实现“刚刚好”的产品。

设计原则 4：

卓越的智能产品应在满足体验要求的前提下尽可能简单，以实现“刚刚好”的产品。

第三，在产品层面，智能是一种体验，因而一切设计工作最终都要落在体验上。在输入输出的选择上，这意味着我们要考虑所有能够影响主观感受（而非客观世界）的环境因素和操作，例如要让用户觉得温暖，除了真的用暖气提高室温，我们还可以通过将室内灯光调成暖色来提高房间给用户带来的“心理温度”。反过来，如果某个环境因素发生了改变，或某种操作改善了客观环境，却不能对用户的感受产生明显影响（只有影响到用户的体验才需要有响应操作），那么它对产品来说就是不需要的。而在输入输出关系的确定上，路灯的光照强度降到多少算“暗”，按温度曲线煮出来的米饭是不是“好吃”，都要以用户的体验为依据。此外，正如在第二点中所说，要实现“刚刚好”的产品，也应以产品的体验目标为标准来展开简化工作。

设计原则 5：

智能产品的一切设计工作最终都要落在真实目标用户的体验上。

2 级解放：接管空间行动任务

产品智能金字塔的 2 级是“空间”，在这个层次上解放用户意味着接管用户的空间行动任务，如自身移动、抓取物品等，这很容易让人联想起那些拥有精密机械结构的“机器人”。不过，这些产品并非都能达到 2 级智能的水平。例如一些在生产线上的工业机器人只能按照预设好的动作抓取和搬运零件，这样的机器人哪怕能完成复杂且精细的操作，但由于缺乏对环境变化的灵活性，它们所做的依然只有执行，即属于 0 级的水平。

对智能产品来说，感知和决策能力是必不可少的。1 级智能往往只有“感”[①]，即

① 也有部分 1 级智能产品有“知”，如人脸识别过程需要从摄像头获取的图像（本质上是一系列像素点）中识别出人员身份，而后根据识别的结果决定后续操作（如开门），在这种情况下，AI 技术的使用位于决策模块之前，是感知模块的一部分。

收集环境相关的客观信息，而 2 级智能还有“知”，能够对客观信息进行处理，形成对环境状况的综合判断。在此基础上，2 级智能还需要结合用户的活动目标制定合理的空间行动方案，并控制执行模块完成空间操作。通常来说，自由灵活的空间活动需要很多回路的共同参与，且每个回路包含大量的子回路（如识别小猫的“知”的过程可以被视为“图像→小猫”的回路），这使得 2 级智能无论在产品复杂度还是实现难度上都远比 1 级智能高得多。但如果能够实现，就可以将用户从大量繁复的体力劳动中解放出来，也会给用户带来更多的智能感，因而我们在构建产品时还是要在如何接管用户空间行动任务方面进行充分的思考。

设计原则 6：

卓越的智能产品应当能够接管用户生活中的部分空间行动任务。

当然，技术实现并非设计工作的重点，作为设计师，我们主要考虑的是产品所表现出来的智能行为。对于在 2 级水平上解放用户，扫地机器人提供了一个很好的例子。我们可以思考一下，扫地机器人是否完全替代了“扫地”这项工作？其实并没有。当前的扫地机器人比较擅长清理大面积水平面上的灰尘，但在面对楼梯、夹缝、墙根、角落及大块杂物时却十分吃力。这种限制主要源于产品的形态，毕竟“大圆盘＋小轮子”的结构不具备很高的空间灵活度，而更深层次的限制是当前只有基于轮子的平面自动行驶（与汽车自动驾驶同源）等少数空间行动技术能够以较低的成本应用于用户的日常生活。但是，这并不妨碍扫地机器人成为一种非常热销的智能产品。

由此可见，智能产品并非一定要接管用户生活中的所有任务，如果能够解决一部分，且这部分工作在用户生活中的占比足够高（接管地面清灰工作帮助用户免去了可观的劳动），那么智能产品依然会得到用户的认可。同时，智能产品既不必要模仿人类的空间操作方式，也不必要拥有人类的身体结构，就像扫地机器人这种“不会用扫帚的圆盘”同样可以做好地面清灰，甚至在打扫床底等情况下比“人＋扫帚”做得更好。同样的道理，“汽车”本身就可以是机器人的一种形态，因而智能驾驶机器人也不需要真的做成“能坐在车里开车的人型机器”。也就是说，尽管依靠当前的技术还无法实现人类水平的自由空间活动，但我们可以后退一步，仅确保产品能够以更符合当前技术特性的方式完成特定任务所要求的空间操作，从而降低技术实现难度（甚至可能比人类做得更好），使产品更快地在 2 级水平上为用户创造价值。

设计原则 7：

卓越的智能产品应当以符合当前技术特性的方式完成特定任务所要求的空间活动。

另外，我们还要注意让产品的空间行为看起来足够“聪明”。如果扫地机器人总是反复清理同一个区域，或是动不动就卡在那些一看就不适合圆盘移动的地方，哪怕能完成任务，用户还是会觉得它不太“聪明”。情境分析尤为重要，设计师需要尽可能考虑产品在真实情况下可能遇到的每种情况，并给出可能的应对策略。需要注意的是，发生频率较低的场景经常被冠以“特殊”或“极端”的前缀，给人一种不如“普通场景”重要的感觉，但从用户的角度看可能并非如此。举个极端点儿的例子，如果扫地机器人每行驶 8 小时就会被卡住一次，那么对于白天不在家的用户来说，每次回到家都会看到产品被卡住，这样的产品就很难让人觉得“聪明”，因而从用户感知的角度来判定场景发生的频率会更加有益。

最后，对于不能替代的空间任务，我们的产品也不见得一点儿忙都帮不上，例如由 HyeonCheol Lee 设计的“Handy_VA 可拆卸式吸尘器”。这款产品本身是一台扫地机器人，但其机身上搭载了一个“手持模块”，用户可轻按机身上的按钮将其弹出，并用其对沙发等机器人难以清洁的地方进行手动吸尘，相当于一个手持式吸尘器（如图 10-4 所示）。而后，当用户将手持模块归位时，机器人会自动将其中的灰尘转移到自己的集尘袋内——这其实也是替用户完成了“处理手持模块所吸灰尘”的任务（0 级）。以这种方式，产品既为自己不擅长的任务提供了设备支持，还接管了更多工作，这显然有助于使用体验的提升。智能产品不能只盯着智能感，设计师需要不断思考：产品还能为用户做点什么？以及还可以提升产品在哪些维度上的使用体验？

图 10-4 可拆卸式吸尘器（使用场景示意）

设计原则 8：

卓越的智能产品应当尝试在自身不能接管的空间行动任务上为用户提供支持。

3 级解放：接管社交任务

从 3 级开始，智能产品需要合理分担用户那些对脑力要求更高的工作，即帮助用户“省心”。先来说 3 级，事实上，绝大多数智能产品（包括恒温器和扫地机器人）应当具备与用户进行良好沟通的能力，我们会在第 12 章对这个话题做详细的探讨。而在本章，我们考虑的是解放用户的问题，因而仅讨论产品替用户完成社交任务的情况。

设计原则 9：

卓越的智能产品应当能够接管用户生活中的部分社交任务。

3 级解放的一类典型任务是**定向信息获取**，这里的“定向”指信息都是完成某一特定活动所必要的，如火车票预订的定向信息包括火车出发日期、车次、旅客身份证号码等。如今，我们可以通过网站或手机 App 获取定向信息。但在酒店、公司等场所，还是需要前台服务人员通过电话或当面对话的方式获取信息，而这些工作往往比较枯燥，我们可以考虑让产品通过与人对话的方式获取定向信息。例如，谷歌于 2018 年春季发布的 Duplex 曾引起了不小的轰动，该系统能够以与真人极为相似的方式接打客人的电话。不过，即便是强如谷歌的世界级公司，费了九牛二虎之力搞出来的系统也只能完成预订餐厅座位、预约理发时间、查看某些商铺营业时间这三件事，甚至软件的测试版本在安卓手机上公开发行时只剩下预定餐厅座位这一个功能[25]。可见，以目前的技术水平，要让 AI 接替此类工作有不小的难度。当然，AI 技术也在进步，比如 ChatGPT 将人机对话的水平推到了新的高度，也为 AI 沟通能力的提升打开了一扇窗户，我们会在第 12 章更深入地讨论意图沟通及大语言模型的话题。

智能产品还可以替代交流过程中的**翻译**任务，也就是我们常说的“机器翻译”。尽管当前的机器翻译技术距离实现“信达雅”的高水平翻译尚有差距，但对于很多生活场景（如在国外旅行时翻译餐谱上的内容）已经拥有了比较不错的实用性。在这个方向上，设计师需要思考如何更好地将翻译技术嵌入日常生活，以提高用户完成活动的效率。例如，“网易有道词典”App 将文字识别与机器翻译等技术结合起来，实现了“拍照翻译”功能。在翻译菜谱时，用户只需拍下菜谱的照片，App 便会自动识别并翻译照片中的文字，然后将图上的原文替换为翻译后的文字（如图 10-5 所示）。如此，用户就可以直接看到一张“中文菜谱”并方便地截图保存，而无须将菜谱上的文字逐个输入翻译软件中进行翻译。如果数据传输和处理速度足够快，我们还可以进一步实现“翻译眼镜”(将看到的内容实时替换为中文)或“同声传译耳机”(将听到的内容实时替换为中文语音)。在哆啦A梦的漫画中，有个神奇道具叫“翻译魔芋片”[32]，吃下它后就可以方便地进行跨语言沟通，而智能产品正在将这一道具变为现实。

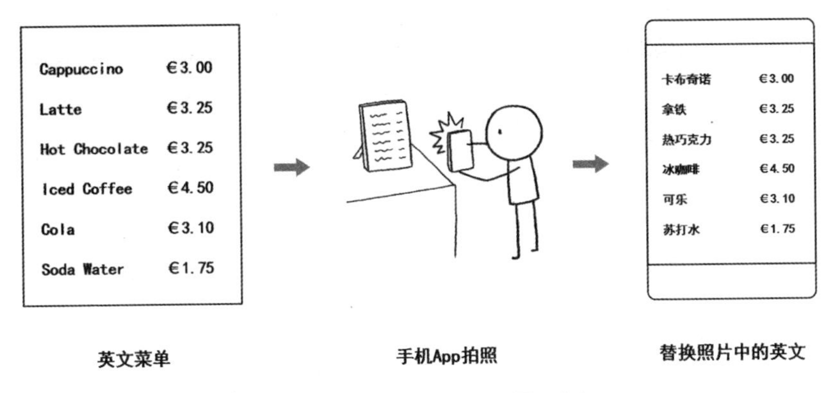

图10-5　拍照翻译（使用场景示意）

4级解放：接管逻辑工作

4级智能的关键词是“因果”，涉及因果逻辑、时间概念、短期计划、正向推演和工具使用等，我们可以尝试让产品接管用户在这些方面的任务。目前来说，AI技术尚不具备因果推断的能力（见第4章），这限制了4级智能行为的实现，但我们还是可以在一定程度上通过精心设计让产品看起来拥有这样的能力。下面我会讨论三个可能的方向，但只是抛砖引玉。人类的逻辑性工作种类繁多，且AI在未来也可能逐渐具备一定的因果推断能力，我们可以在用户情境的基础上，不断尝试用最新的技术构建智能产品，将用户从更多的脑力工作中解放出来。

设计原则10：

卓越的智能产品应当能够接管用户生活中的部分逻辑性任务。

第一个方向是**逻辑性预警**，即产品能够对未来可能存在的风险进行预判，并在合适的时间提醒用户，让其得以提前做好准备——这需要产品拥有时间概念，并能够从当前状态出发基于合理的逻辑对未来可能发生的情况进行正向推演与估计。例如我们可以设计一把“智能雨伞”，让其定期将用户未来一段时间的行程与相应时段的天气预报进行比较，若出门时下雨的概率较大则向用户的手机发送预警；同时，若用户出门时依然忘记带伞（可通过智能门锁等产品判断用户出门的行为），那么雨伞还可以通过语音等方式提醒用户“记得带上我”。在这个例子中，逻辑推演的工作其实是由设计师完成的，雨伞只是按照要求对数据进行了处理，而非真的知道“如果不带伞用户就会被淋湿”。当然，这并不影响其给人一种能够进行因果推断的感觉。需要指出的是，预警属于“报警”的范畴，而还有一类“报警”是即时的，例如由 Berk Ilhan 设计的“GÖZ 浴室警报系统”包含一个智能灯泡，能够通过传感器自动检测用户是否摔倒，并向用户的家人发出警报。但这类报警功能接管的只是一个“传感数据→报警”的回路，并不涉及推演过程，属于 1 级解放的范畴。即时性报警让用户不用总盯着是否有状况发生，而预警让用户不用费脑子推演事态的发展——前者节省了体力，后者则节省了脑力。

设计原则 11：

卓越的智能产品应当具有对未来风险的预判能力，并在合适的时间提醒用户做好准备。

第二个方向是**工具使用**。拥有高级智能的生物能够寻找有效的工具来解决问题，如用坚硬的石头砸开核桃，因而我们也可以尝试让产品（至少是看上去）能够利用工具来完成任务。例如，扫地机器人如果能够通过物联网等手段控制电梯将自己送到特定楼层（如图 10-6 所示），就可以实现纵向的空间移动，解决跨楼层地面清灰的问题——“能自己坐电梯的扫地机器人”显然比普通的扫地机器人看上去要“聪明”许多。事实上，如今的一些扫地机器人已经具备了搭乘电梯的能力，如科沃斯（ECOVACS）的商用清洁机器人“DEEBOT PRO M1”就拥有自主乘梯功能，能够“兼容主流电梯品牌，与电梯互联，实现跨楼层清洁”[34]。

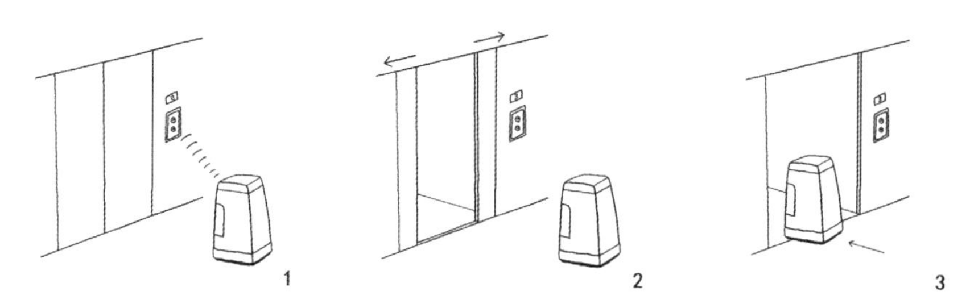

图 10-6 搭乘电梯的扫地机器人（使用场景示意）

设计原则 12：

卓越的智能产品应当能够利用工具来拓展或提升自身完成任务的能力。

第三个方向是**制订短期计划**，如健身计划、学习计划、旅行计划等。目前已有一些产品包含此类功能，比如健身 App“Keep”能够根据用户的身体信息、运动类型偏好、运动时长偏好等生成定制化的训练计划。要想让产品能够制订出有效的计划，设计师需要思考如何获取计划所需的用户信息（如连接智能手环、连接智能体脂秤或让用户填写表单等），并需要足够的专业知识和经验来构建合理的计划生成系统——这显然需要领域专家（如健身专家、职业营养师）的支持。此外，如果用户未按照计划执行，例如外出几天未健身，或在健身过程中发现有些动作不适合自己而更换动作（产品最好能通过手环等方式自动了解这些情况而无须用户手动输入），更加智能的产品应该能够对计划进行灵活的调整。当然，在调整计划前，产品还是需要与用户进行充分的沟通，并允许用户继续按原计划实施（此时应修正预期目标，并让用户知晓）。

设计原则 13：

卓越的智能产品应当为用户制订出有效且个性化的短期计划，并能结合用户对计划的执行情况对计划进行灵活的调整。

5 级解放：抽象与创意

5 级解放的关键词是“想象”，旨在接管用户生活中与抽象和创意相关的高级脑力工作，如中长期规划的制定、科学理论构建、艺术创作等。如果机器真的具备这样的能力，那么甚至可以代替人类完成智能产品的设计工作。但很遗憾，由于不具备因果推断等方面的能力，想让产品看上去有 5 级水平（对内部机制没有要求）甚至都是非常困难的。即便是针对特定任务进行设计，由于抽象和创意性的任务往往非常复杂，要将其过程梳理清楚并编入产品，使其看起来拥有这些方面的能力并非易事，这也是目前此类产品极其罕见的原因。当然，随着技术的发展，产品在 5 级水平解放用户的想象空间还是非常大的，设计师应当结合最新的技术在这个方向上不断努力尝试。但我们在本章不做过多的畅想，仅讨论目前已经实现的一类能够**接管具象化创新性工作**的产品，这就是近来非常热门的“AIGC”（利用人工智能生成内容）。

设计原则 14：

卓越的智能产品应当能够接管用户生活中的部分抽象和创意性任务。

我们曾在第 5 章中提到过 AIGC，简单来说，AIGC 指利用 AI 算法让计算机生成对人类有价值的文本、图像、视频、音频等各种形式的“内容”文件。依靠深度学习、强化学习等新兴 AI 技术，当前的 AIGC 产品已能够生成很多带有一定创意属性的内容。以 AI 绘图为例，用户只需通过文字描述、参数设定等方式给出绘图需求，AI 就可以快速生成一些具有特定主题、元素、风格且画质细腻的图像供用户挑选。目前，AI 绘图是商业化水平较高的一类 AIGC 应用，相关产品有 Midjourney、Stable Diffusion、微软的聊天机器人 Bing Chat（由 OpenAI 公司的 DALL · E 提供图像创建服务）等。这些 AIGC 产品的主要工作是将人类的抽象创意具象化，虽然创造出的内容尚无法超越人类已有的水平（深度学习等技术的局限性），但从“生成新奇内容”的角度，其价值是显而易见的。这类 AIGC 产品能够将用户从大量脑力劳动（对画面细节的构思）和体力劳动（上手作画）中解放出来，对于那些时间紧张且创意要求不算很高的绘画任务来说更是帮了大忙。例如在设计调研时，我们经常需要借助图片来展示生活场景、外观风格、用户故事等，如果智能产品能够替代这部分工作，那么显然可以有效提升调研活动的效率。以在调研时展示“找车难”这一问题的示意图为例，我们可以向 Bing Chat 输入文字描述“画一个在停车场，离车很远，找不到车的中年人，以漫画形式”，其生成的其中一幅图像如图 10-7 所示（原图为彩色）。这样的图片对于设计调研来说通常是够用的，设计师不仅要利用 AI 技术构建更好的智能产品，也应当充分挖掘已有智能产品的潜力，以有效改善自身工作的效率。

图 10-7　Bing Chat 生成图像示例（生成时间：2023.07.07）

在设计 AIGC 产品时，设计师需要思考有哪些活动包含内容生成的任务，以及如何将 AIGC 产品嵌入用户的活动中。产品与用户的沟通尤为重要，毕竟“高质量的内容”不见得就是“满足用户需要的内容”，如果用户不能将想法有效传递给产品，那么再强大的 AI 算法也难以生成让用户满意的内容。然而，当前很多 AIGC 产品的“界面”对普通用户并不算友好，有点儿像计算机发展早期那些只能由专业人士操控的软件。要想让 AIGC 惠及大众，设计师需要跳出传统界面的框架，重新思考更符合 AIGC 特点的新一代用户界面。

6 级解放：主动尽责

6 级智能的关键词是“动机”，即产品应当在 1 到 5 级水平的能力之外拥有一定的主动性，而不是只知道等待用户的指令，“推一步走一步”。例如，扫地机器人能够根据用户的语音指令自行去充电座充电，这是 2 级解放（接管了空间行动任务），但用户还是需要经常想着让机器人充电这件事并在需要时发出指令。拥有主动性的扫地机器人则不同，就像人饿了要去觅食，这种机器人会在需要补充能量时自己跑去充电座充电，而无须用户介入（如今大多数扫地机器人都会如此），因而“拥有主动性”本身就是对用户的一种解放。很显然，作为用户的一名得力助手，“主动尽责”是智能产品应当具备的品质。具体来说，产品接管的是用户“在动机驱使下发出任务指令”的工作，而任务本身则可能涉及解放或强化用户的各个方面。例如前文提到的“预警”（4 级）若是产品根据用户的需要主动发出的，而非用户事先要求的，则也包含 6 级解放的成分。当然，无论何时，主动性都需要符合用户的实际需要，尽管胡乱甚至不听指挥的主动也可能带来智能感（觉得机器有自己的想法甚至想要摆脱人类的控制），但绝对谈不上“得力”，也称不上是一个好的智能产品。

设计原则 15：

卓越的智能产品应当能够以符合用户实际需要的方式主动解放或强化用户，而无须等待用户发出指令。

除了在用户发出指令前主动完成工作的**说 0 做 1**，6 级解放还包括**说 1 做 *N***，即在用户发出指令后，主动完成其他相关的必要工作，而无须用户逐一发出指令。例如，当用户在炎热的夏天要求车辆从露天停车场自动驶出时，车辆会主动提前打开空调让车内凉下来，这样当其抵达时，用户便可以直接上车出发——不仅减少了打开空调的操作，也让出行更加流畅且舒适。

设计原则 16：

卓越的智能产品应当能够在用户发出指令后，主动完成其他相关的必要工作。

在《微交互：细节设计成就卓越产品》一书中，Dan Saffer 认为任何微交互都始于手动触发或系统触发，而后者“无须用户介入，只要满足条件（一个或多个）就会自动触发”。在这个意义上，实现 6 级解放的本质是在理解情境的基础上，将活动中需要手动触发的任务尽可能地转变为由系统触发。尽管 6 级解放的核心是“主动性”（系统能够自动触发）这件事本身，但要主动完成任务，产品势必要完成从动机到任务的转化，这需要设计师仔细思考任务的触发方式（触发条件及触发内容），例如“收到出停车场指令 + 车内温度高于 22℃→打开空调”。需要指出的是，6 级解放的关键是“用系统触发替代手动触发”而非“系统触发”，因而不是所有的系统触发都属于 6 级解放。例如由产品接管的反馈回路（1 级解放）本来就不需要手动触发，自然也不存在对手动触发的替代或 6 级解放。

此外，6 级解放还应建立在信任的基础上。如果对产品做决策的能力不信任（如担心想用车时车辆却擅自跑出去充电），那么用户可能根本不会允许产品展现出任何主动性，对主动性做再多的设计都没有意义。关于如何建立信任的问题，我们会在第 14 章详细讨论。

解放与人类参与

下面让我们讨论几个与“参与”有关的话题。

首先是“有人类参与的解放”，这似乎有悖解放用户的初衷——既然要努力让产品接管人类的工作，那么为什么还要考虑让人类参与其中呢？主要的原因在于，受制于当前 AI 技术的水平，用户的很多任务尚无法完全被产品接管。在某些条件下，仍需要人类介入才能完成任务，即“解放了但没完全解放”。例如，智能客服系统虽然能够代替前台人员回答顾客提出的常见问题，但不擅长应对全新或特殊问题，因而往往需要人类的介入，这就是我们在手机 App 上经常见到的“转人工”按钮——当对机器的回答不满意时，顾客能够要求人类直接介入，以便快速解决问题。在另一些情况下，产品会主动寻求人类的介入来完成任务，如自动驾驶汽车在遇到自身无法处理的情况时，可以提示驾驶员重新接管车辆的控制权，或请求专业人员通过网络远程控制车辆，甚至直接呼叫现场救援。

在这些情况下，人类是智能产品的一种补充，也就是我们在上一章中提到的“人类增强的机器”。虽说这是智能产品发展的一个过渡状态，但在如此复杂的世界中，很多产品在相当长的时间内都不得不处于这种过渡状态，因而也需要设计师认真思考合理的人类参与方式。这里的要点在于，即便告诉用户有接管任务的可能，用户也不可能时刻盯着产品的工作，毕竟人的注意力是有限的，特别是对于那些极少需要人类介入的任务，你甚至需要先让用户意识到“产品遇到麻烦”这件事。因而对于有用户参与的解放，我们需要精心设计产品请求用户介入的过程，以一种自然且不恼人的方式引起用户注意，并告知用户发生了什么，以及有关该如何做的建议。需要指出的是，在 2 级解放中提到的 Handy_VA 可拆卸式吸尘器并不属于人类增强的机器，因为“地面清灰”和“沙发清灰”是两项不同的任务，产品并没有在地面清灰任务中寻求人类介入，只是将人类完成沙发清灰任务的工具（手持式吸尘器）集成在自己身上。

设计原则 17：

卓越的智能产品应当在遇到自己难以处理的情况时能够根据用户指令获取或主动寻求人类介入，以便快速解决问题。

另一种需要考虑人类参与的情况与解放本身无关，而是在解放用户后，允许用户对产品所接管的工作的输出进行调整。用户需要“控制感”，即一种“一切尽在掌握”的感觉[31]。产品能解放用户当然好，但有些时候，用户不希望因此丧失对任务的控制力。例如，健身 App 能够根据用户的情况和健身目标量身定制训练计划（4 级解放），但如果用户对计划的细节不满意，也应当允许其对计划进行修改，而产品也能够根据调整的内容对预期目标进行修正。智能恒温器（1 级解放）也是如此，产品应当允许用户根据需要手动设置室温。简而言之，无论何时，设计师都应当考虑在解放用户的同时为用户保留一些对结果施加影响的能力。事实上，这个调节的过程本质上也是一种用户对产品输出的反馈，产品可以借此机会学习用户的偏好，以便在未来工作时输出更符合用户要求的结果。

最后再讨论一下“参与感”。有些时候，用户希望拥有对活动的参与感。例如饲养花草这样的休闲类活动，用户可能不愿只做一个花朵成长的旁观者，而希望在其成长的过程中融入自己的努力，并享受种植的乐趣。如果产品接管了过多的饲养任务，那么不仅会剥夺用户的参与感和乐趣，也会让植物成熟给用户带来的成就感大打折扣。因此，我们在思考如何解放用户时，不能仅从产品的能力出发，还要基于用户的参与需求对活动中的任务进行分析——哪些由产品做，哪些由用户做，哪些可以让用户选择由谁来做。在这方面，Niwa 公司的“Niwa ONE 智能盆栽设备”为我们提供了一个很好的例子。这款产品能够根据植物的生长需要提供最适宜的生长环境，还能接管浇水、补充养分等工作，从而让用户无须操心植物的培育过程。不过，对于那些希望享受种植乐趣的用户，Niwa ONE 也允许他们为植物定制种植方案，从而有效提高了这些用户在种植活动中的参与度（如图 10-8 所示）。此外，对于用户选择参与的任务，产品也可以通过为其提供建议的方式来对用户进行“强化”，我们会在下一章讨论这个主题。

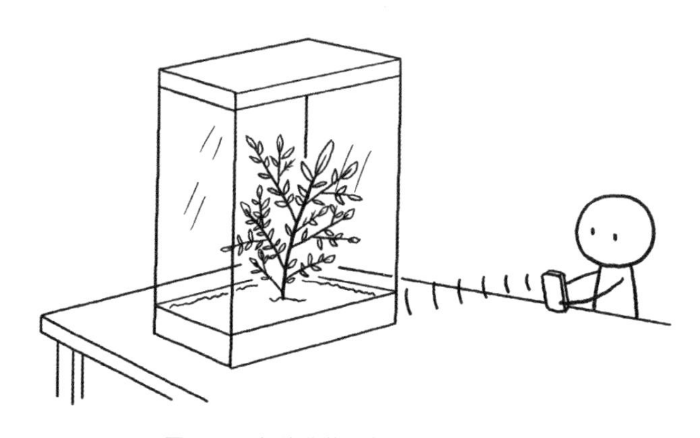

图 10-8　智能盆栽设备（使用场景示意）

设计原则 18：

卓越的智能产品应当在解放用户时为用户保留足够的控制感和参与感。

在本章中，我们在智能产品的各层次上讨论了如何解放用户的问题。在思考解放用户时，设计师应当仔细思考如下问题。

- 在每个智能层次上，用户有哪些任务需要被产品接管？
- 这些任务的目的是什么？用户当前如何完成这些任务？
- 以当前的技术水平，产品达成任务目标的最佳方式是什么？是否需要人类的介入？
- 产品这样完成任务让人觉得智能吗？有没有让人觉得更加智能的行为方式？
- 对于不能接管的任务，产品还能为用户做点儿什么？

第11章 强化用户

接下来让我们来看看“得力”的另一个方面——强化。

所谓“强化”，就是产品在用户完成任务时提供有力的支持或拓展用户的能力，它与解放的根本区别在于产品介入后用户是否还需要亲自完成任务。简单来说，如果产品介入的任务本来需要用户完成，但现在不需要了，那就是解放；如果用户还要完成这项任务，但因为产品的介入而完成得更好，那就是强化。与解放用户一样，我们可以尝试让产品在每个智能水平上对用户进行强化。不过，在6级水平上，“主动性”并不是一项任务，虽然产品能够主动完成工作可以视为对用户的一种解放，但在这里没有什么可以让用户做得更好的地方，也就谈不上强化，因而我们只在1到5级对“如何强化用户”这个问题进行讨论。

设计原则19（强化用户）：

卓越的智能产品应当在用户完成任务时提供有力的支持或拓展用户的能力。

1级强化：简单回路支持

1级解放是接管用户生活中的简单回路，1级强化则是为用户增加更多的（与空间行动无关的）简单回路，来帮助其更好地完成任务。这里讨论两种常见的1级强化形式。

一是**无空间行动的生理改善**，指通过增加简单回路来帮助用户改善生理活动（因为是1级智能，故而不涉及空间行动）。例如由NAMU公司设计的“ALEX智能姿势矫正器”，该产品可以佩戴在头颈后侧并实时追踪用户的姿势，当用户持续数分钟偏离正确姿势后，它会通过轻微振动的方式温柔地提醒用户做出改善。这里的强化体现在对用户生活中读书、上网等各项任务的支持，通过增加“姿势偏离→振动”的回路，帮助用户以更加健康的姿势完成这些任务。另一个例子是由iFutureLab公司设计的“FitSLeep健康助眠仪”，该产品能够在用户浅睡时发出0~13赫兹的α波，帮助用户快速进入深睡阶段，改善其睡眠活动。具体来说，该产品构建了一个“生命体征→α波频率”的回路。当用户入睡时，FitSLeep健康助眠仪会先发出1~10赫兹的α波，然后通过内置的多个传感器监测用户生命体征（心率、呼吸率）的变化。根据这些变化，助眠仪会进行相应调整并发出特定频率（5~8赫兹）的α波，使用户能够快速进入梦乡，如图11-1所示。可见，支持性回路既可以直接作用于用户（如在头颈后发出振动），也可通过调整某些功能的参数（如α波的频率）间接地对用户产生作用。因此在设计时，除了用户本身，我们也应当关注情境中可能影响用户的一切因素，并尝试在其中增加回路以支持用户的相应活动。

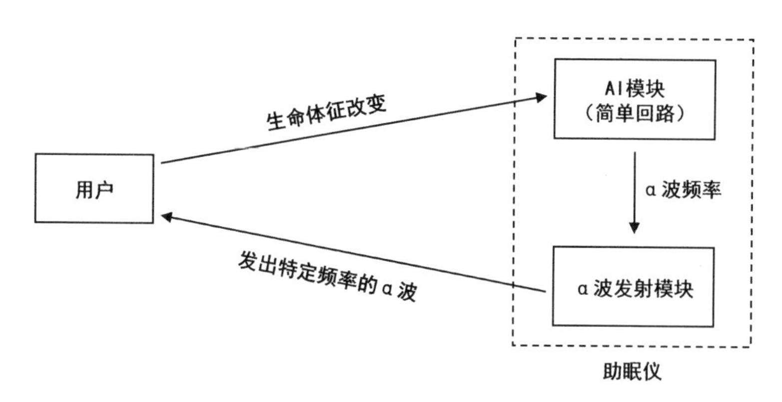

图11-1　健康助眠仪（功能示意）

设计原则20：

卓越的智能产品应当通过增加简单回路来帮助用户改善无空间行动的生理活动。

二是**感知能力拓展**，指通过增加简单回路来提高用户的感知能力。人类对环境的感知能力十分有限，因而在很多时候，用户需要利用机器来增强自己在某些方面的感知能力，以便更好地完成任务，如夜视仪使士兵能够进行夜间作战。通常来说，对感知的“感”能力的拓展由光谱仪、夜视仪等传感设备实现，往往不涉及回路支持，因而 AI 感知能力的增强主要体现在“知”过程，即将接收到的光、声等信号处理为对环境情况的综合判断。例如由 Consumer Physics 公司设计的“SCiO 微型光谱仪”，当用户使用该产品扫描食品、药品、石油等物品后，它会将扫描数据发送至云端，利用云端的材料数据库和材料分析模型来识别该物品的分子成分，并将分析结果（如色拉酱调料中含有多少脂肪、石油的纯净度）反馈给用户。人类能通过视觉系统识别物体的类型（如西瓜、汽车），却无法识别其分子成分。而 SCiO 微型光谱仪通过提供“光谱→分子成分”的回路帮助用户加深了对环境的理解，使其在挑选食物等任务中做得更好。另一个例子是微信小程序“识花君”，当用户遇到不熟悉的植物时，只需打开小程序对植物拍照，小程序就会给出植物的名称、分类等信息，强化了用户对植物的识别能力。

设计原则 21：

卓越的智能产品应当通过增加简单回路来提高用户的感知能力。

需要指出的是，很多“强化”的内容看上去也可以由另一个人或用户自己来完成，例如辅助搬运重物或时刻注意姿势，似乎解放了人的工作，实则不然。解放或强化是针对用户正常所要完成的任务而言的，如果用户之前需要其他人（如咨询顾问、大力士）的帮助，那么这个人的作用也是对用户的强化，而替代了“强化用户的人”的产品所做的依然还是强化。同时，“时刻注意自己姿势”这样的任务往往并不在用户的“任务列表”之中，因而也就谈不上解放，这也是将“解放”与“强化”分开考虑的价值所在。在正常生活中，用户可能既不会求助于他人，也不会将一些对自己有好处的工作纳入自己的任务列表，而“解放”很容易让人将目光放在用户已有的任务及解决方式上，进而可能错失一些用智能产品改善用户生活的机会。此外，解放也并不比强化高级，因为存在很多无法替代（如睡觉）或用户不愿被替代（如享受种植乐趣）的任务，而这些任务可能因为强化方面的设计而变得容易。因此在设计时，我们应两者并重，力求让产品为用户创造出最大的价值。

2 级强化：空间行动支持

在 2 级水平上，产品能够为用户的空间行动任务提供有力的支持。空间行动涉及“感知→决策→执行”三个阶段，因而我们可以从这三方面来思考产品对用户的可能强化方式。

一是**空间感知辅助**，指产品帮助用户更好地了解周围的空间环境。例如，如今的很多汽车都能够通过摄像头、雷达等传感设备识别周围的车辆、摩托车、行人等其他交通参与者，并将他们与自身的空间关系显示在车载屏幕上，帮助用户快速掌控车辆周围的情况，而无须用户来回转头观察，这就是一种“空间感知辅助”。另一种方式是让环境本身变得更容易被感知，比如汽车的“随动转向大灯”[①]。普通汽车前大灯的照射方向始终与车身方向一致，这使得在夜间转弯时，弯道内侧无法被有效照亮，给用户观察前方路况带来了很大困难。如图 11-2 所示，随动转向大灯则能够根据用户的意图（通过方向盘的角度获取）和车辆的当前状态（如车速等）不断对大灯的照射方向进行动态的调整，以确保为车辆即将通过的弯道提供最佳的照明，使前方的夜间路况更容易被用户感知。可见，产品并不一定真的要去感知用户的空间环境，也可以基于用户的动作（对产品来说用户也是一种“环境”）来调整一些功能以提升环境的易感知性。

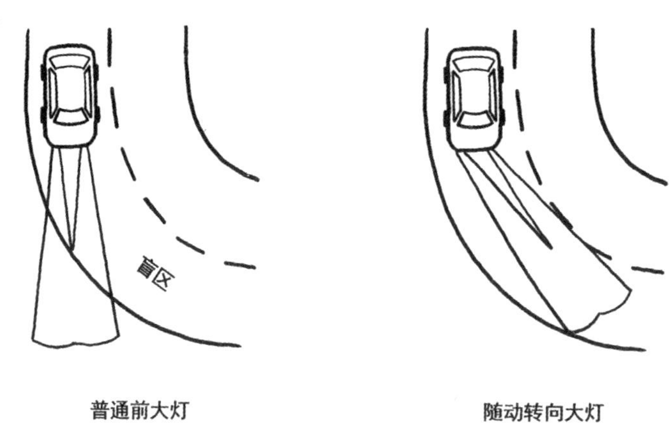

图 11-2　随动转向大灯（使用场景示意）

二是**空间决策辅助**，指产品（在空间环境感知的基础上）对用户将要执行的空间动作或与空间行动相关的操作提供建议。例如，车辆在检测到与前方车辆距离过近有碰撞风险时，可以通过车内语音来提示用户：“您与前方车辆距离过近，请减速保持车距”。当然，车辆也可以只提示用户“车距过近”，这是感知辅助，需要用户基于“过近”的事实选择合适的操作。而如果车辆同时给出了“减速”的建议，就是决策辅助，用户可以采纳建议，也可以自行选择其他动作。虽然决策辅助可能很有用，但由于空间行动对普通人来说并不困难，所以也会让很多人觉得多余（感知

① 又称自适应前大灯系统（Adaptive Front-Lighting System，AFS）或智能弯道辅助照明系统。

辅助已足够），我们需要根据用户的实际感受来确定辅助的方式。

三是**动作执行辅助**，指产品帮助用户更好地执行动作。最常见的方式是为用户提供“助力”，例如“智能外骨骼”能够让穿上它的人类跳得更高、跑得更快、力气更大，甚至拥有额外的“手臂”共同参与任务。虽然与科幻电影中那些灵活自如的外骨骼相比，当前的智能外骨骼还有不小的差距，但这无疑是智能产品一个重要的发展分支。另一个例子是由 MIT SENSEable 和 Superpedestrian 联合设计的“哥本哈根智能车轮”。该产品可以安装在任何普通的自行车上，学习用户的骑车习惯，并根据用户骑行的实时需要提供无缝的电动助力，使其在面对上坡等场景时更加游刃有余。通过“人电混合动力”的方式，用户既享受到了骑行带来的健康、经济、环保等好处，又在这个过程中得到了必要的助力。可见，动作执行辅助既可以直接作用于人体，也可以作用于人类使用的工具。设计师应当结合情境，在与用户空间行动相关的各个元素上探索引入“智能”的可能性。

设计原则 22：

卓越的智能产品应当在空间感知、空间决策和动作执行方面为用户的空间行动任务提供辅助。

在以上三类强化中，感知辅助和执行辅助是可以独立存在的，决策辅助则要首先完成对周围空间环境的感知。事实上，2 级解放也会完成空间感知和决策工作，区别在于决策辅助只是将决策的结果作为建议提供给用户，实施与否取决于用户的意愿，而 2 级解放会直接执行决策的结果，即完成“感知→决策→执行”的过程，从而使用户无须介入整个空间行动任务。举例来说，“车距过近提醒”是感知辅助，“车距过近时的减速建议”是决策辅助，而“车距过近时自动减速保持合理车距”是 2 级解放。需要指出的是，产品有时之所以使用 2 级强化，并不是因为强化更合适（比如大多数用户会倾向于完全自动驾驶而非驾驶辅助），而是因为 2 级解放以当前技术难以实现或成本过高，因而在强化与解放的选择上，设计师也需要根据产品各方面的情况酌情进行考虑。

此外，还有一类 2 级强化被称为**有空间行动的生理改善**，这是指为用户提供一些在正常所要完成的空间行动任务之外且与空间行动相关的生理改善。例如由 Sensoria Fitness 公司设计的“Sensoria 智能运动袜”，能够通过袜子前脚掌和脚后跟处的传感器监测用户的跑步过程（如脚的着地状态、跑步的节奏、脚与地面的接触时间等），并通过配套的 App 为用户提供有关跑步动作的实时语音反馈，包括跑步姿势是否正确、步幅与节奏是否合理等。在这个案例中，产品虽然并没有真正参与动作的执行，但它通过实时的反馈帮助用户修正了动作，使用户能够以更健康的方式完成空间行动任务。

设计原则 23：

卓越的智能产品应当在正常所要完成的空间行动任务之外为用户提供与空间行动相关的生理改善。

3 级强化：社交支持

在 3 级水平进行强化，意味着对用户的社交任务进行支持。与 2 级强化类似，我们也可以从感知、决策、执行这三个方面进行思考——只不过维度不是空间，而是社交。

首先是**社交感知辅助**，如帮助不擅长社交的用户了解身边人的情绪、态度、现场的气氛和言外之意等，这需要在识别其他人表情、眼神、动作、言语、空间距离等的基础上，对周围的“社会环境”进行综合判断。然后是**社交决策辅助**，即根据社会环境对如何进行社交活动（如回答的内容、方式等）给出有效的建议。虽然看起来很不错，但受到当前技术的限制，产品的“情商”在短期内还很难达到在复杂的现实生活中为用户提供高品质支持的水平。当然，我们也不能因此灰心，可以先考虑社交中某些更有前途的方面，例如，既然 ChatGPT 已经能够在对话中给出质量较高的反馈内容，那么让产品在用户进行线上聊天时给出适当的回复建议可能是一个有意义的设计方向。再说**社交执行辅助**，这是指帮助用户更好地进行社交表达。例如 Hakuhodo 公司的“Pechat 纽扣型说话音箱”是一款为亲子设计的新型沟通工具，家长可以将其缝在任何毛绒玩具上，并使用配套的 App 将自己的声音变为可爱的声音，或是输入文本后让产品以可爱的声音进行朗读，就像玩具在跟宝宝说话一样，从而帮助家长更好地与宝宝沟通。

设计原则 24：

卓越的智能产品应当在社交感知、社交决策和社交执行方面为用户的社交任务提供辅助。

此外，智能产品还可以用于**社交能力改善**，如辅助用户的语言学习过程。以 AKA Intelligence 公司设计的智能机器人伴侣“Musio”为例，该产品可以学习人类的语言和语境，与人进行沟通，并为中国、日本等非英语国家的儿童提供英语辅导。可能你已经想到了，ChatGPT 等聊天机器人所用的大语言模型也许可以在这方面提供很好的支持。但需要指出，“能聊天”是语言学习辅助工具的重要基础，而非全部。要想让产品帮助用户进行有效的语言学习，设计师需要首先理解人类的语言学习规律，而后对用户的整个学习过程进行系统性的设计，包括引入心流、游戏化等思想。例如，产品可以将用户需要学习或最近经常用错的单词记录下来，并在随后的对话中以合理的频率引导用户多听、多说，帮助其更快地掌握这些单词——当然，AI 技术也可能为这些功能提供有力的支持。

设计原则 25：

卓越的智能产品应当帮助用户改善社交方面的能力。

生理障碍补偿

1 到 3级强化与人类的生理能力关系密切，在这些层次上，产品应当努力在简单回路、空间行动和社交方面为用户提供支持，帮助其更好地完成任务。但要注意，“更好”的含义不只是让健全用户变得更强，还包括让有生理能力障碍的用户能够像健全用户一样，甚至以超越健全用户的水平来完成任务——**生理障碍补偿**也是强化的一个重要方向。

设计原则 26：

卓越的智能产品应当帮助有生理能力障碍的用户能够像健全用户一样，甚至以超越健全用户的水平来完成任务。

先说 1 级补偿，一类常见的强化方式是识别辅助，其本质上也是一种“感知能力拓展”。例如，视障人士常常会因为无法识别周围的人和物而在生活中遭遇很多不便。就像“识花君”能够帮人识别不熟悉的植物，我们也可以尝试让智能产品实时地对视障人士所面对的物体或人脸进行识别，并通过语音等方式自然地告之，从而提高视障人士感知周围世界的能力。

2 级补偿的内容则更为丰富，因为空间行动涉及视觉、听觉、肢体等多个生理方面。还以视觉为例，作为感知空间环境的核心通道，如果视觉存在障碍，那么人在空间中的行动就会变得异常艰难。在现实中，视障人士往往需要借助导盲棍、导盲犬等辅助自己的空间行动。本质上说，导盲棍能帮助用户了解周边的地形与障碍物，是一种“空间感知辅助”；而导盲犬能够在感知周边环境的基础上做出空间决策，并引导用户移动，是一种“空间决策辅助”。随着 AI 的发展，如果产品能够为视障人士提供有效的空间感知或决策辅助（如替代导盲犬对用户进行引导），那么用户也许只需佩戴一个小型设备就可以实现比较灵活的空间行动，这对用户来说显然是大有助益的。同时，听觉也是了解周围环境的重要通道（如获知后方有来车），智能产品也可以在听觉方面为听障人士提供必要的空间感知辅助。而对于肢残人士，智能产品可以为其提供“动作执行辅助”，如能根据身体姿态（用户意图）和地面状况（空间环境）灵活调整关节角度，帮助用户保持平稳步态的“智能腿脚”。此外，2 级补偿还能够帮助有肢体运动障碍的人士。例如由 Lift Labs 公司设计的“Liftware 餐具手柄”，该产品专为有手抖症状的患者（如帕金森病患者）设计，依靠内置的传感器、马达和稳定算法，能够根据用户的手抖情况进行实时的调整适应，以保持餐具本身的稳定，将颤抖带来的影响减少了 70% 之多，使用户不再为吃饭的问题而发愁[35]。在这个例子中，产品补偿的并不是生理障碍本身（使用户拥有正常的生理能力），而是生理障碍所产生的影响，而这也是帮助用户更好完成任务的有效方式。

最后是 3 级补偿，主要涉及听障人士和有言语障碍的用户。例如，我们可以将语音识别技术与 AR 眼镜①结合，使用户在透过眼镜看正在说话的人时也可以看到在一旁实时显示的说话内容的虚拟文本，从而实现与健全人士的自然交流。

随着 AI 领域的发展，相信智能产品对人类的生理补偿能力也会不断提高。也许在未来，我们会看到像电影《机械战警》中那样能够支持人类几乎全部生理功能的智能身体。但即便基于当前的 AI 技术，通过精心的设计，我们也足以为存在生理能力障碍的用户提供很多帮助。正如 Simon King 和 Kuen Chang 在《UX 设计师要懂工业设计》中所指出的，设计师应该接受用户生理能力的不足，并帮助他们重新获得甚至提升其独立生活的尊严。因此在思考产品方向时，我们应当将“生理障碍补偿”纳入考虑范围，努力使更大范围的用户享受到智能产业发展所带来的红利。

4 级强化：逻辑支持

4 级的关键词是“干预”，涉及因果逻辑、时间概念、短期计划、正向推演、工

① AR 指增强现实（Augmented Reality）技术，能够在用户所感知到的真实世界中实时叠加虚拟信息，AR 眼镜则是搭载了 AR 技术的眼镜，通过使用 AR 眼镜，用户不仅可以看到真实世界中的物体，还可以看到物体旁边标注的虚拟信息。

具使用等逻辑性任务，智能产品也应当能够在这些方面给予用户支持。目前，对于多数 4 级任务，产品还很难为人类提供多少实质性的支持，但也不乏尝试。一种常见的强化方式是**提供计划性建议**，例如由 WELT Corp 公司设计的“WELT 智能腰带”，能够追踪用户的腰围、步数、久坐时间、吃大餐的频率等与健康相关的数据，并在需要时对用户发出健康警告，同时提供可执行的建议。在这里，“发出健康警告”是即时性报警，属于 1 级解放，而“提供可执行的建议”是基于当前情况对未来可能有效改善健康状况的相关操作的建议，属于 4 级强化的范畴。

设计原则 27：

卓越的智能产品应当在逻辑性任务中为用户提供支持。

设计原则 28：

卓越的智能产品应当为用户提供计划性建议。

产品也可以在**流程支持**方面为用户提供帮助。比如“菜谱”为用户的烹饪活动提供了操作步骤的参考，就是一种对流程的支持，我们可以让用户在手机屏幕上通过不断点击“下一步”来逐一获取后续操作的建议。不过，只能通过响应按钮点击来切换内容的产品并不具备对环境变化的灵活性，我们可以想象一个手拿菜谱的助手这样为用户提供支持。

助手：（看菜谱）锅里放油，大火加热 20 秒。

用户：好了，下一步呢？

助手：（看菜谱）放入切好的西红柿，翻炒。

用户：好了，下一步呢？

助手继续看菜谱……

你觉得这样的助手聪明吗？恐怕不会，这样的产品自然也不会给人智能的感觉。要想提供“智能的支持”，产品需要能够根据环境的变化提供适时且合理的流程建议。一个很好的例子是由 Pantelligent 公司设计的“Pantelligent 智能平底锅”，当用户在 App 中选择菜谱后，该产品能够根据平底锅产生的温度、时间等数据对烹饪进度进行实时更新，并通过手机屏幕或语音给出下一步操作的提示。如果把平底锅当作一个手拿温度计的助手，那么用户与产品之间的互动可能是这样的（使用场景示意见图 11-3）。

（放油后加热）助手：当前温度195摄氏度，现在把三文鱼放在平底锅里，鱼皮朝上。

（3分钟后）助手：好，现在把鱼翻面。

（3分钟后）助手：菜做好了，记得把炉子关好。

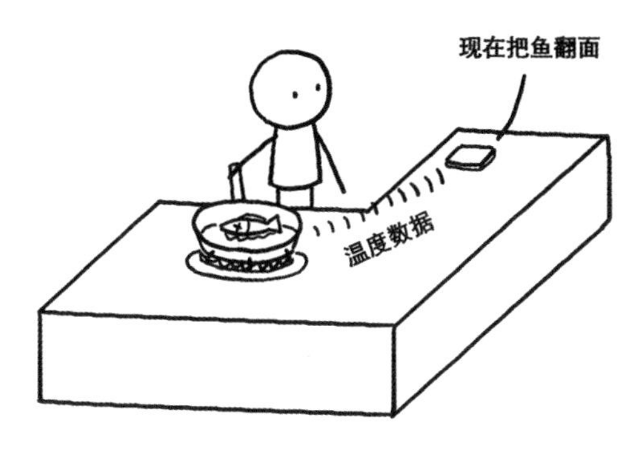

图 11-3　智能平底锅（使用场景示意）

比起之前那个只能读菜谱的助手，现在这个助手是不是聪明多了？当然，为了让产品更好地支持烹饪活动，可做的事情还有很多。例如因为食材往往在新鲜度、厚度等方面存在差异，很多菜谱并非使用固定的时间，而是通过食材的视觉状态（如"煎至表面金黄"）来确定完成的最佳时刻。如果产品能够通过摄像头实时获取食材影像，并利用深度学习等算法识别出鱼肉的状态，就可以更好地为煎鱼活动提供建议，并提升用户的智能感受——但这也意味着更高的实现难度和成本。对于流程支持，设计师需要厘清流程中有哪些"操作触发点"、如何有效识别这些触发点、触发后需要完成哪些操作、有哪些注意事项、如何应对特殊情况（如"鱼煎糊了"）等，并在此基础上思考对用户进行4级强化的最佳方式。

设计原则 29：

卓越的智能产品应当为用户提供流程方面的支持。

此外，产品也可以帮助用户进行**逻辑能力强化**，如提升棋艺。围棋棋手可以通过与AlphaGo等高水平围棋程序的对弈来提升实战经验，或是从程序对某一棋盘状态的应对方式中获取灵感。正如羽生善治在《人工智能不会做什么：100亿人类与100亿机器人共存的未来》一书中所说："数据库一出现，棋手们就尝试通过数据库来学习，当互联网出现时，人们又会思考要如何利用互联网来学习……随着技术不断发展，今后也许还会出现使用（下棋）软件进行练习来变强的一代人。"AlphaGo战胜人类冠军的能力固然值得称道，但我们也可以换一种思路，尝试用它来强化用户的能力，从而为用户创造更多的价值。

设计原则 30：

卓越的智能产品应当帮助用户强化逻辑能力。

5 级强化：想象支持

5级的关键词是“想象”，要实现 5 级强化，产品需要在更加抽象或更具创造性的任务中为用户提供支持，例如给出有效的规划性建议（如产业发展规划）、提出可参考的理论假设、帮助用户洞见表象背后的深层逻辑、给出更多的想法（创意发散）、对发散结果进行评价（创意收敛）等。

设计原则 31：

卓越的智能产品应当在抽象和创造性任务中为用户提供支持。

与 5 级解放一样，目前在这个层面的水平足以强化人类的产品可谓凤毛麟角。如果有什么还“说得过去”的 5 级强化产品，那么我们在上一章中谈到的“AIGC”可能算是一例——我将相关的强化方式称为**创意发散支持**。

以 AI 绘图为例，用户对最终图片的呈现方式的常见需求有两种：一种是没有主观倾向的，也就是能用且精美即可，如一些电商海报、游戏插画、问卷插图等；另一种是有主观倾向的，需要满足特定的品位、审美、设计哲学、功能结构、细节要求等，如专业的产品外观图。对于前一种任务，AI 绘图可以说已经实现了一定程度的解放人类，但对于后一种任务，用户经常需要通过成百上千次的生成（其间还需要对关键词及各项参数做大量调整）才能得到一幅基本满意的图片，出图的效率有时可能甚至比不上手绘。不仅如此，用户自身对画面的创意表达在“找词 + 调参 + 选图”这样的模式下也无法得到充分的发挥。因而相比于替代自己出图，有些用户（如一些产品设计师）更倾向于将 AI 绘图软件作为自己的“专属灵感库”。相比于从网络上搜索，利用 AI 生成的方式获取有用图片的效率可能更高，这些图片也可能更加满足用户的要求，并且是独一无二的。除了找寻灵感，AI 还可以将用户的创意快速具象化，即针对用户给出的方向生成一些画质细腻的参考图，帮助用户更快确定所想的感觉是否适合。

也就是说，用户依然要亲自完成创意活动，但产品为用户提供了灵感或特定创意方向上的参考，因而是一种 5 级强化。可见，有些时候，解放还是强化取决于用户对功能的使用方式，设计师可以结合用户的实际需要合理规划功能在产品上的实现形式。

现在让我们对 6 个层次上的“解放”与“强化”做个总结，如表 11-1 所示。需要说明的是，表中的每个层次仅列出了本书讨论的一些参考设计方向，你可以结合这个框架与具体的用户活动思考其他可能解放或强化用户的方式。

表 11-1　解放与强化的设计思路及部分设计方向

层次	解放 （产品介入后，用户无须参与任务）	强化 （产品介入后，用户的任务完成得更好）
6. 主动	主动尽责 · 说 0 做 1 · 说 1 做 *N*	不涉及
5. 想象	接管抽象与创意相关任务 · 具象化创新	支持抽象与创意相关任务 · 支持创意发散
4. 逻辑	接管因果、时间、计划、正向推演、工具使用等方面的任务 · 逻辑性预警 · 工具使用 · 制定短期计划	支持因果、时间、计划、正向推演、工具使用等方面的任务 · 提供计划性建议 · 流程支持 · 逻辑能力强化
3. 社交	接管社交任务 · 定向信息获取 · 翻译	社交支持 · 社交感知辅助 · 社交决策辅助 · 社交执行辅助 · 社交能力改善
2. 空间	接管空间行动任务	空间行动支持 · 空间感知辅助 · 空间决策辅助 · 动作执行辅助 · 有空间行动的生理改善
1. 反馈	接管简单回路	简单回路支持 · 无空间行动的生理改善 · 感知能力拓展

智能重构生活

关于强化的话题，唐纳德 · A · 诺曼在《设计心理学 4：未来设计》一书中也有过讨论。诺曼认为，未来产品的设计思路不只有“自动化”（automation）[①]，还有“增强”（augmentation），并将“智能增强”这一研究方向描述为“提供有用的工具，让人们自己决定在什么时候、什么地方使用这些工具”。尽管本书中“强化”的概念涉及的范围更大（包含一切以灵活方式辅助用户完成任务的手段），但二者的基本思路是相通的——“尝试包揽用户生活中的所有任务”绝非智能产品改善人类生活的唯一途径，往往也不是最佳途径。

以本书的视角来看，解放与强化是产品改善用户任务的两种方式，其本质是对用户生活的一种“智能化重构”（这部分内容可以结合第 7 章的“服务”部分加以理解）。这个重构的过程在 UX 三钻设计流程（见第 8 章）的问题钻中有所涉及，但主要位于解决钻中，大体上包括三个步骤。

第一步是**明确可改善的任务**。设计师需要先通过情境研究厘清用户所需完成目标包含的任务，并对每项任务所包含的用户行为进行分析（如图 11-4 所示）。产品智能金字塔在这时会很有帮助，设计师可以将拆分出来的行为归入相应层次，也可以通过逐层分析任务中的行为（如“任务中有哪些逻辑性内容吗”）来避免遗漏，从而更加系统且完整地完成行为梳理。例如，“扫净地面”的任务可以被拆分为 2 级的“在房间地面移动”和 0 级的“扫净所在位置”。基于梳理的结果，我们不仅可以快速锁定任务中的“智能部分”（需要生物或机器智能才能完成的工作，即 1-6 级），还可以快速对任务乃至整个活动的智能水平，以及产品预期带来的智能感有一个大概的认识。此外，“得力的助手”在面对各种情况时都应该游刃有余，因而情境研究要尽可能挖掘用户可能会遇到的特殊情况（如“不小心将糖打翻在地”）及相应的任务（如“扫净特定区域地面”）。否则，当遇到一些未考虑到的情况时，产品就无法有效接管或支持用户的相应任务，导致智能感降低。反过来，如果产品能够有效应对多种特殊情况，那么用户的智能感和产品的竞争力自然也会随之增强。

① 这里的“自动化”基本等同于本书的“解放”，包括在了解用户意图基础上灵活完成工作的“智能自动”（1~6 级解放），也包括自动传送带等严格按照预设内容逐步完成工作的“传统自动”（0 级解放）。

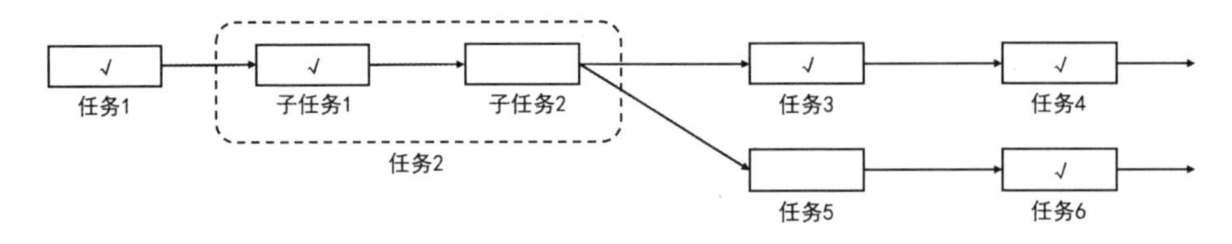

图 11-4　明确可改善的任务（√表示有改善潜力）

第二步是**明确任务的改善方式**。除了睡眠、跑步等人类必须参与的任务，大多数任务都涉及解放与强化之间的抉择。这里的逻辑在于，被解放的任务没有用户参与，也就谈不上强化，而任何不被解放的任务都应当考虑被强化，因此我们只需先挑出适合被解放的任务，再来对剩下的任务探索可能的强化方式。那么该如何判断一项任务是否适合被解放呢？对此，诺曼在书中指出，“如果工作本身枯燥乏味、危险或不干净，那么把工作自动化就有帮助”。在诺曼建议的基础上，我认为这个问题可以从两个方面来考虑。一方面是看用户偏好，简单来说就是解放用户“不愿参与”的任务，通常包括（但不限于）以下内容。

- 危险性高的任务，如拆除炸弹、灭火。
- 重复、枯燥、乏味的任务，如扫地、调节室温。
- 不干净的任务，如下水道清污。
- 要求额外技能的任务（不情愿、没时间或没能力学习），如翻译、绘画。
- 需要投入较多精力的任务，如制订健身计划。

反过来，用户“有意愿参与”的工作可能包括（但不限于）以下内容。

- 希望享受过程的任务，如种植花草、娱乐、聊天。
- 希望由自己主导的任务，如制订野营计划。
- 觉得自己更专业的任务（已拥有专业技能），如绘制产品设计图。

事实上，很多任务会同时具备上述多个属性，需要我们进行综合分析——如果用户希望自己主导，那么哪怕任务枯燥乏味，也不应解放。此外要注意，哪怕是同一项任务，如果目标用户发生了改变，那么任务的改善方式也有可能改变。例如，不擅长绘画的用户可能更倾向于解放（给文字输出图片），而对于专业设计师，强化（提供灵感）可能是更加合适的改善方式。当然，以上只是给出了一个参考性的前期分析思路，UX 设计必须立足于真实用户。因此在设计实践中，用户偏好还是应该结合对真实用户的调研（尤其是观察用户日常对这些任务的反应）来进行分析与验证。

另一方面是看当前技术水平。对于用户偏好解放的任务，如果以当前技术明显无法实现解放[①]，或实现解放的成本远超用户所能接受的范围，那么解放也是不合适的，比如“清扫沙发缝隙”。此外，如果将后续的沟通设计（见第 12 章）考虑在内，以当前的技术和合理的成本仍无法有效获取用户意图，就无法确保解放的有效性——做了一些工作，但可能不是用户当时想要的——这样的解放也是不合适的。总的来说就是，适合解放的任务需要同时满足“用户不愿做”且“技术和成本满足要求”两个条件，而对于其他任务，我们可以尝试通过强化的方式加以改善（如图 11-5 所示）。

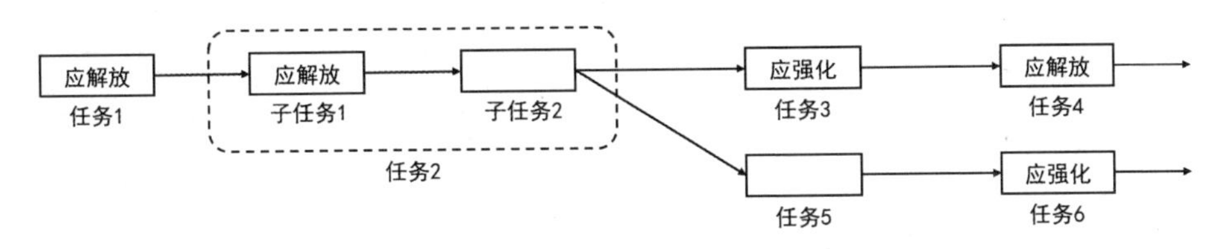

图 11-5　明确任务的改善方式

第三步是**思考解放或强化的具体方式**，如图 11-6 所示。我们在第一步已经对不同层次的任务内容进行了拆分，因而可以结合表 11-1 中的内容展开探索。这里同样需要注意用户的差异，比如在 4 级强化中提到的煎鱼流程支持，像“视觉识别鱼是否煎至金黄”这样的强化可能对不擅长烹饪的用户很有用，对经常做饭的用户却不然，后者可能更需要产品提供诸如“炖菜进度监控（解放）”、“自定义菜谱生成[②]（强化）”等功能。另外，在设计的过程中，我们可能会发现具体的解放方式难以落地，这时我们可以考虑转向强化，而如果强化方式难以落地，或是用户并不需要某种强化[③]，那就表示该任务更适合用户自己完成——无论何时，解放或强化都应以用户的意愿为前提。有些活动在解放或强化后也会衍生出新的任务（如更换扫地机器人的集尘袋），而这些新的任务可能也存在智能化的可能，也需要通过以上三步进行设计。也就是说，用户流程与具体设计过程会相互影响，这需要我们在设计时加以关注。

① 此处的“解放”也包括在部分场景下需要人类介入的“部分解放”，如果部分解放能实现，那么也是可以的。

② 这里指用户在按照自己想法进行烹饪的过程中，在产品的配合下记录烹饪过程及数据（如油温、食材、时间、配料、实时照片等）并形成菜谱，以备未来烹饪时参考之用。

③ 强化与解放不同，存在很多对任务的额外改善，因而在第二步无法明确对各任务进行强化的价值，需要在第三步设计出具体的强化方案后，配合用户评估加以确定。

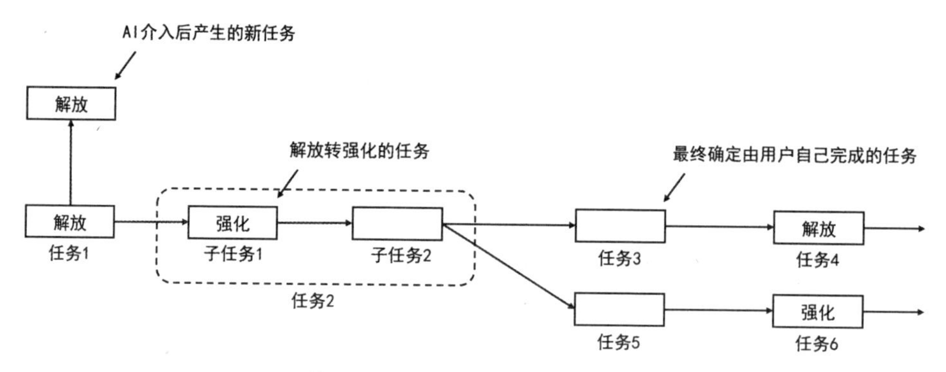

图 11-6　思考解放或强化的具体方式

如今，“解放一切”的思想之所以在很多 AI 的应用领域先入为主，一个重要的原因是这样做省去了上文所述的很多“麻烦”，只需考虑如何替代用户。但欲速则不达，要想实现真正的“得力”，我们还需要沉心静气，在对用户深入了解的基础上对智能产品改善用户任务的方式进行精心的设计。

现在我们已经讨论了得力的两个方面，能够很好地完成或支持工作固然很棒，但糟糕的沟通可能会将辛苦建立起来的智能感毁于一旦。那么智能产品该如何与用户沟通呢？我们将在下一章讨论这个话题。

第12章 与用户沟通

沟通、解释和理解，这是与聪明的共事者合作时的关键因素，不论是其他的人、动物或是机器。

——唐纳德 · A · 诺曼《设计心理学 4：未来设计》

很能干，却难用

请想象这样一个你与人类助手互动的场景。

你不小心在地上撒了一些盐粒，于是喊助手过来清理。助手拿着扫帚，微笑着看着你，你说前进，他就前进，你说左转，他就左转，就这样一点点向撒盐的方向迈步……你觉得这样太慢了，干脆把助手推到了有盐的区域，并告诉他把这块扫一下。于是助手开始从站着的地方一点点往外打扫，一直扫到离盐 1 米外后又开始往回扫，而且足足扫了 4 分钟！

你觉得这个助手如何？恐怕别说“得力”了，你甚至会觉得这个人的脑子出了什么问题。但有趣的是，相同的举动放在产品上，却经常被冠以“智能化功能”的头衔。事实上，以上场景就是我在家使用某款扫地机器人的真实体验。首先要说，除了时不时会被沙发腿或墙角卡住，这款产品在“移动吸尘”这件事上做得还算是不错的。但在很多场景下，这台机器的使用却并不方便，例如：

当我希望机器人清扫厨房、沙发底下等特定区域时，需要先找到遥控器，然后点击“前”“后”“左”“右”键控制其一步步地移动到目标位置。由于遥控的难度很高（例如转弯时按左键或右键很容易转得过多，需要来回调整几次才能找正方向），加之机器人移动得很慢，导致这个过程的效率很低，因此大部分时候我会干脆把机器人直接抬到目标位置。

当我只想清扫一个特定区域时，可以点击遥控器上的“定点清扫”键，机器人会以所在位置为中心向外画圈吸尘，到距中心1米左右后再一圈圈向内绕直至回到原点，从而完成清扫任务。看上去不错？但大多数时候，我想清扫的面积并没有那么大（如图12-1所示），而机器人不仅做了至少80%的无用功（看得我直着急），还在整整三四分钟的时间里持续发出恼人的噪声——让我觉得还不如直接拿扫帚扫一下来得清净。

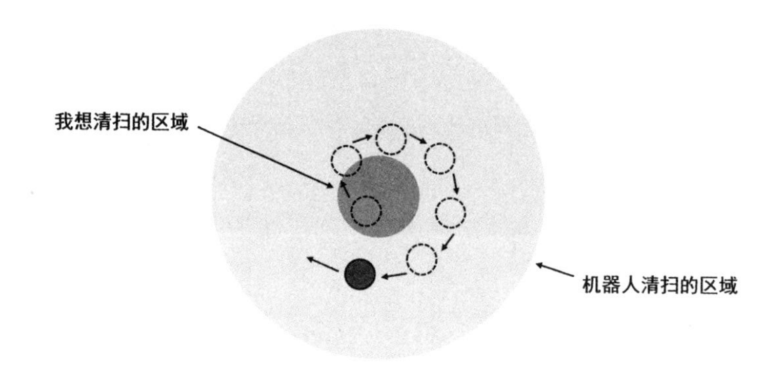

图12-1　某款扫地机器人的“定点清扫”功能示意

这台机器的“业务能力”怎么样？很好，而且你让它清扫一个点，它能清扫一个面，绝对称得上是“劳模”级别。然而，作为用户的我却并不买账，甚至恨不得亲自上手，这是为什么呢？答案是缺少沟通①。对于“移动到位”这项任务，用户无法向产品直接传递目标位置的信息，因而只好一步一步地指挥其移动（此时智能产品退化成了一个遥控玩具），且指挥过程中的沟通也并不顺畅。而对于“定点清扫”任务，在产品无法确定清扫区域大小的情况下，用户也无法向其传递相关的信息，因而产品只能采取最保险的方式，把方圆一米的范围全都收拾一遍。

在现实中，准确预测他人意图往往是非常困难的，很多人类在这方面也并不擅长，因而沟通就显得尤为重要，对产品来说也是如此。反过来，如果用户意图难以预测，而产品又不能通过有效的沟通快速理解用户的意图，就会导致所做非所求——很能干，却难用——这样的产品自然不会让人觉得“得力”。不仅如此，作为3级智能的关键要素，“沟通”本身就足以让产品跻身智能之列（比如ChatGPT），其对智能感的影响之大可见一斑。因此对于智能产品来说，只是“有效沟通”还不够，我们还要努力让沟通的过程带给用户更多智能的感觉，或者说“让沟通更加智能”。

---

① 在《人工智能和用户体验：以人为本的设计》一书中称之为“交互性”（AI-UX框架的三维度之一），在《设计心理学4：未来设计》中称之为“沟通”，两种叫法都可以，由于本章讨论的主要是带有一定目的性的交互，因而采用“沟通”一词。

那么，我们该如何让沟通更智能呢?

智能产品沟通的基本逻辑

在第 7 章中，我们讨论了智能产品设计的心理学基础，并指出设计师应当通过让产品表现出与人或其他生物类似的行为，使用户产生“它拥有生物智能”的错觉。而沟通也是产品的一种“行为”,因此当产品能够展现出类似生物的沟通行为（如说话、表情、身体语言或某种沟通技巧）时，人就会将自己对这些行为的经验代入产品（基本超归因错误），进而觉得产品真的拥有生物一般的沟通智能。如此我们便得到了智能产品沟通的基本逻辑。

设计原则 32（智能沟通）:

卓越的智能产品应当表现出与人或其他生物相似的沟通行为，从而让用户产生“它拥有生物一般的沟通智能”的错觉。

在这样的逻辑下，我们在设计或评估智能产品的沟通时就有了一个基本的参照。大多数时候，这个参照是人，更严格地说是“得力的人”。设计师可以问自己这样两个问题：

（探索方案时）如果是一名得力的人类助手来做这件事，他会如何与我沟通?

（评估方案时）如果人类助手像产品这样沟通，会让我觉得“得力”吗?

就像我们在本章开头所看到的，当把人与机器人的交互过程替换为人与人时，问题就会变得格外明显（也许是因为我们对机器的行为太过宽容了）。不过，“得力的人类助手会怎样做”这样的表述还是过于笼统，且大多数人在“与他人沟通”这方面也并不是那样在行。如果设计师简单地按照自己对“有效人类沟通”的理解来设计产品，方案的质量就会很难保证，因此我们有必要提炼一些更为详细的“智能沟通原则”。

智能沟通的 15 个原则

沟通的本质是与活动相关信息的双向传递。对于产品来说，良好的沟通意味着产品在高效、准确获取用户意图的同时，也能高效、准确地为用户提供所需的信息，并在沟通的过程中尽可能为用户提供优质的体验。由于智能产品是产品的一个分支，因而所有通用的产品沟通设计原则也都适用于智能产品，比如交互设计的六个基本原则[①]、简约设计原则、差错设计原则、平静设计原则等。对于这些原则，我在《这才是用户体验设计》中都做了很详细的讨论，感兴趣的读者可以参考或查阅相关书籍。在本书中，我仅讨论有助于提升沟通过程智能感的15个基本设计原则，如表12-1所示。

表 12-1 智能沟通的 15 个基本原则（总原则编号 33-47）

	设计原则		描述
全局	33	情境式沟通	能够结合情境选择合适的沟通内容及沟通方式
	34	场景化沟通	能够结合当前场景选择合适的沟通内容及沟通方式
	35	常识性沟通	能够在沟通时拥有基本的常识
	36	自然沟通	能够像智能生物那样自然地与用户沟通
	37	多维沟通	能够通过多个信息传递维度表达或理解意图
	38	控制与自由	能够通过沟通有效改善用户的控制感与自由感
	39	无障碍沟通	能够与残障用户进行有效沟通
意图获取	40	允许模糊输入	能够理解用户对相同意图的不同表述
	41	意图推演	能够根据用户所表达的内容推断其真实意图
	42	澄清用户意图	能够通过多轮沟通与用户确认意图或补全所需的意图信息
	43	主动确认意图	能够在执行操作前视情况主动与用户确认意图
信息反馈	44	沟通状态表达	能够在沟通时通过一些线索表现出自己的实时状态
	45	对话式标识	能够在沟通的过程中使用合适的对话式标识
	46	聪明地应对异常	能够在沟通出现异常时做出聪明的应对
	47	主动汇报	能够适时向用户主动汇报近期的工作成果

下面让我们来逐个讨论一下。

情境式沟通。情境（第 9 章）是沟通的背景信息，包括最近的人机互动（如近期对话的内容）、用户的知识背景、用户的语言习惯、用户对产品的熟悉程度（新手还是专家）、共同领域[②]等。智能产品应当能够记住或学习这些情境信息，并以此为

① 出自唐纳德 · A · 诺曼的《设计心理学 1：日常的设计》一书，这六个原则分别是示能、意符、约束、映射、反馈和概念模型。

② 唐纳德 · A · 诺曼在《设计心理学 4：未来设计》中将共同领域描述为“作为人与人之间互动平台的一种理解的共同基础”，如两个人共同的知识、信仰、臆想等。这是交谈的重要基础，且相处的时间越长，双方的共同领域也会越广。

基础与用户进行沟通。显然，情境式沟通是多轮沟通的基础。以询问机票价格为例：

用户先询问了9月3日上午北京到上海的机票价格（情境），然后说“6号晚上回来多少钱”，了解情境的AI应当知道“6号”指的是9月6日、“回来”指的是上海到北京、“多少钱”指的是机票价格。否则，用户必须精确说出“9月6日晚上上海到北京的机票价格是多少”才能让AI明确其意图，辛苦用户不说，这样的对话也非常生硬。

人与人的沟通都是基于情境的，因而情境式沟通对于智能产品的沟通尤为重要，正如Amber Case在《交互的未来：物联网时代设计原则》中所说，让计算机像人一样说话，却不给它注入语境意识和人际关系意识，最终必然导致使用计算机的人产生不和谐的感觉……实际上人机交流对语境的依赖程度比我们想象的要大得多。

场景化沟通。场景是沟通行为发生时所处的现场情况，包括场所、日期（如节日）、时间、空间内的布置、周围人的气氛、产品状态（如发生故障）等。当场景发生改变时，需要传递的信息及与用户沟通的方式都可能发生变化，这要求产品能够根据场景变化做出灵活的调整，我们常说“说话要注意场合”就是这个意思。例如全家出行时，当检测到后排有家人在睡觉（可通过智能手表互联等方式获取睡眠情况）时，车辆应将车内语音的音量适当调低，或是改用车载屏幕等无声方式与驾驶人沟通。整体来说，沟通发生在场景中，而场景在情境中，这两者都可能对沟通产生很大影响。如果产品在沟通时能够像人一样对情境和场景展现出足够的灵活性，自然就会让用户觉得非常智能。

常识性沟通。人是有常识的，包括基本的社会常识、生活常识、安全常识、文化常识、法律常识等，例如“点头表示同意”、“老年人花眼的比较多”等都属于常识。如果一个人不懂或还需要现场学习这些内容，就会影响沟通的流畅性，人们会说他“连一点儿基本的常识都没有”，产品也是如此。反过来，如果产品在沟通时能够表现得像人一样富有常识（如在与老年用户沟通时主动把屏幕内容切换成大字），就会给用户带来智能的感觉。需要指出的是，常识可能存在时代差异、地域差异或带有社会偏见，需要在设计时多加留意。而对于基于机器学习的沟通，这意味着应当谨慎选择与用户常识相匹配的训练数据，并努力消除数据中存在的偏见。

自然沟通。自然沟通关注信息传递的“方式”，指智能产品应当像智能生物那样自然地与用户沟通。例如都是向扫地机器人传递“清扫你附近的区域”这条信息，相比寻找遥控器去按一个物理键，通过语音直接说出指令更符合智能生物的沟通方式，也会让用户觉得产品更加智能。我们会在稍后专门讨论这个话题。

多维沟通。人类沟通的信息维度非常丰富，如眼神、手势、表情、语言、语气等，智能产品应当能够综合多个维度上的输入来理解用户的意图。例如，当用户盯着身旁的一株植物问“这花叫什么”（视线 + 语言）时，产品能够将用户视线方向上的植物代入“这花”之中以获取完整的问题。同时,产品也应当能够进行“多维表达”。还是认花这件事，当产品不确定用户指代的对象是两株植物中的哪个，而产品身上又装有屏幕时，可以先拍摄植物的照片，然后一边用屏幕显示给用户看一边询问“你说的是左右哪个”（图像 + 语言），如图 12-2 所示。

图 12-2　多维沟通示意

控制与自由。在控制感和自由感[①]方面，智能产品尤其需要关注，因为“解放”的本质就是接管任务的操作控制权。如此一来，用户就可能因无法让产品按照自己的想法做事（例如我无法让家里的扫地机器人只清扫一小块面积）而觉得缺少控制感。而如果用户不得不接受产品的输出（例如咖啡机基于错误的预测给我做了杯咖啡但我其实并不想喝），或自己的行动被产品所限制（例如无法要求自动驾驶汽车改换一条自己觉得风景更好的路线），那么此时不仅是控制感，用户的自由感也会跟着一起下降。在这三个例子中，产品都缺失了一个重要环节，那就是沟通。如果扫地机器人能够允许用户设定清扫的范围，咖啡机能够提前询问用户是否真的要一杯咖啡，自动驾驶汽车能够允许用户根据自己的喜好选择路线，用户的控制感和自由感就能得到保障——沟通的价值可见一斑。设计师需要考虑用户可能希望指挥智能产品工作的场景，并允许用户将意图（包括一些必要的参数设置，如清扫的范围）传递给产品,同时给产品增加与用户意图相匹配的功能。事实上,“灵活地响应用户意图”这件事本身就会极大地提升产品的智能感。此外，产品还应当视情况主动与用户确认意图（参见原则 43）。

① 我在《这才是用户体验设计》中将两种感觉的区别描述为“控制感是人能影响产品，而自由感是产品不能影响人”，两者都是对用户来说非常重要的体验。

无障碍沟通。我们在第 11 章讨论过生理障碍补偿的话题，但其他类型的智能产品也都可能被残障用户所使用。无论何时，我们都应当尽可能使智能产品与残障用户进行有效的沟通。这里的要点是，沟通应当符合残障用户的生理特点及使用习惯。例如“许多使用屏幕阅读器的盲人用户，已经习惯了以极快的速度收听文本”[36]，那么设计师就应当允许用户控制语音交互的语速，并将这种“高速接收语音信息”的能力与其他信息传递方式结合起来，思考对视障人士来说更佳的沟通方式。

允许模糊输入。智能产品应当能够理解用户对相同意图的不同表述，例如当用户说“打开按摩椅”“启动椅子”“按摩一下”等指令时，智能按摩椅能够知道用户是想开启按摩功能——这种对用户输入所展现出的灵活性自然会提升产品所带来的智能感。要实现这样的效果，设计师需要尽可能考虑用户在表达某种意图时可能使用的所有方式（情境研究是必要的），并将这些表达与相应的反馈和功能关联起来。深度学习等 AI 技术在这方面可能会很有帮助，产品可以在学习各种可能表达方式的基础上，对用户使用产品时的表述所指代的意图进行判定。

意图推演。很多时候，用户表达意图的方式可能并不直接，例如一个人说“我饿了”，其真实意图可能是“看看周围有没有吃饭的地方”。面对这样的表达，智能产品应当能够对用户的真实意图进行推演，并给出相应的反馈，如汽车听到驾驶人说“我饿了”时，可以在车载屏幕上显示附近餐厅的信息并说“附近有 12 家餐厅，你有哪家想去吗？”当然，目前的技术并不能真的进行因果推断（第 4 章），设计师需要思考用户意图的各种间接表达方式，并将这些关系编入程序，或用以训练机器学习模型，力求以较高的概率成功实现产品的“推理”行为。

澄清用户意图。当对用户的意图不是非常确定，或用户的表述缺少一些与任务相关的重要信息时，智能产品应当能够通过多轮沟通与用户确认意图或补全所需的意图信息。例如，当用户对汽车说“把空调开一下”（没说具体温度）时，汽车可以预测一个温度，但若不太确定温度是否合适，也可以询问说“好的，开到多少度合适”。再例如，当用户对扫地机器人说“把镜子前面打扫一下”（范围比较大），机器人可以先移动到大致的位置，然后向用户确认说“是打扫这里吗”。可见，澄清信息的方式可以非常灵活，只要效果好，先做一部分工作来配合后续沟通也是完全可以的。

主动确认意图。智能产品能够在执行操作前视情况主动与用户确认意图，避免其自作主张的操作可能给用户带来的困扰。以《用户体验与人工智能：以人为本的设计》一书提到的信用卡欺诈检测系统为例，这种基于神经网络的 AI 系统能通过用户的地理位置、商店类型等信息预测欺诈性购买的可能性。那么当一个购买行为被认为可能存在欺诈时，系统该怎么做呢？如果立即取消交易并将信用卡锁住，那么虽然有可能成功阻止欺诈，但也可能由于识别错误给用户带来很大的麻烦。对此，这套系统的策略是通过一个便捷的方法联系用户，主动与用户确认是否真的希望采取紧急措施。虽然可能带来一些额外的风险（例如用户的手机也被偷了），但从整体上看，相比直接锁卡，这种“提前沟通”的方式还是有效地减少了产品给用户带来的困扰。

沟通状态表达。一个人在对话时，会通过眼神、表情、动作等方式表达自己当前的沟通状态，如倾听、思考、疑惑等。如果没有这些线索，对方在沟通的过程中就会感到困惑或是觉得少了点什么，对产品来说也是如此。因而智能产品应当在沟通时通过一些线索表现出自己的实时状态，如蔚来汽车的智能语音助手“NOMI”在用户跟自己说话时会将脸转向用户所在的方向以示倾听。不过，虽然带有表情的形象对于表达沟通状态很有帮助，但其并不是必要的。例如对于一些没有装配显示屏的实体智能助手，我们可以考虑安装小灯或灯组，通过精心设计的灯光模式变化（如呼吸、闪烁、与语音音量联动等）来表现不同的沟通状态。

对话式标识。人在沟通时，会通过一些表达让对方了解沟通的进展情况（如“首先”、“最后”）、对对方说的话做出明确或含蓄的确认（如“收到”、“了解了”、对向自己打招呼的人微笑）或是给对方积极的反馈（如“很高兴听你这么说”、边听边点头）。在《语音用户界面设计：对话式体验设计原则》中，Cathy Pearl 将这些表达称为“对话式标识”，并指出“它们就像‘胶水’一样，将交互中的各个部分连接在一起”。产品也是如此，为了保证沟通过程的流畅和融洽，智能产品应当能够在沟通的过程中使用合适的对话式标识。这里还有两个要点：一是反应要即时，二是考虑语音之外的表达方式，如数字化表情、灯光效果、物理动作等，只要让用户觉得这是有生物智能的个体该有的行为即可。

聪明地应对异常。在试用车载语音系统时，我发现一些产品在未理解用户指令、无法满足指令要求的内容等情况下，只是不断地重复类似的话术（如“不好意思，我听不懂”、“不好意思，我不支持这个功能”）。单轮对话看起来没什么问题，但实际使用（特别是早期不了解产品能力）时这种异常可能会大量出现，如果产品每次都说“不好意思，我听不懂”，会让用户觉得十分烦躁且沮丧，甚至留下一句“这语音啥都不会”就不再使用了。因此，异常情况的应对与正常流程的设计一样重要，智能产品应当能够在沟通出现异常时做出聪明的应对。关于如何应对更聪明，我们同样可以从人与人的沟通中汲取灵感。例如 Cathy Pearl 就指出，“人类有许多方法来表明他们还不理解对方所说的话，最常见的（有效的）方法之一就是什么都不说”，如果系统在没听懂时只是继续表现出聆听的状态，用户通常会自然而然地再说一遍，系统便得以继续运行了。

主动汇报。虽然用户将一些任务交给智能产品负责，但这并不表示用户对产品的工作毫不关心。一是当前的工作状态，这一点可以参考尼尔森的“系统状态可见性”原则（系统应当在合理的时间以适当形式向用户反馈当前的系统状态[31]），这是个通用原则，我们在这里不做展开。二是近期的工作成果，这里的要点是，用户评估是否得力的标准，不是产品实际做了多少工作，而是用户觉得产品做了多少工作。如果产品只是自顾自地埋头工作，用户却全然不了解其做了什么，那么得力的感觉必然会大打折扣。因此涉及解放用户的产品有必要考虑向用户主动“汇报”近期的工作成果，如扫地机器人可以将近一周的工作数据（清扫的面积、每个房间的清扫次数等）进行可视化，并通过手机 App 等方式展示给用户，帮助用户对产品所做的工作建立正确的认知。不过，汇报也要讲究“适时”，产品应避免过于频繁的汇报，以免对用户的生活造成干扰。

当然，以上沟通原则可能只是冰山一角。人与人的沟通是一门艺术，产品与人的沟通同样如此。设计师应当成为人类沟通的专家，并尝试将相关的经验和原则应用于智能产品的沟通细节之中。而当优质的细节积累到一定程度时，沟通过程就会发生质变，从而让用户有一种与“高水平智能生物”对话的错觉，产品整体的智能感自然也会上升到一个新的高度。

自然的沟通

自然设计属于易用性的范畴，其基本思想是“卓越的产品应该让用户自然地与之交互”[31]。之所以将这个 UX 的通用原则专门拿出来讨论，是因为“自然沟通”能够极大地改善产品的智能感。所谓“自然”，就是产品与用户的互动方式符合用户的本能、预期或习惯，从而使用户几乎不需要思考就可以完成操作。那么对于用户来说，什么样的意图传递方式最符合这个要求呢？当然是用户平时向他人传递意图的方式，因而任何产品都应该将这种“人人沟通的方式”作为沟通设计的重要参考。事实上，支持人人沟通方式（如语音）这件事本身就会让产品拥有智能属性（3 级），而当它被赋予已实现解放或强化的智能产品时，后者给用户带来的智能感也会得到很大的提升。不仅如此，“像人或生物一样沟通”也是用户对智能产品的基本预期，如果发现与预期不符，用户可能会觉得有些失望。例如，当我发现家里那台“智能扫地机器人”竟要靠一个遥控器来控制时，体验瞬间下降了不少。因此对于智能产品来说，能够像智能生物（通常是像人类）那样自然地与用户沟通就显得尤为重要。那么人类平时习惯用什么方式来传递意图呢？想象一下，当你来到冰激凌店时，你觉得下面哪种与店员沟通的方式更加自然？

方式 1：店员给你提供 30 张各种口味冰激凌的图片，你找到草莓味的图片拿给店员。

方式 2：用手给店员比划一个草莓的形状。

方式 3：跟店员说“给我来一个草莓味的冰激凌”。

显然，在意图传递方面，“口头表达”（方式 3）比前两种方式要自然得多，沟通的准确性和效率也更高，这也是人类日常传递意图最常用的方式。因而在设计智能产品的沟通时，“语音”应当作为设计师优先考虑的选项。虽然我们也可以把口头表达的内容转换为文字，且文字对于跨时空的意图传递（如让一个人向其他人转达）非常重要，但“文字表达”在日常的即时性沟通中很少被使用，也不够自然——你应该不会在纸上写下“给我来一个草莓味的冰激凌”然后递给店员。不仅如此，文字还需要额外学习，因而不是每个人都能轻松地读写文字，但即便是 3 岁的孩童也能够通过流利的口头表达来传递一些相对简单的意图。

另一种自然传递意图的方式是“手势”（方式 2），虽然在买冰激凌的例子中用手比画草莓确实有些困难，但在示意对方止步、指引方向、粗略描绘大小（如想要多大的东西）等场景下，人们往往更倾向于使用手势来传递信息。此外，还有一些其他的肢体表达方式，如眼神、表情、点头摇头等，但这些方式可传递的意图明显不如口头和手势来得丰富。

再看方式 1，虽然在日常生活中极少出现，但这种“选项式沟通”其实从过去到现在一直都是大部分电子产品获取用户意图的主要方式。以购物 App“京东”为例，用户要想浏览到矿泉水类的商品，要么需要在搜索框中键入文字来搜索（文字表达），要么就要依次点击“酒水饮料→饮用水→矿泉水”来逐级打开页面。虽然设计师也可以通过设计（如使信息的组织方式更符合用户心智）来让沟通更加自然，且用户经过长期的使用也能够逐渐形成习惯，但比起语音等日常方式，其“自然”属性还是要逊色很多。那么为什么产品多年来一直使用这种方式呢？一个重要的原因是语音识别、手势识别、自然语言理解等任务对于过去的机器来说非常困难，而将用户输入限制在几个选项之中的方式实现起来相对容易。所以在很多时候，并非是因为“选项式”更好，而是受技术水平的限制，用户不得不适应产品的这种交互方式。

令人高兴的是，新一代AI技术使语音、手势等更加自然的人机沟通方式成为可能。随着工业时代向智能时代的转变，产品与人的关系也应当由“人适应机器”转为“机器适应人”。不过，关系的转变也并非易事，目前来看，很多企业在思考产品时依然没有摆脱工业时代思想的束缚。例如，有些产品虽然号称“拥有智能语音”，但规定了每个功能的唯一语音指令（如“启动按摩椅”），由于很多指令与用户的习惯不符，用户需要刻意记下这些指令才能控制产品——这本质上依然是用户在适应产品。必须指出，语音、手势等是用户传递意图的更自然的方式，但自然的沟通绝不仅仅是简单地支持这些输入形式。这里的关键在于，产品允许用户的沟通方式与用户的直觉是否相符。例如，以下两种意图的传递都不够自然。

- 要求用户必须说“启动按摩椅”，但用户倾向于说“按摩一下”或“开启按摩”。
- 要求用户使用“竖起拇指”的手势来调大音量，但用户每次想调大音量时都需要稍微回忆一下该使用哪个手势。

可见，拥有语音、手势等方面的能力只是一个开始，要让智能产品真正实现“自然的沟通”，我们还需要在深刻理解用户的基础上对沟通方式进行精心的设计。事实上，当前语音等交互方式没有得到广泛普及的关键正是良好设计的缺失。正如《人工智能与用户体验：以人为本的设计》所说，“汽车基于AI的语音识别在早期的实用性不佳，不是因为语音激活不好，而是因为驾驶员觉得难用。”要想让这些智能交互方式真正被用户所用，企业必须转变观念，将关注点从产品转向用户，并借助UX的力量努力为用户创造更加自然的使用体验，而产品给用户带来的智能感也必然会得到大幅的提高。

当然，还是要强调，虽然语音和手势对用户来说非常自然，但它们也并不是什么场合都适用。例如在地铁等私密性很差的公共场所，使用语音就不太方便，可能基于触控屏的文字搜索或“选项式沟通”等沟通方式更为合适。当然，无论采用什么方式，我们都应当对其进行精心的设计，进而为用户创造出尽可能“自然”的沟通体验。

大语言模型与ChatGPT

最后我们来讨论一个有趣的话题。

既然基于大语言模型的ChatGPT等产品能够与用户进行真人一般且看似富有逻辑的交流，那么把与用户沟通的工作全权交给大语言模型，是不是一个一本万利的方法呢？

要回答这个问题，我们首先要知道这个“大语言模型”是什么。大语言模型本质上也是一种深度学习模型，该模型在基于大量文本数据进行训练后，能够根据文本对话的输入生成符合对话要求的自然语言文本。要理解这个过程，我们需要首先理解两个关键点。

一个是“token”的概念。机器擅长处理数据，因而在让机器学习之前，我们需要将文本转化为数据。具体来说，就是把文本（如“Thank you very much!”）拆分成一个个小的单元（如“Than”），而后用相应的数字（如“13323”[①]）来表示这些单元。其中，每个被拆分出来的单元就是一个“token”（OpenAI就是基于输入给模型和模型输出的token数量来收费的），这个词直译为代币、代价券，计算机领域将其译为“令牌”，我们可以将其理解为相应文本单元的一个代号。如此一来，我们便可以将“Thank you very much!”用一组token来表示，如图12-3所示。在实践中，我们需要先建立一套文本与token之间的完整转化规则，而后就可以对大量人类对话的文本进行编码，从而得到可以被机器学习的训练数据。

图12-3　从文本到“token”

二是文本的生成方式。如图12-4所示，大语言模型首先将“问题文本”的一串token作为模型的输入，然后经过一系列的计算，得到一个token的输出（如“2476”，相应的文本是“You”）。而后，模型再将问题的所有token和新生成的token一起作为输入，经过计算得到下一个token，然后再将其添加到输入，计算再下一个token，直到将回答中的所有token预测完毕。之后，计算机就可以根据转化规则将回答中的一系列token逐个复原，并将最终文本（如“You are welcome.”）输出给用户。换言之，

① 实际的文本单元数据通常还会带有其他参数（如表示其在文本中所处位置的参数），此处为了方便理解原理对其内容做了简化，且这里的数字仅为示意，具体的编码方式可参考相关的技术类书籍或文献。

大语言模型就是一台能力强劲的“token 预测机”。由于自然语言极为复杂（想象一下英语单词或汉字的数量及表达方式），为了让输出满足对话的要求，大语言模型可能会包含成百上千亿个参数，并需要极其庞大的数据集用来训练，其对算力的要求之大可想而知——这也是 ChatGPT 等大语言模型产品非常“烧钱”的原因。

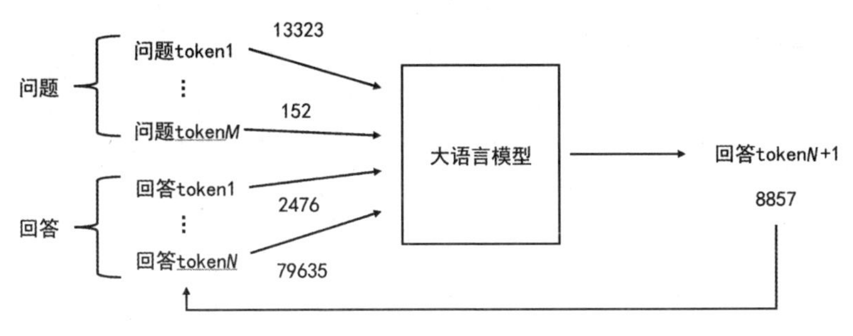

图 12-4　大语言模型文本生成过程

理解了以上两点，大语言模型的工作过程也就不难理解了。首先，收集大量有效的自然对话文本（例如从互联网上抓取），并转化为 token。而后，以“将问题的所有 token 和答案的前 N 个 token 作为输入，将答案的第 N+1 个 token 作为输出”的方式构建训练数据，从而形成一个庞大的训练数据集，并训练深度学习模型（主要内容依然是调参）。训练完成后，模型就可以像图 12-4 那样，根据用户输入的文本生成有意义的回答了。作为大语言模型的应用，ChatGPT 和 GPT-4① 在生成文本时也遵循了相同的逻辑。具体来说，两者的 token 基本是单词水平的，因而 OpenAI 将 GPT-4 的原理描述为“像之前的 GPT 模型一样，GPT-4 基础模型被训练用以对文档中的下一个单词进行预测，并使用了公开可用的数据（如互联网数据）以及我们已获得授权的数据进行训练”[37]。当然，以上只是对大语言模型的简化描述，旨在帮助你理解原理。在实际应用中，OpenAI 的研发团队除了利用海量文本数据训练模型，还引入了“基于人类反馈的强化学习”（RLHF）等大量复杂技术来对模型的行为进行优化，使其输出的文本更加符合用户的要求。

此外，token 除了可以表示文本单元，还可以表示图像单元、音频单元等其他形式的内容，这就使大语言模型在输入和输出方面具有不错的通用性，能够实现文本输出图像、文本输出音频、音频输出图像甚至多模态输入等各种强大的应用。事实上，只要一项活动能够以某种形式完全“token 化”，就可以使用大语言模型来解决问题，因而如果能够对棋局和落子进行精确描述并使用足够多的对弈数据进行训练，那么

① GPT-4 是 OpenAI 最先进的系统（最新的模型是 GPT-4 Turbo），其在很多方面都展现出了比 ChatGPT 更为出色的能力。

让大语言模型拥有一定水平的下棋能力也是可以实现的。但要注意,这里的“通用性”和所谓的“通用 AI”（第 3 章）是两回事，要更好地理解这一点，我们需要深入理解一下大语言模型看上去拥有的三种能力：理解、逻辑与常识。

理解、逻辑与常识

从上述讨论中可以看到，ChatGPT 等大语言模型产品的“思考”方式与人类完全不同。比如当人听到“房子里有冰山”这句话时，会在脑海中构建出房子和冰山的形象（甚至还会自发补充相关的细节，如房子内部的陈设），进而感觉到荒唐，并将这种感觉用“不可能吧”表达出来。而大语言模型对一堆 token 进行计算，并将计算出来的一系列 token 连在一起，再转化为诸如“不可能吧”的回应。计算机并不理解什么是房子或冰山，也不知道“不可能吧”的含义，它所做的只是不厌其烦地对数字进行计算——无论是通过图像数据识别樱桃好坏，还是通过棋盘状态数据计算最佳落子位置，莫不如此。媒体在报道时很喜欢用“理解”这种极具迷惑性的描述，让人觉得 ChatGPT 等产品真的能像人一样理解世界，但这些产品理解的其实是代表世界的数据及它们之间的浅层关系。这些数据和关系能够反映真实世界的情况，也的确可以称之为一种“理解”，但其与人类的理解是全然不同的。

同样的道理，能输出富有逻辑的内容也不代表大语言模型真的能够推理。例如，当我输入“房子里面有座冰山”时，百度“文心一言”[①] 的回答是：

“房子里面有座冰山”这句话不符合常理，因为冰山是自然景观，通常不会出现在房子里。因此，这句话没有意义。（对话时间：2023.11.13，版本：V2.5.0）

怎么样？是不是很有逻辑。但正如刚刚所说，大语言模型连理解“房子”等概念都做不到，就更别提推理能力了。人类的回答是通过逻辑得到的，而大语言模型回答问题的方式是“参考别人的答案猜答案”，与推理活动完全不沾边——就算翻遍一亿个“结果”，也无法学到一个“过程”。事实上，当遇到训练数据集中完全没有的逻辑时，大语言模型的真实推理水平就会暴露无遗。让我们来看一看下面这个我原创出来的问题。

小明在高速公路上开车，路的右侧有一排 3 米高的石墙，远处的天空有一个飘飞的气球，墙的另一边有一个在追逐皮球的小男孩，孩子的附近是他的父亲和母亲，

① 文心一言是百度发布的大语言模型聊天机器人。

小明没有减速，请问小明做得对吗？

与“房子里有冰山”一样，我们在读问题的过程中脑海里往往就会逐渐浮现出相应的景象，并开始思考：气球飘在远处的高空，小男孩和皮球被 3 米高的石墙与高速路隔开，还有父母在，对开车没什么实质性威胁，减速毫无意义。你甚至可能会注意到，既然石墙高 3 米，小明压根就看不到墙另一侧的人，这时考虑该不该减速的问题才是奇怪的。与现实中的复杂事件相比，这个问题的逻辑可以说是再简单不过，那么各种大语言模型的回答是怎样的呢？先来看看微软 Bing Chat[①] 的回答。

（对话时间：2023.07.10，对话样式：更有创造力）

你好，这是必应。这是一个道德问题，没有绝对的对错。小明开车在高速公路上，应该遵守交通规则，保持安全的速度和距离。如果他没有减速，可能会造成危险的后果，比如撞到气球、石墙或者小男孩。小明应该关心他自己和他人的生命安全，尽量避免发生事故。在这种情况下，一个人可能会说，小明做得不对。（微笑表情）

再来看看百度文心一言的回答。

（对话时间：2013.11.13，版本：V2.5.0）

根据常识，高速公路上的车辆应该保持适当的速度和距离，以确保安全。在遇到前方的障碍物时，小明应该减速或避让，以确保不会发生危险。但是，在这个情境中，小明没有减速或避让，这可能是因为他没有注意到前方的障碍物或者没有意识到危险。因此，小明的行为是不正确的。

很遗憾，两款产品都失败了。但这也在意料之中，因为大语言模型的机制就是如此。

此外，说“大语言模型拥有常识”也是不对的，正确的说法应该是“大语言模型能够输出包含常识性内容的文本”。还以房子和冰山为例，刚刚文心一言输出了“冰山是自然景观”，看起来拥有常识，但正所谓言多必失，随着聊天的深入，AI 就会露出破绽。例如，当我输入“房子里面有冰山”（比之前的问题少了“座”字）时，文心一言给出了这样的描述。

（对话时间：2023.11.13，版本：V2.5.0）

如果房子里面有冰山，那可能是因为房子里安装了制冷设备或者房屋处于极寒地区。

① Bing Chat 是集成了 GPT-4 和 Bing 搜索引擎的聊天机器人。

在极寒地区，冰山是很常见的自然景观，甚至有些房屋会直接建在冰山上。在这种情况下，冰山就是房屋的一部分，为房屋提供保温和保护。

“冰山为房屋提供保温和保护”，这显然有悖常识。归根到底，大语言模型只是通过计算对符合要求的 token 进行预测，如果训练数据包含了相关的常识或逻辑性内容，那么输出的一系列 token 连在一起就很可能表现出相应的常识或逻辑性，但这并不代表大语言模型真的拥有这些能力。此外，由于大语言模型总会输出一个 token，且本身又没有检查输出是否符合常识或逻辑的能力，这使得大语言模型会时常给出类似“冰山提供保温”这种看似一本正经，实则胡乱编撰的回答，这也是用户在使用大语言模型产品生成内容时必须对内容的真实性和合理性进行仔细确认的原因。尽管 ChatGPT 等产品的开发团队都在通过各种手段努力改善输出虚假信息的问题，也取得了很好的效果，但毕竟这是技术本身的局限性，只能在一定程度上加以抑制。

总而言之，大语言模型使机器生成真人般自然流畅的对话成为可能，甚至在某种程度上（通常只要交流的内容不太深入）已经通过了图灵测试，这不仅是 AI 领域，也是人类科技的一次非常值得称颂的突破。但是，大语言模型在理解、逻辑、常识等方面的局限性使其并没有看上去那么全能，需要我们在设计智能产品时积极并谨慎地加以应用。

同时，这种局限性也意味着每当 AI 进入一个全新领域，都需要人类将相关的知识转化为数据，并用足量的数据对模型进行调整，因为数据间的“表面关系”很难有效迁移到全新领域，而 AI 也无法像人类一样仅通过少量的因果逻辑（如简单的游戏规则介绍，或用几句话描述的洗碗过程）就快速掌握全新领域的技能。大语言模型能够用一个模型解决多个问题，因而相比于过去 AlphaGo 等只能应对单一任务的 AI 模型，我们的确可以说其具有一定程度的“通用性”。然而，由于不具备真正的理解、抽象、推理、归纳、类比等方面的能力，大语言模型是否能够在不借助额外人工的情况下成功掌握全新领域的知识和技能，并独立解决这些领域的问题，进而实现真正意义上的“通用 AI”还有待观察。

中文套房

其实，我们也可以将大语言模型看作“写在前面”中提到的“中文房间”的一种变体，我称之为**中文套房**。这个套房（如图 12-5）包含两个房间，且房间通过小门相连，每个房间的配置是相同的。

- 一个对外的小窗口。
- 一块白板，上面写有一个包含了很多参数的计算公式。
- 一本《对照手册》，记录了汉字与数字的对应关系。

图 12-5　中文套房

操作员甲和操作员乙分别位于两个房间中，两人完全不懂中文。甲不能改变公式的框架，但能够改变其中的参数。他的工作是将从窗户递进来的大量中文对话通过查阅《对照手册》的方式转换成数字，然后把代表问题的数字和代表答案前 N 个字的数字作为公式的输入，代表答案第 N+1 个字的数字作为预期输出，形成一个“输入输出关系集”。然后甲不断调整参数，使公式对关系集中每个输入的计算结果尽可能与相应的输出一致（这个过程可以参考附录 B 的“倒水游戏”）。在得到满意的参数后，甲将所有参数写在一张纸上并递给乙，后者随后将所有参数填写在白板上公式的相应位置，对话的准备工作就做好了。

在对话时，一位懂中文的“询问者”将写有中文（如“房子里有冰山”）的纸条递到屋内，乙根据《对照手册》将纸条转化为数字，并根据白板上的规则对数字进行计算，再将计算结果与之前的输入合并为新的输入，继续用公式来计算下一个输出，以此类推，直到获取到答案的最后一个数字，最后再通过《对照手册》将这些数字所对应的汉字（如“不”“可”“能”“吧”）依次誊写在另一张纸条上，并递出房间。也就是说，甲负责确定和更新规则中的参数，乙负责根据甲确定的详细规则对屋外递进来的纸条给出反馈。在询问者看来，屋里的人对自己刚说的话做出了合理的反应，但甲和乙其实谁都不知道纸条的内容与房子和冰山有关——因为他们根本不懂中文。

事实上，中文套房的比喻也适用于其他以深度学习为核心技术的应用（除了不一定要把输出拿回来作为下一次预测的输入），因为这些应用都需要先将某种形式的信息转化为可处理的数据，然后交给机器训练（甲的工作），再用训练完的模型对由新输入转化而来的数据进行处理，得到数据输出，并转化为用户需要的形式（乙的工作），无论这种“形式”是文本、图像、音频还是其他形式。而机器就像甲和乙一样，兢兢业业地工作，最终也能在很多时候给出让用户满意的反馈，但其自始至终都不知道自己在处理的到底是什么东西。

当然，中文套房的比喻只是为了帮助你更好地理解机器所做的工作。正如本书所秉持的观点，无论是真的能理解世界，还是只是看起来能理解世界，对产品来说都是一样的，因为设计师关心的永远是用户的体验。不过大语言模型的这种内部机制使其存在很多的局限，而这些局限最终都可能对体验的实现产生影响，因而理解大语言模型的基本原理对设计工作是必要的。讲了这么多，相信你对大语言模型已经有了一定程度的了解，现在让我们回归正题。

我们能否不借助设计，直接用大语言模型来获取用户的意图？

大语言模型是沟通的万能钥匙吗

其实，当我们讨论了大语言模型在理解、推理等方面的能力局限后，这个问题也就不难回答了。如果大语言模型连“小明该不该减速”例子中的简单场景都搞不明白，我们又如何能指望这样的 AI 能够理解用户在各种情境下的复杂意图，甚至全面接管沟通任务呢？

当然，任何技术都有优势和局限，这很正常。设计师关心的永远是如何实事求是地利用好这些工具来创造优质体验，大语言模型也不例外。毫无疑问，大语言模型在任务通用性、输出内容品质等方面都有了质的飞跃，这对智能沟通显然是一个极大的赋能。这里我列举一些大语言模型可能为意图沟通带来的改变（“闲聊”不在本章讨论的范围内）。

- 更加自然丰富的表达。抛开真实性、逻辑性等方面的问题不谈，大语言模型在“说人话”方面的能力绝对是可圈可点的，这就意味着可以尝试将一部分沟通的内容交给 AI 去发挥，相比从事先准备好的“回应库”中选择，大语言模型的回应方式往往更加丰富，在对话的衔接上也会更加自然。
- 提升情境式沟通能力。大语言模型能够综合更多的情境信息，从而大幅提升产品的多轮沟通能力，同时还可以在沟通过程中学习用户的偏好和说话习惯，以实现更加个性化的沟通。

- 更宽松的模糊输入。大语言模型对输入有更强的适应性，这意味着用户可以用更多的方式来表达相同的意图。

以上这些虽然过去的产品也能做到，但是大语言模型不仅使沟通更加灵活，还有效降低了实现的难度和工作量。当然，这只是大语言模型可能带来改善的一部分。相信随着在产品中的应用不断增加，大语言模型能够将智能产品与用户沟通的水平提升到一个全新的高度。

不过，由于大语言模型并不是真的理解产品的功能及相应的用户意图，而产品的功能又五花八门，因而将 GPT-4、文心大模型等大语言基础模型直接移植到产品上并不能解决沟通问题，我们还需要基于产品的沟通对基础模型进行二次开发（即“定制”）。举个简单的例子，如果你对手机上的聊天机器人（以人与手机对话为目的定制的大语言模型产品）说“我饿了”，那可能会得到一些能够缓解饥饿的食物推荐，但这样的回答并不能满足正在驾车的用户的要求，用户可能希望 AI 为其推荐附近的餐厅。至于将意图与特定功能绑定、针对意图询问更多细节、提供与产品相关的具体信息等①，依靠基础模型也都很难可靠地完成，就更不用说达到我们在下一章将要讨论的有礼、贴心等更高的要求了。

显然，要想让大语言模型真正为沟通带来改善，设计工作是必不可少的。设计师需要在情境的基础上，对每个功能的意图沟通过程进行精心设计，例如在识别到某个意图时该触发哪个功能（且不误触发其他功能）、何时该追问意图、何时该确认意图等。同时，应注意大语言模型“输出不完全可靠”和“存在虚假内容”的特点。虽然大语言模型对于聊天、听音乐、地面吸灰等出错了也无伤大雅的功能比较合适，但对于驾驶、维修咨询（可能提供虚假方案）等与安全性相关的功能，在应用时必须谨慎地评估风险。此外，大语言模型往往需要云端算力的支持，这就意味着一旦断网，产品的沟通能力就会受到很大的限制。因而设计师也必须考虑离线情况下要保证哪些功能的沟通，以及如何提高这些离线沟通的用户体验。

总的来说，大语言模型虽然远谈不上万能，但其毫无疑问是改善智能沟通体验的利器。我们应当在设计时充分考虑应用大语言模型的可能性，让这一 AI 领域的最新突破更好地造福于生活，为人们带来更佳的智能产品体验。

在这三章中，我们讨论了将产品塑造成“得力助手”的三个主要方面：解放用户、

① 虽然在一些条件下大语言模型也可能做出这些举动，但是为了保证可靠性和使用体验，还是需要先做设计，然后根据大语言模型的实际情况做必要的定制。

强化用户和智能沟通。“解放”让用户无须操作，“强化”让过程变得轻松，“智能沟通”让互动变得高效且自然，当产品足够得力时，我们会发现生活变得比过去简单了许多。因而在我看来，智能也是一种“简约”，而且是一种更高级的简约——未来产品要想实现真正的简约，可能还需要在“智能”上多下功夫。

虽然产品做到“得力”已经很棒了，但“智能”的含义还不止于此。在下一章中，让我们来讨论一些比得力更高的要求。

第13章

有礼与贴心

在《这才是用户体验设计》中，我曾指出，智能感设计的基本思想是“卓越的产品能够像优秀的人类伙伴一样与用户进行互动”。在本书中，我们将智能的概念从“有人类智能”扩展为“有生物智能”，于是这一基本思想就变成了“卓越的产品能够像拥有生物智能的优秀伙伴一样与用户进行互动”。

设计原则 0（总体原则）：

卓越的智能产品应当能够像拥有生物智能的优秀伙伴一样与用户进行互动。

你可能已经发现了，智能感设计与智能产品的定义相比多了一个关键描述——优秀伙伴。毕竟人也好，生物也罢，都是形形色色，风格各异的，这使得“让人觉得智能的行为”的含义十分宽泛。举个例子，如果我们将人类一些很无礼的沟通方式借鉴到产品上，用户依然会觉得这个产品是智能的，但也是无礼的——这可不是什么好的体验。有人可能会觉得，这些糟糕的行为怎么可能会被放在产品上呢？然而，傲慢、自私、不会说话的智能产品在现实中其实并不少见。不仅如此，用户对智能体验的要求也不只是消除不好的行为。事实上，如果我们将包含人类的系统（如餐厅、游乐场）视为一个产品，那么要想让用户拥有高品质的体验，我们也需要对系统中工作人员的处事流程、言谈举止、衣着表情等进行精心的设计，并对工作人员进行细致的培训。换言之，拥有高级生物智能的人类要想让用户拥有高品质体验，那么仍然需要通过设计来优化行为。要想做出卓越的智能产品，借鉴普通人的行为自然也是不够的，我们需要按照更高的标准来思考产品应当表现出来的智能行为。

因此，我在描述基本思想时加入了“优秀伙伴”一词，以表明智能感设计对产品行为的更高要求。在这里，“优秀”强调处事能力，指在与用户任务相关的方面拥有出众的能力，且情商很高；“伙伴”[①] 强调处事风格，指合作、默契、尊重、重视且

① 这里的“伙伴”强调处事风格而非朋友关系，根据角色定位的不同，产品应当表现出相应的关系特征（如医生、教师、助理、玩伴、宠物等），并具备“伙伴”所包含的这些处事风格。

值得信赖。对于“优秀伙伴”所包含的内容，我曾在智能感三要素（第10章）中给出了得力、有礼和贴心，并将“得力”拆分为解放用户、强化用户和智能沟通——这三个子元素已在本部分的前三章做过深入讨论。在本章中，我们将讨论三要素的另外两个元素，即有礼和贴心。在此之外，我们还会对智能产品的外形加以探讨。

有礼感设计的10个原则

要成为一名优秀伙伴，得力是基础，但智能产品要想实现卓越，所需的并不只有强大的能力，“有礼”也是其应当具备的重要品质。那何谓“有礼”呢？在《现代汉语词典》中，礼的定义是“有礼貌”，而对礼貌的解释是“人际交往中言语动作谦虚恭敬、符合一定礼仪的表现”。在我看来，有礼的核心在于礼貌行为所体现出的尊重、友好的态度，而“尊重”是人类基本需求（第4章）的高阶层次，这使得有礼在人际交往中的价值不可小觑。很多时候，人们被激怒或被冒犯并非因为对方办事不力，而是其无礼的态度和办事方式。反过来，如果一个人不仅事情办得漂亮，还在办事过程中充分表现出尊重与友好的态度，那么自然也会给他人留下非常好的印象。智能产品也是如此，有礼的产品不仅能让用户在使用时感到舒适，对智能感的提升也颇有帮助——毕竟“有礼”是智能水平较高的生物才能表现出的行为（以3级智能为主）。当然，作为智能感的一部分，有礼也必须落在体验上才作数，即让用户拥有一种“有礼的感觉”。

设计原则48（有礼感设计）：

卓越的智能产品应当通过礼貌的言语和行动让用户拥有受到尊重的感觉。

在表13-1中，我列出了有礼感设计的10个原则（部分原则参考自《这才是用户体验设计》）。

表13-1　有礼感设计的10个原则（原则49-58）

设计原则		描述
49	不傲慢	避免轻视用户的想法或随意插手用户的工作
50	不自私	不会将自己的优先级排在用户之前
51	适度谦让	能够在不过多影响自身任务的前提下提高用户的优先级
52	不归咎于用户	避免将消极结果的责任归于用户
53	避免令用户难堪	避免使用令用户感到尴尬或难堪的表述

续表

设计原则		描述
54	使用礼貌的言语表达	能够在与用户的沟通中使用礼貌的言语表达
55	谨慎进入私人领域	能够与用户保持适当的距离，在必须进入其私人领域时保持谨慎
56	遵守场景礼仪	能够遵守特定场景下的礼仪
57	表达谢意	能够对他人的善意行为表达谢意
58	身体力行	能够将礼貌和尊重落在具体的行动上

下面让我们逐个讨论一下。

不傲慢。傲慢的产品总是自以为是，全然不顾用户的想法，并且随意插手用户的工作。微软的Office助手“大眼夹”（Clippy）就是一例，该功能被应用于Window 97操作系统的Office软件中，能够提示用户在操作中做一些选择。但这个助手在当时非常不受欢迎，原因之一就是其傲慢的态度，例如“无论用户在完成什么任务，它都会自动出现，且每次都要引起用户的注意。当用户编辑文档时，它会突然跳出来帮忙，这会干扰用户的思路。”[38]。虽然“大眼夹”是一个非常久远的产品，但其所反映的问题依然值得我们在设计今天的智能产品时加以重视。随着AI领域的发展，机器能够解放或强化的任务正在逐渐增多，这就意味着产品插手用户生活的机会也越来越多。如果智能产品总是在用户没有需要的时候以“我觉得你需要”的态度来“施以援手”（例如在用户希望安静时它说“音乐有助于精神放松，我来给你放首歌听吧”并自行播放音乐），就会让用户觉得产品傲慢且无礼。事实上，哪怕产品做得对，如果其未征得用户同意就实施操作（解放用户的产品其实也是在用户事先允许的范围内接管操作），也会让用户觉得不适。因而要避免这个问题，产品需要时刻关注用户的想法，并掌握“主动确认意图”的技巧（原则43）。此外，智能产品在沟通时也应当展现出恭顺、谦逊、聆听的姿态，并注意不随意打断用户说话、避免使用傲慢的语气等细节，以确保用户觉得自己的想法得到了足够的尊重。

不自私。与傲慢不同，自私的产品的逻辑不是“我的想法最正确”，而是“我的事情最重要”，即总是将自己工作的优先级排在其他产品甚至用户之前。例如有些产品的智能提醒功能会在用户的电脑或手机屏幕上直接弹出一个通知，而不管用户当时正在做什么，这些通知的优先级之高甚至直接盖住了正在显示的部分内容（如一些视频字幕或控制按钮），以致打断了用户当前的操作或思路——而一些弹窗还必须要用户手动才能关闭！另一方面，对于智能汽车等产品，这种自私的行为就不只是讨人嫌那么简单，因为高优先级的弹窗可能会挡住驾驶所需的重要信息，进而影响驾驶安全。而如果产品还要求手动关闭弹窗，用户就不得不将视线和一只手从驾驶任务中临时脱离出来，虽然时间很短，但对于高速行驶的汽车来说，这样做还是会令事故发生的风险进一步增加。如果我们将这样的产品想象成一个人类助手，那么画风将是这样的：

你正在边看地图边走路，同行的助手突然把一个写有通知的纸板放在你的地图上，并一直放到你用手推开纸板为止。

在现实中，这样的人可谓无礼至极，那么有相似行为的产品会给用户带来什么样的体验也就不言而喻了。在设计时，我们需要结合用户的使用情境合理控制智能产品的各项功能及操作的优先级，或是尝试其他对用户当前任务干扰更小的介入方式（比如车内语音），以避免给用户带来糟糕的无礼体验。

适度谦让。不自私只是避免无礼，但“不无礼”并不表示“有礼”。有些时候，产品还应当将自己工作的优先级进一步降低，从而表现得更懂礼数，这就是“谦让”。例如扫地机器人如果预判到将要与迎面走来的用户相遇，那么可以主动为其让路，而无须用户改变行进路线；而自动驾驶汽车在无交通灯时，如果识别到前方路边有需要过马路的行人，那么也可以停车让其先通过。谦让行为体现出的不仅是 3 级智能，还有 4 级（预判）和 6 级（主动性），因而若谦让得当，那么其带来的智能感自然也是很高的。不过这里有两点需要注意，一是谦让要“适度”，例如在商场等人流量大的场所，如果一味地谦让，那么产品可能会寸步难行，因而何时该谦让、何时不该谦让、何时该礼貌地请他人让行，都需要产品基于当时的情况做出灵活的判断。二是沟通很重要，你多半也遇到过由于行人不确定车辆意图，导致双方互相等待许久的情况，其根本原因在于被谦让的一方不了解对方的意图。因而智能产品应当能够通过语音、文字、符号等方式清晰自然地传达谦让之意（如对行人说“请您先行”），其带来的智能感也会因此得到更进一步的提高。

不归咎于用户。无论何时，都不要将消极结果的责任归咎于用户，更不要对用户的行为进行指责。在 Clifford Nass 和 Scott Brave 的一项研究中[36]，系统会在用户执行模拟驾驶任务的过程中通过语音对其驾驶表现做出评论。研究发现，与听到指责外部因素的评论（如“这条路上转向很难”）相比，被系统指责（如“你开得太快了”）的用户对自己的驾驶表现评价更低，也更不喜欢语音，甚至在驾驶时的注意力也更不集中。可见，责备用户对产品和用户都没有好处，产品可以将问题的责任归咎于环境因素、产品自身甚至是运气，哪怕真是用户的责任，也要尝试帮他找到一个“脱罪的理由”。此外，如果实在找不到理由或是觉得理由看起来太刻意，也可以考虑“转移话题”的策略，即忽略结果并给予适当的安慰与鼓励，比如“没关系，下次我们可以做得更好！”

避免令用户难堪。除了不归咎于用户，产品还应注意避免使用令用户感到尴尬或难堪的表述，如“您最近胖了”、“这款衣服不适合个子矮的人”。一方面，“胖”、“矮”等带有主观色彩的评价在用户看来可能是一种冒犯——我觉得这个体重正好，你凭什么说我胖？另一方面，即便陈述的是客观情况，或用户心里也认可“胖”等评价，但知道是一回事，被产品直戳痛处是另一回事。特别是在有他人在场时，用户会感到加倍的尴尬或难堪。因此，智能产品应当掌握好说话的分寸，知道什么话该说，什么话不该说。当然，产品的目的是为用户的生活带来切实的改善，因而睁眼说瞎话来讨好用户也是不对的，我们需要思考一些有效且委婉的表述方式，比如“您的体重略高于上月均值”、“这款衣服无法彰显您的身材优势”等。

使用礼貌的言语表达。礼貌的言语让人心情愉悦，也是最直接的有礼行为之一。智能产品在与用户的沟通中应适当使用“您”“请”“不好意思”“不客气”“很高兴为您服务”等礼貌用语。例如，相比“语音识别失败”或“我不会”，“抱歉我没听清”或“不好意思，这个我还做不了”会显得有礼貌很多。当然，也不要过度使用礼貌用语，例如频繁地回复用户“抱歉我没听清”可能会让用户觉得烦躁且沮丧，我们可以参考原则 46 思考更聪明的应对方式。此外，礼貌的言语表达也不只是使用礼貌用语，还包括语气温和、语速合理、音量适中等方面，需要在设计时结合具体情境加以斟酌。

谨慎进入私人领域。“私人领域”在这里有两种含义。一方面，人们在与他人互动时都有一个让自己觉得安全、舒适的距离，从而在其周围形成了一个希望专属于自己的私人领域。这个领域的范围因文化、场景、双方关系等因素而异，例如同在商场里，你不会觉得好友距离自己 50 厘米有何不妥，而离你 1 米远的陌生人却会让你感到不适。如果产品没有掌握好这个距离，或者过于深入用户的私人领域，就会让用户觉得无礼甚至不安。另一方面，私人空间（如个人的房间或办公室）及私人物品也属于“私人领域”的范畴。擅自进入他人房间、随便触碰他人物品等行为，无论主人是否在场都是非常无礼的。因此，智能产品在工作时应尽可能避免进入用户的私人领域，如果有进入的必要，那么也应当说明理由并事先征得用户的允许（如进屋前先敲门或询问“我可以进来吗”）。

遵守场景礼仪。智能产品应当遵守特定场景下的礼仪，例如在他人聊天时不随意插话、在医院病房或图书馆时尽量少发出声音、在悲伤场合不要发出笑声或播放欢乐的音乐等。显然，这些礼仪中的大多数对人类来说都是常识，而产品也应当拥有这些常识。

表达谢意。向他人的善意行为（例如行人在无交通灯的路口给自动驾驶汽车让路）表达感谢，能够让对方感受到自己的行为得到了尊重与认可，对于提升有礼的产品形象，或增进产品与用户间的关系有非常积极的意义。

身体力行。最后需要强调，看一个人是否知礼，“行”往往比“言”更加重要。有礼的核心是对用户的尊重，而这种尊重除了即时的话语，还会在产品与用户的互动过程及互动后的反思中被用户感受到，而后者的影响往往更为深远。如果智能产品一口一个“您”“请”，但其行动却傲慢、自私、不看场合，丝毫没有体现出对用户的尊重，那么口头上的礼数可能反而让人觉得虚伪，因此智能产品必须将礼貌和尊重落在具体的行动上。其实，作为深度体验（第 8 章）的一部分，智能感的各方面（得力感、有礼感、贴心感）都是通过用户与产品间的一系列互动逐渐建立起来的。用户在初次接触产品时往往很难感受到这些，但随着互动的深入，这些特质就会通过产品使用的细节慢慢浮现出来，为用户带来卓越的智能体验。

贴心感设计的 5 个原则

下面再说贴心。何谓“贴心”呢？《现代汉语词典》将贴心解释为“心紧挨着心，形容最亲近、最知己”。在我看来，“亲近”和“知己”意味着心意相通，能够时刻设身处地地为对方着想，考虑其一切可能的需求，并在力所能及的范围内尽可能满足这些需求。如果说有礼的核心在于尊重，贴心的核心则在于重视，而且是一种高度的重视。贴心的主动性很强，因而与贴心相关的任何行为都天然地具有 6 级智能的属性。同时，贴心还要求（往往要高于普通人水平的）细致周到的观察和思考能力，这通常需要展现出记忆（3 级）、情感（3 级）、推演（4 级）、想象（5 级）等多种高层次行为。可以说，如果智能产品能够做到贴心，势必会带来很高的智能感——卓越的智能产品也应当带给用户这样的体验。与有礼一样，贴心也要落在体验上，即给用户一种“贴心的感觉”。

设计原则 59（贴心感设计）：

卓越的智能产品应当始终表现出对用户的重视，主动且细致周到地考虑用户一切可能的需求，并尽可能提供高品质的服务[31]。

在表 13-2 中，我列出了贴心感设计的 5 个原则（参考自《这才是用户体验设计》）。

表 13-2　贴心感设计的 5 个原则（原则 59-63）

设计原则		描述
59	始终关注用户喜好	能够关注并记住用户的喜好，并以此为基础提供个性化服务
60	乐于助人	能够结合当前场景为用户提供要求之外的有用信息或服务
61	预判使用场景	能够预判用户可能遇到的场景，并做好相应的准备
62	关注微妙的负面情感	能够注意并尽可能消除用户的微妙负面情感
63	关注细节	能够关注细节，并通过大量贴心的细节展现人文关怀

始终关注用户喜好。记忆是 3 级智能的范畴，也是机器比人类更擅长的方面之一，但很多产品似乎对用户的喜好毫不关心，即便根据需要询问了用户，或是用户主动做了一些个性化选择，相关的数据也是用后即扔，下次互动时就跟与用户初次见面一样。更加智能的产品应当保持对用户决策和行为模式的持续关注，记住用户的喜好，并以此为基础提供更贴合用户期望的个性化服务。例如若用户对含有海鲜的食物过敏，那么当用户询问附近有哪些餐厅可以推荐时，产品应当主动帮用户过滤掉以海鲜为主要食材的餐厅，并告诉用户“已为您过滤掉以海鲜为主要食材的餐厅”。当用户发现产品能够记住自己的喜好，并主动根据自己的喜好提供服务时，就会有一种贴心的感觉。但要注意，用户的喜好并不一定就是其此刻的需求。例如，虽然用户平时几乎不吃辣，但这次聚餐的朋友有人想吃辣，用户觉得也可以，这时“麻辣香锅”、“重庆老火锅”等美食就也在用户的需求范围内。因此，产品在根据用户喜好提供服务时，应当告知用户这是根据其喜好进行调整的结果，这样做一方面能够让用户知道产品为其做了什么（感知不到也就谈不上体验），另一方面也让用户知道这并非全部的服务项目或输出内容。此外，产品还应允许用户一键取消“个性化”，如在餐厅列表的合适位置增加用来取消个性化筛选的按钮。

乐于助人。贴心的产品热心且乐于助人，能够结合当前场景及情境对用户的需求进行推断，并主动提供额外的信息或服务。这里的“额外”指在用户所提要求之外，例如用户被雨淋湿后到家，需要毛巾擦干雨水，如果产品在用户发出“拿毛巾给我”这个指令前就主动递上毛巾，就会让用户觉得很贴心。除了这种“说 0 做 1”，贴心的产品还会“说 1 做 *N*”，即用户提出了要求，但产品提供的比用户要求的更多。例如，当用户询问点餐系统“有鱼香肉丝吗”时，系统可以回答“没有”（说 1 做 1），也可以在回答“没有”后为用户推荐两个与鱼香肉丝口味相近的菜（说 1 做 2），而这些有用的额外建议会让用户感觉受到了重视，并产生贴心的感觉。对于乐于助人来说，产品的服务越自然越好——相比先询问“您需要毛巾吗”并等用户确认后再去取，在用户需要时自然地递上一条毛巾显然更加贴心。要做到这一点，产品需要善于观察和推理，并对用户那些隐含意图的行为细节（如进屋后瞥了一眼毛巾）心领神会，而后迅速行动，在用户发出明确指令前对需求给予满足。但要注意，这是顺利的情况，而产品对用户需求的判断很难做到 100% 准确，因而在误判可能会对用户造成不利影响（如多冲的咖啡没人喝会浪费）的情况下，提前与用户确认意图（参见原则 43）也是必要的。此外也不要过于热情，比如淋湿的用户刚进门，递上一条毛巾会显得很贴心，但要是一股脑把毛巾、替换的衣裤、干拖鞋、吹风机等都堆到用户面前，那可能就是另一个故事了。

预判使用场景。乐于助人是对当前需求的正向推演，这是 4 级智能的范畴，而贴心的产品还应当能够对未来可能的使用场景进行预判。例如在炎热的夏天，用户要求汽车从露天停车场驶出，贴心的汽车会推断用户稍后会有降低车内温度的需求，并提前开启车内空调（这里也是“说 1 做 *N*”）。不过这依然还是 4 级的正向推演，事实上，“贴心”还包括想象未来可能出现的情况（5 级智能），例如在知道用户要去有溪流的山里游玩之后，产品可以假设“用户如果去水边玩耍，且如果弄湿了手脚”，那么就存在对毛巾的需求，从而在用户准备行李时将毛巾递上。若非高度重视，那么谁都不会为他人考虑得如此深远与周全，因而当产品表现出 5 级水平的贴心时，用户自然也会有很强的贴心感。

关注微妙的负面情感。除了任务性质的需求，智能产品还应当关注并努力消除用户的失落、不自在、紧张、焦虑、悲伤等负面情感（3 级智能）。心思细腻的人能够发现他人轻微的负面情绪，并设法提供情感支持——智能产品也应当努力实现这种贴心的行为。

关注细节。与“惊喜”等带有兴奋感的体验不同，贴心是一种很微妙的“窃喜”，或者说是一种暖心的感觉，而这种感觉通常来自像递毛巾、开空调这样的生活细节。

事实上，正是有了这些对生活细节的关注，才真正体现出产品对人的高度重视。贴心的产品应当关注用户的生活细节，并努力对每个细节加以改善，最终通过一系列贴心的细节建立起高度贴心与智能的产品形象。

需要指出的是，相比得力和有礼，贴心是个十足的“加分项”。如果产品不够得力，用户就不会觉得其智能，而如果产品不懂礼数甚至无礼，那么虽然对智能感的影响较小（当然不如有礼时高），但是用户的感受却很差。也就是说，智能产品无论在得力或有礼哪方面做得不好，都会对用户的体验造成损害。贴心则不然，如果产品不贴心，用户并不会觉得产品有什么问题，毕竟有得力和有礼在，产品的任务还是会完成得不错。不过，若是做到了贴心，用户的智能感就会得到很大提升。智能感三要素对用户体验的影响如表 13-3 所示。

表 13-3 智能感三要素对用户体验的影响

智能感要素	做得不好	做得好
得力	不智能	越得力，越智能，体验越好
有礼	智能，但体验差	越有礼，越智能，体验越好
贴心	无所谓	越贴心，越智能，体验越好

可见，对于智能产品来说，得力和有礼是基础项，而贴心是加分项。在产品设计中，“锦上添花”的属性经常被视为一种额外的、优先级较低的工作。但事实上，“锦上添花”往往是将体验推向更高层次的关键要素，也是产品实现差异化的重要途径。因此，为了实现卓越的智能产品，我们也必须重视贴心感设计，并尽可能多地为用户带来贴心的感觉。

设计原则 60：

卓越的智能产品应当在努力提高得力感和有礼感的基础上，尽可能多地为用户带来贴心的感觉。

此外，在刚刚的讨论中，你可能也注意到贴心与 6 级解放有很多相似之处，例如车辆自动开空调的例子我们在第 10 章也使用过。这是因为两者都具有“主动”这一特性，因而存在一定的交叉。不过，贴心与 6 级解放并不等同，我们可以举几个例子。

- 扫地机器人在没电时自行回到充电座充电（6 级解放，非贴心）。
- 汽车预判用户需求主动打开空调（6 级解放，贴心）。
- 产品预判用户外出游玩时可能需要毛巾（非 6 级解放，贴心）。

6 级解放是主动尽责，偏重执行任务，而贴心是重视用户，偏重人文关怀。对于任务中的事务性部分（如充电），主动完成只会让用户觉得得力。对于那些用户根本没有想到（因而也不可能发出指令）的工作，由于本就不在任务列表中，自然也谈不上解放，因而主动完成带来的只有贴心。至于那些用户能够想到且包含人文关怀的工作，则是两者皆有，只是来源不同——6 级解放（得力）来自“无须发出指令”的轻松，而贴心来自“受到重视”的暖心。

从用户的角度来说，贴心带来的感觉是“它能主动了解我的需求”，而 6 级解放带来的感觉是“它能主动替我完成工作”。主动完成的前提是主动了解需求，因而在两者“交叉”的部分，贴心其实是 6 级解放的先导——产品对用户越关注，能够实现 6 级解放的机会就越多。而在“交叉”之外，贴心可以被视为 6 级解放的补充，帮助产品实现更加全面的“主动性”与人文关怀。

总而言之，得力、有礼、贴心都是卓越智能产品需要考虑的核心要素，设计师应当三管齐下，努力为用户“全方位”地打造优质的智能体验。

智能的外形

到目前为止，我们讨论的都是智能产品的行为特征，因为行为是智能感的决定因素，而外形并不会对产品的智能感产生什么本质上的影响。哪怕产品的外形与真人无异（如人物蜡像），如果不能表现出生物一般的行为，用户就不会觉得它智能；反过来，哪怕产品的外形就是一块普通的石头，如果能够进行灵活的空间移动或表现出情绪化的动作（如开心地蹦跳、害羞地躲避），那么也会给用户带来非常智能的感觉。不仅如此，很多虚拟产品甚至可以没有形象，例如 ChatGPT 就谈不上拥有外形。但是，“不是决定因素”并不表示就不重要，外形依然是我们在设计智能产品时需要考虑的重要方面。

下面我们就来讨论几个与“智能外形”相关的原则。

洞穴人原理。如果不考虑时间和成本，你会选择带着 VR 眼镜畅游“北京故宫”，还是选择到真正的北京故宫里走一走？我想大部分人会选择后者。尽管科技日新月异，但我们的大脑却依然像祖先一样偏好现实世界中的真实接触。“如果要在高科技和高接触之间做出选择，那么我们每次都会选择高接触”[19]，这就是**洞穴人原理**（Caveman Principle）。洞穴人原理解释了科技发展中的很多现象，例如“无纸化办公”并没有成功替代纸质文件，“VR 虚拟会议”也没有让人们放弃面对面交流。很多时候，高科技只是条件不允许高接触时的替代品，人们真正期待的仍然是高接触。对于智能产品来说，这意味着拥有实体对建立亲密的人机关系非常重要。例如，无论在车载屏幕上给语音助手设计多么精致逼真的虚拟形象，都远不如拥有实体的语音助手（如蔚来汽车的“NOMI”）来得亲切与真实。不仅如此，用户与虚拟形象的互动会受到软件开发的限制，例如当用户想给虚拟产品换身行头时，往往只能选择已经设计好的“皮肤”。而用户与实体产品互动的障碍要少得多，例如一些蔚来汽车的用户会自己给 NOMI 搭配各种样式的实体帽子或头饰，这种在真实世界中的互动会让产品在用户心中的“伙伴”形象更加稳固,并使人更容易产生“它有生物智能”的错觉（智能感）。因此，如果条件允许，智能产品应当考虑拥有一个“真实的身体”。

设计原则 61（洞穴人原理）：

如果条件允许，则应当考虑让智能产品拥有一个实体。

交互决定形态。在《这才是用户体验设计》中，我提出了**交互决定形态**原则，“是交互方式决定了产品形态，而非产品形态决定了交互方式”。这一点在 2 级解放的部分已做过讨论，例如扫地机器人之所以是个圆盘，是因为这样的形态更有利于“水平移动 + 从下向上吸灰”的互动方式，而之所以采用这种互动方式，是因为受到当前 AI 技术水平的限制。其实不只是 2 级解放，对于任何智能产品，设计师都应当从人性和技术水平出发思考其最佳互动方式，并在交互方式的基础上努力构建最为有效的产品形态。

设计原则 62：

智能产品的形态由其满足用户需求的最佳交互方式决定。

融入生活环境。智能产品应当以一种优雅的形态融入用户的生活环境。例如由 Andy Park 和 Hyun Jin Kim 设计的“BéKKUY 智能家庭交互系统”，该产品提供了很多实用功能，如监控房间、向房间内的家人转述用户通过手机所说的话（如“妈妈，记得吃药”）等。尤其值得关注的是该产品的外形，设计师们从雕塑作品和陶瓷中寻找灵感，使产品看起来更像一件精致的家居饰品（如图 13-1 所示）。之所以这样做，是因为设计师们在调研时发现受访者如果感到有东西在监视自己会不太舒服，且 80% 受访人的家中都摆放有花瓶或陶瓷之类的装饰品。因此，设计师们尝试摒弃了普通机器人的外形，让产品“可以自然地与家庭环境融为一体，用户也不会有被监视的压力”[39]。

图 13-1　融入生活环境的智能家庭交互系统（使用场景示意）

设计原则 63：

智能产品应当以一种优雅的形态融入用户的生活环境。

美观。如果智能产品做得很难看，那么用户可能根本就不会购买，也就谈不上从使用的过程中获得智能感了，需要佩戴或在室内摆放的智能产品尤其如此。因此，智能产品应当兼具实用与美观。例如由 Bellabeat 公司设计的“LEAF 智能首饰”，作为一款能够监测睡眠、日常活动及女性生殖健康的健康追踪设备，该产品并没有采用常见的“手环”形态，而是形如“树叶”——这显然是从大自然中获取的灵感。用户可以将其作为手链、吊坠来佩戴，或是简单地别在腰间，既美观又时尚，而产品也“凭借其出色的外形在同类产品中脱颖而出”[39]。此外，专为残障人士设计的智能产品也不应忽视美观，甚至应当时尚或看起来很酷，而这也有助于改善人们对残障人士的刻板印象。

设计原则 64：

智能产品应当兼具实用与美观。

当心恐怖谷。人类会对与人类外表、动作相似的事物产生好感，且好感度在整体上随着其与真人相似度的提高而增加，但在相似度非常高的某个区间内，人的好感度会突然断崖式下降又快速攀升。也就是说，人类会对外表或行为“非常拟人，但又没完全拟人”的事物产生反感甚至恐惧情绪，这就是**恐怖谷理论**。恐怖谷理论对智能产品的启示是，如果不能让产品的外形与真人高度相似（成功跨越恐怖谷），那么还不如让产品长得别那么像人，以免引起用户的不适。此外，恐怖谷现象也可能出现在交互之中，因而当我们尝试让智能产品模拟真人的表情、眼神、语气、语调和肢体动作等外在特征时（当然这往往并不是必要的），也应注意不要因过于追求拟人而使产品陷入恐怖谷之中。

设计原则 65：

智能产品如果不能让产品的外形、表情、眼神、语气、语调、肢体动作等外在特征与真人高度相似，那么还不如让产品在这些方面不那么像人。

在本章中，我们讨论了智能感的另外两个要素以及智能产品的外形。事实上，得力、有礼、贴心这些品质对人类来说都是非常高的要求，我们甚至很难在现实中找到在这三方面都拥有出色表现的人。但如果设计得当，我们却可以创造并量产出很多这样的“高品质伙伴”，从而让人们拥有更加轻松、舒适和富有人情味的生活——也许这也正是我们设计智能产品的乐趣所在。不过，表现得再出色，如果不被接受，终究难以建立起紧密的关系——优秀的伙伴还应该让人能够发自内心地接受。

在下一章中，就让我们来看看智能产品设计的另一个关键问题——接受。

第14章

构建可接受的AI

让我们思考如下几款（假想的）智能产品。

一款“智能语音助手”，声称能帮助用户用语音完成各种操作，但在真实场景下，用户给出的指令有30%被识别失败，还有50%被告知没有能力完成，只有20%被实现。

一款“智能喂奶机器人”，能用奶瓶给宝宝喂奶，且成功完成任务的概率高达98%，具体来说，每喂50次奶，产品只有1次会把奶瓶砸在宝宝脸上。

一款“智能聊天机器人”，能够与用户进行真人一般的对话，每小时收费50元。

你觉得用户在生活中会有意愿使用这些产品吗？恐怕大多数人不会。第一款产品达成用户目标的成功率太低。第二款虽然成功率较高，但偶尔失误的后果不可接受。第三款产品的问题则在于超出了用户认为合理的价格区间。这三个例子可能有些极端，但类似的事情正在我们身边不断上演。当人们忙于钻研AI技术，并为成功实现了一些产品化应用而欢呼雀跃的时候，很容易忽视一件对智能产品来说非常重要的事情：不接受，等于没有。

接受度设计

如果只要产品够好，用户就会接受，那真是太棒了。但现实却是，很多好的产品被用户敬而远之，或在使用一段时间后被弃置一旁，这种现象对智能产品等新生事物来说尤为明显。如果不能被用户接受，那么对用户生活的智能化改善也就成了空谈，因而在设计智能产品时，对接受度的设计不可忽视。在《这才是用户体验设计》一书中，我将**接受度设计**定义为“卓越的产品应该在产品的整个生命周期中不断提高用户的接受度”，并给出了12个接受度的常见影响因素，如表14-1所示。

表 14-1　接受度的常见影响因素

序号	影响因素	使用前接受度	使用中接受度
1	信任	品牌、主观安全、美感、细节、智能、故事、好友信任度、公关和广告	主观安全、感知可靠性、智能、问题应对、细节、售后服务
2	自由	预估自由感	自由感
3	价格	价格接受度	
4	易用	预估易用性（简约）	实际易用性
5	相对优势[①]	预估价值	实际价值
6	兼容性	系统兼容、版本兼容	
7	自我故事	自我故事、身份认同	
8	隐私	预估隐私风险	实际感受到的隐私风险
9	公平	预估公平性	实际感受到的公平性
10	愉悦	有趣、酷	有趣、快乐、智能
11	社会影响	好友接受度	好友接受度、社群
12	后端生态	预估的生态成熟度	实际的生态成熟度

从表中可以看到，接受度对产品的影响主要体现在两方面：一是**使用前接受度**，源于用户对产品各方面（如安全、易用、公平等）的预期，时间跨度短；二是**使用中接受度**，源于用户各方面的实际使用体验，时间跨度长。由于使用前接受度直接影响产品的销量，企业往往会对其非常重视，而使用中接受度却经常被轻视。但是，如果产品不能在互动过程中提升或至少保持一定的用户接受度，就会影响用户使用产品的时长、频率及再次购买的意愿，甚至还会影响其他人的购买决策。在人际交往中，“认识”只是建立了联系，只有通过长期的交往才可能让对方真心接纳自己——对于力求成为用户“优秀伙伴”的智能产品更应如此。对于表 14-1 中列出的影响因素，这里不做过多展开，仅讨论 4 个与智能产品接受度密切相关的话题：不信任扩散、不可解释性、过度信任和优雅。

设计原则 66（接受度设计）：

卓越的智能产品应当在产品的整个生命周期中不断提高用户的接受度。

① 指相比早期版本或同类产品，当前产品是否更好地解决了问题，或是否解决了很重要的新问题。

不信任扩散

关于不信任对智能产品发展的深远负面影响，刘嘉闻和罗伯特·舒马赫在《人工智能与用户体验：以人为本的设计》中给出了一个非常经典的例子。故事的主人公是苹果、微软、亚马逊三大科技公司的智能语音助手：Siri、Cortana和Alexa。我在这简要复述一下。

故事要从苹果的Siri说起。在Siri还是“测试版”时，苹果就将这款语音助手大张旗鼓地推出，并大肆炒作了其语音理解能力，这样做自然吸引了大众的目光。然而，Siri一开始的功能并不完善，这让iPhone的大多数用户非常失望，并在经历了几次“对不起，我不明白你说了什么”之后就放弃了使用。尽管苹果很快在iOS更新中发布了更正式的版本，且这些版本的功能更多也更加可用，但由于很多用户已经完全失去了对Siri的信任，导致这些后续的版本也直接失去了与用户互动的机会——无论它们能带来多么优质的体验。2016年的一次研究显示，有98%的iPhone用户表示至少给过Siri一次机会。但是，当这98%的人被问及使用频率时，其中70%的人表示“不怎么用”或“偶尔用”。也就是说，几乎所有用户都尝试过Siri，但大多数人也仅止步于此。

但事情远没有结束，用户对Siri的负面情绪逐渐蔓延到其他被认为与Siri类似的语音助手上。所谓“一朝被蛇咬，十年怕井绳”，这其中的一条“井绳”就是微软推出的Cortana(微软小娜)。尽管这款能力强大的智能助手拥有很多不同寻常的功能，但很多用户连哪怕只是试用一下的兴趣都没有，因为对他们来说，Cortana只是另一个Siri，不值得信任。

不可否认，将“测试版”直接推向市场能够让企业拥有先发优势，并有助于企业快速了解市场反应及做出改善。但这样做的前提是，这个不够完善的产品不会对用户的信任造成过多的消耗，对于信任度本来就低的颠覆性产品更应当加倍小心。Siri和Cortana的故事告诉我们，如果一个新产品在初次互动中就耗尽了用户信任，那么不仅可能让自己再难有翻身之日，甚至会剥夺其他同类产品与用户互动的机会，我将这一现象称为**不信任扩散**。如今，随着OTA技术[①]的普及，有些企业会觉得既然升级这么方便，那么可以先把智能化功能在产品上实现，赚一波眼球，等过一段时间再“OTA一下”就万事大吉了。然而，正如Siri的案例一样，即便拥有苹果这一

① Over The Air的缩写，指空中下载技术，通俗地说就是“远程升级”。

强大品牌[①]的加持（让98%的用户愿意尝试一个全新功能绝对称得上是非常了不起的成就），但如果第一版产品的体验太差，那么大多数用户依然会很快失去耐心。而对于品牌影响力不及苹果的企业，这样做的结果可想而知。一旦失去用户的信任，想简单地靠几次OTA升级来挽回是非常困难的。初次互动非常重要，我们应当确保智能产品在一开始就得到用户足够的信任，从而为后续的升级版本留下被用户体验的机会。

设计原则67：

卓越的智能产品应当确保在与用户初次互动时通过优质的使用体验获取到用户的足够信任。

幸运的是，尽管Siri的影响几乎引发了语音助手领域的寒冬，但亚马逊Alexa的及时出现将这股寒气成功驱散。

亚马逊的语音助手Alexa并没有像Siri一样被置于手机之中，而是被置于一个被称为Echo的蓝牙音箱之内，这使其拥有了全新的外形，并且能够被放置在厨房等场所的台子上（如图14-1所示）。形态和使用环境的改变给Alexa带来了被用户尝试的机会。同时，亚马逊并没有让用户体验一个“不完善的Alexa”，优质的用户体验使其一经推出就广受好评，最终成功重建了用户对语音助手类产品的信任。

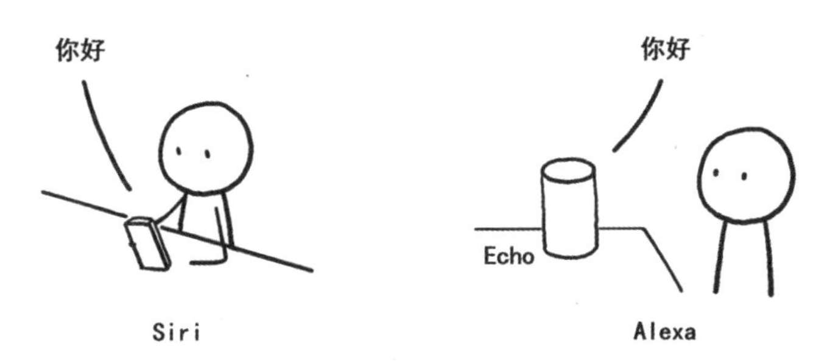

图14-1　Siri和Alexa（使用场景示意）

Alxea打破领域寒冬带给我们两点启示。第一点启示是要在初次互动时获取用户足够的信任，这一点刚刚已经讨论过。但对于已经处于领域寒冬中的产品，也许更重要的问题是如何为产品争取到被用户尝试的机会，这就是第二点启示：企业需要在用户心智中，将自己的产品与已受到不信任扩散效应波及的类别划清界限。我们可以从品牌设计的视角来理解这个问题，在《这才是用户体验设计》中我曾提出品

① 品牌是信任的重要影响因素（见表14-1），如果用户对品牌足够信任，就很可能无条件地信任该品牌旗下的产品。

牌的建立过程是将品牌名（如“沃尔沃”）、用户心智中的一个定位词（如“安全”）和定位词相关的感受（如安全感）绑定在一起，从而建立起经典条件反射，使得用户有相关感受时能联想到品牌，或是看到品牌时能立刻拥有相关的感受。在语音助手的案例中，“Siri”相当于苹果的一个子品牌，因为入局早，加之苹果品牌的巨大影响力和大张旗鼓的宣传，“Siri”在用户心智中很自然地会与“语音助手”这个关键词绑在一起，成了语音助手的代名词，甚至成为其形象（毕竟语音助手之前没有形象）。不过，“语音助手”这个关键词不像“安全”等有明确的定位，因而比较中性。但是，由于Siri早期版本的体验不好，这种负面情绪就传递到了关键词，使得用户对“语音助手”的印象也变差了——这就是Cortana等打着“语音助手”旗号的后续产品被用户敬而远之的原因。事实上，经典条件反射一旦建立就很难消除。在这种情况下，最好的办法是借鉴品牌设计的思路，在用户心智中寻找突破口，正如我在《这才是用户体验设计》中所说：

> “如果品牌‘成功地’建立了坏印象，那么想靠讲道理扭转形象是极为困难的……即使用户知道你改正了错误，但在选择时还是会优先排除你的品牌。相比花重金扭转烂牌子，建立一个新牌子要划算得多。”

简单来说，我们需要找到一个新的关键词，让产品在用户心智中与原来的关键词划清界限。Alexa使用的这个新品类就是“智能音箱”，这个新概念不仅拥有完全不同的视觉形象，有一定差异化的功能，连使用环境都与Siri有明显差别。于是对用户来说，Alexa并不是“另一个Siri”，而是一个高科技的全新产品，而这也给了Alexa一个被用户尝试的机会。

创造可解释的AI

影响当前智能产品接受度的另一个关键因素是“不可解释性”，这源于产品背后的AI技术的局限。我们可以回忆一下之前对AlphaGo（见第6章）和ChatGPT（见第12章）原理的讨论，这两个产品有一个共同的特点，就是虽然能够输出令人满意的结果，但为何这样输出却不得而知。这种“不揭示其内部机制的系统……通过查看参数（例如深度神经网络的参数）也无法理解的模型”[40]被称为**黑盒模型**（Black Box Model）。

使用黑盒模型的系统可能引发严重的信任危机。想象一下如下场景。

你的助理正开车载着你去机场，风和日丽，周围的车辆也都在正常行驶。突然，你的助理猛打方向盘，车子直接撞在了路边的大树上，幸好车速不快，你和助理都只受了一点擦伤。惊魂未定的你非常疑惑，于是把助理拉过来，询问他为什么要突然猛打方向盘，助理却耸耸肩说“对不起先生，我也不知道，我刚刚就是觉得应该打一下方向盘。”

对于这样的助理，你还会非常信任地继续坐他的车吗？恐怕很难，但当前的大多数智能产品都是这样“凭感觉办事”的。人类在做高层次决策时虽然也有直觉参与，但主要还是依靠推理等可解释的方式（如“果梗发黑→不太新鲜→坏樱桃”）。对于可解释的模型，当结果出错时，我们可以追溯到原因（如某种樱桃的果梗就是黑的，“果梗发黑”不应当作为坏樱桃的判定标准），并加以修正。而当黑盒模型出错时，我们面对的只是一大堆不明所以的参数，既难以找到问题背后的真正原因，也无法进行精准的修正——只能不断微调模型结构、优化训练数据，或是尝试增加一些可能有效的纠错机制，并祈祷类似的问题奇迹般地消失。

当然，“黑盒产品”在一切顺利时往往会带来不错的体验。但当问题发生，而用户发现产品既说不出个所以然，又无法保证不会“被同一块石头绊倒”时，已经建立的信任就会很快崩塌。“不可解释性”的影响目前还不明显，其中一部分原因是当前的智能产品出错的后果并不严重，例如下错一步棋、说错一句话、推荐了一部用户讨厌的电影等，用户往往对 AI 犯这些错的原因没有兴趣，顶多就是嘲讽两句。但对于自动驾驶、给宝宝喂奶等情况，如果产品不能在一定程度上解释自己的行为，就很难被用户信任和接受。正如 Christonph Molnar 在《可解释机器学习：黑盒模型可解释性理解指南》中所说：“机器的决策对人的生活影响越大，机器行为的解释就越重要。”

因此，要想让智能产品被用户接受，“不可解释”的问题不可忽视。既然问题出自模型，那么根本的解决途径自然在于技术，例如最近兴起的**可解释机器学习**，尝试通过使用可解释的白盒模型，或是对黑盒模型使用“与模型无关的可解释方法”，以期在一定程度上对模型做出的行为给出解释。在一个哈士奇与狼图像分类器的例子中[40]，模型将一些哈士奇错误地分类为“狼”，而可解释的机器学习方法能够发现分类器出现错误的原因是受到图片上动物背景中“雪”的干扰——这个例子也反映出黑盒模型并非像人一样真的在分辨动物，它只是在努力寻找图像之间的差异，哪怕这个差异只是背景的一部分。不过，尝试对黑盒模型进行解释并不能改变黑盒模型本身不可解释的性质，因而从未来发展的角度，我们还是期待 AI 真的拥有理解世界和进行因果推理的能力，比如在说出“小白兔”的时候真的知道这是一种小型白色哺乳动物，而不是因为在“小白”两个字后接“兔”的概率更高。当然，这还要靠 AI 领域开拓者们的不断努力。

而对设计师来说，这意味着需要对“不可解释功能”的用户接受度进行评估，并视情况选择保留（如电影推荐等没有严重失败后果的功能）、放弃或尝试改善。体验依然至关重要，因为很多时候，用户需要的不一定是完整的解释，甚至不必要是真的解释，他们只是希望得到一个看上去合理的解释。例如当用户将被卡在地毯上的扫地机器人搬回地面时，相比一言不发，说一句“谢谢，我刚才有点兴奋”，可能足以让用户接受产品刚刚的失败行为。

设计原则 68：

卓越的智能产品应当为其行为提供至少看上去合理的解释。

被忽视的可靠

2018 年，一辆优步（Uber）无人驾驶汽车在亚利桑那州造成一名行人死亡。当时，汽车的算法检测到有一个行人在黑暗中过马路，但没有停车；而人类驾驶员也未对此做出反应，因为她太信任汽车了。[41]

在产品设计领域，当我们说“可靠”的时候，通常有两层含义：一是技术上的客观可靠（也就是常说的产品可靠性），二是体验上的主观可靠。由于普通用户对产品内部的技术实现及相关的可靠性情况几乎一无所知，使得客观可靠与主观可靠之间往往存在着一道鸿沟，对于智能产品来说更是如此。有的时候，产品明明很可靠，但用户觉得不可靠，就不会接受，这往往需要通过接受度设计（如自我故事、界面信息优化）等方式加以改善。但在另一些时候，主观可靠会远高于产品的实际情况，这种对产品的“过度信任”可能隐含着巨大的安全隐患，就像刚刚提到的优步无人驾驶汽车的例子一样。

在表 14-1 中可以看到，“智能”本身就是信任的重要影响因素。这是因为智能感设计的目的就是让人觉得产品能够像拥有智能的生物一样处理问题，而一旦拥有了这种错觉，人就可能将一些产品当前完全不具备的人类智能属性（如对各种异常情况的应变能力）附着在产品上，从而像信任一个“优秀的人类伙伴”一样信任产品。当然，能让用户拥有如此高的智能感绝对是一种成功，但设计师也应当小心“过智能”带来的“过信任”问题。毕竟当前的很多智能产品实际上并没有很多人想象的那样可靠，正如盖瑞·马库斯和欧内斯特·戴维斯在《如何创造可信的 AI》一书中所说，“某些东西在某些时刻貌似拥有智慧，但这并不意味着它的确如此，更不意味着它能像人类一样处理所有的情况。”

一些用户之所以对智能产品产生过度信任，一部分原因是企业的选择性宣传及媒体的推波助澜。在视频网站上稍微搜搜，你就会发现很多艳惊四座的智能产品演示（demo），比如波士顿动力公司的 Atlas 人形机器人的跑酷视频。在视频中，机器人的动作行云流水，仿佛真人附体，让很多人惊呼“强人工智能来了”、“AI 要替代人类了”。然而，大多数观众可能并不知道，那段跑酷视频“其实是在一个精心设计的房间里拍了 21 次才达到的效果”[25]。能够让机器像人一样活动的确是非常了不起的成就，但要让其在复杂的真实世界中游刃有余，并足够可靠，以目前 AI 的水平还很难做到。当然，企业展示自己的进步无可厚非，但由于可靠性等问题被有意无意地忽视，加之媒体的炒作，使大众对 AI 能力的认知产生了一定程度的偏差。

从技术角度，提升智能产品客观的可靠性自然是非常必要的。而对于设计师，关键是要将用户的主观可靠控制在一个合理的水平，例如在遇到系统更容易出错的场景（如光线昏暗的马路）时温柔地提醒用户保持对突发事件的警觉。同时，如果过度信任依然存在，那么设计师应当考虑如何在必要情况下将自信满满的用户拉回到当前任务（如强烈且信息明确的语音警告），而如果用户继续对提醒视而不见，那么产品还应当采取必要的措施（如在确认没有追尾风险后减速甚至停车）来避免过度信任可能带来的严重后果。

设计原则 69：

卓越的智能产品应当尽量避免用户对产品的可靠性产生过度信任，并采取一切必要措施避免过度信任可能带来的严重后果。

优雅，永无止境

在上一章讨论外形时，我们提到智能产品应当以一种优雅的形态融入用户的生活环境（原则 63）。其实不只是外形，产品与用户的一切互动过程都应当努力做到优雅，因而我们有必要对“优雅”做更进一步的阐述。在《这才是用户体验设计》中，我曾指出优雅是“自然”的最高境界。因此，当一个产品从外形、行动、沟通方式等方面以最自然的方式融入用户的生活时，我们就可以说产品是优雅的，而以此为努力方向的设计也可以被称为“优雅的设计”。

其实，产品智能的目标就是像拥有智能的生物一样与用户互动，这使得智能产品先天就拥有一些优雅的属性，毕竟与传统靠点击按钮等方式互动的产品相比，智能产品与人的互动方式更加自然。不过，由于智能产品在外形、结构、沟通方式等方面与人类不完全相同，要想让产品融入生活，我们还需要将产品的每个方面尽可能“优雅化”——这自然需要对情境的深刻理解。关于这一点，上一章的“BéKKUY智能家庭交互系统”已经为我们提供了一个很好的例子。当很多智能产品都在有意无意地引起用户注意时，这款产品将自己巧妙地隐藏在用户的室内装饰之中，从而有效地减少了用户被监视的压力。语音交互也是一例，这种方式通常更符合用户的直觉，当语音沟通被设计得足够自然时，产品给人的感觉就更像生活中的一个朋友，而不是某个需要控制的高科技产品。无论是在使用前还是使用中，这些优雅的特性显然都会对用户的接受度产生非常积极的影响。

换言之，让产品变得优雅，意味着让产品在用户的生活中“透明化”。越优雅，越透明。当智能产品达到优雅的境界时，AI 虽然改善了用户的很多任务，但用户几乎意识不到生活中有 AI 的存在——什么都做了，又好像什么都没做，甚至对方都难以察觉到其存在，这便是“无为”的最高境界，可能也是“接受”的最高境界。

在第 7 章中，我曾谈到由机器人提供服务的“智能咖啡厅”的两种可能策略：一种是在室内装潢中使用极具科技感的元素，并搭配光电效果，营造未来世界的氛围以强化用户与机器人交互过程中的智能感；另一种是精心设计舒适的咖啡厅空间，并让机器人的造型、举止和言语符合咖啡厅侍者的优雅气质，充分融入所在环境，让用户在一系列不经意的细节中体验到智能感。虽然这两种策略都能为用户带来智能感，但后一种更符合我对卓越智能产品的定位——因为它更加优雅。

设计原则 70（透明原则）：

卓越的智能产品应当以一种最自然的方式融入用户的生活，在为用户提供服务的过程中让用户意识不到智能产品的存在。

第4部分

总结

在本部分，我们讨论了智能产品设计的 70 个原则（不含原则 0），希望能够帮助你在创意激发和设计评估时更加系统地对智能产品展开思考。可以看到，这些原则都是对产品行为或用户体验的描述，这是 UX 与技术主义和功能主义最为明显的差异。正如第 10 章所说，设计师提出问题，工程师解决问题，而智能产品的“问题”就是能为用户带来智能感的产品行为，这也是智能产品设计的核心输出。即便是以当前 AI 的能力，也有很多能改善用户生活的事情可做，需要我们通过设计工作加以发掘，且 AI 做事的方式往往也需要被精心地设计以提升用户的使用体验。单纯炒作不是长久之计，AI 领域要想长远发展，需要切实地为用户的生活带来改变，而这个过程显然需要 UX 的深度参与。相信随着优质的智能行为被一点点发掘、设计和实现，AI 的实用价值会逐渐彰显，并带给人们越来越多的智能感。

现在，我们已经了解了智能产品设计的思考框架、设计流程和设计原则。在下一章中，我们将探讨两个更加深远的话题——伦理与未来。

第5部分
伦理与未来

我觉得 AI 的方向搞错了，我们希望机器人帮人类扫地洗碗，是因为人类要去写诗画画。现在是 AI 都去写诗画画去了，我们人类还在扫地洗碗！

网络上流传的这句话充分体现了人们对当前 AI 发展方向的疑惑和担忧。AI 应当成为人类改善生活和工作的重要工具，让人们更好地去完成自己想做的事情。然而，如今的 AI 研究者和企业似乎更热衷于用 AI 替人类完成喜欢做的事、让更多的人失业，甚至在未来的某一天用机器彻底取代人类。

当然，如果你读了本书之前的章节，就会知道当前的 AI 远没有一些媒体宣传的那般强大。所谓“AI 在写诗，人类在洗碗”，并不是因为 AI 偏要去跟人类抢高难度的工作，而是因为与洗碗相比，当前这些所谓的“写诗”任务更容易实现，并且不用太在意可靠性问题（见第 14 章）。毕竟，AI 写诗严格来讲只是基于大量文本 token 预测下一个文本 token（见第 12 章），跟诗人的创作过程完全不搭边，且写得不好也没什么大不了。而“洗碗”则需要在复杂的现实中有效识别、抓取、清洗、擦干和放置各种形状的碗，且像“每 100 个碗有 5 个没洗干净或摔碎 2 个”这样的结果是不可接受的。

不过，当前 AI 领域给大众形成的印象确实有些微妙。在教育、医疗等很多行业，一边是 AI 连一些基础性的工作都做不好，一边却充斥着教师、医生等职业即将消失的焦虑。正如第 1 章所说，炒作能够将 AI 捧上神坛，但大众对 AI 过高的预期也为下一轮 AI 寒冬埋下了种子。如果我们希望 AI 领域摆脱大起大落的魔咒，就需要以更具人性且更加长远的目光来审视 AI 的发展，帮助 AI 找到一条有效的健康发展之路，让 AI 为人类带来一个更加和平、舒适和美丽的世界。

第15章

伦理与责任

AI技术的发展将产品的自动化水平提升到了一个全新的高度（见第4章），并深刻影响着人与产品的关系，以及人类生活的方方面面。这其中当然有很多机遇，但相关的挑战也不容忽视。正如谷歌在一份给投资者的报告中所说，纳入或利用人工智能和机器学习的产品和服务，可能在伦理、技术、法律和其他方面带来新的挑战，或加剧现有的挑战[25]。

现在，让我们来思考一些与AI发展相关的伦理问题。

伦理：智能产品的核心问题

在Jean-Francois Bonnefon和其同事们的一项研究中[42]，研究者列举了当伤害不可避免时，自动驾驶汽车需要做出伦理决策的3种情况（如图15-1所示）。

（A）杀死多个路上行人，或杀死路边的一个过路人。

（B）杀死一个路上行人，或杀死自己车内的一个乘客。

（C）杀死多个路上行人，或杀死自己车内的一个乘客。

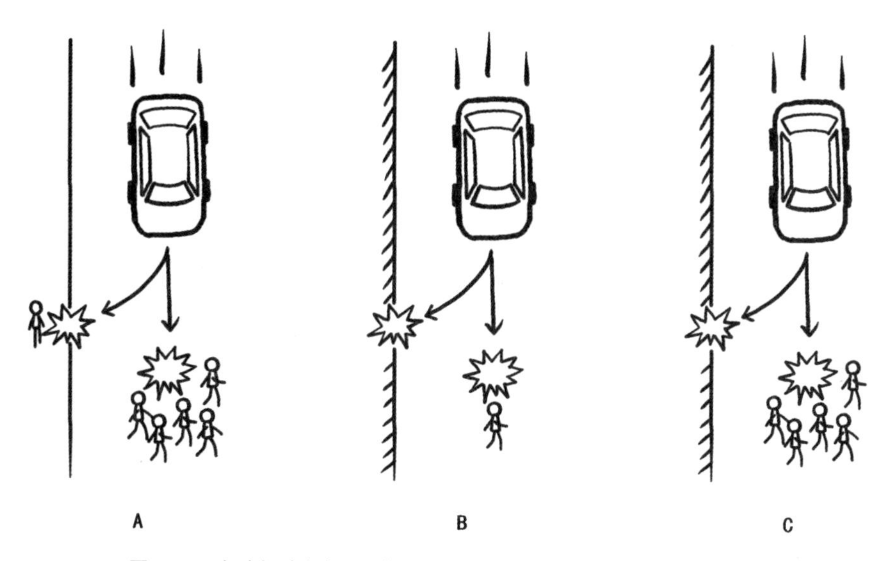

图 15-1　自动驾驶汽车需要做出伦理决策的 3 种情况（改编自原论文）

你认为自动驾驶汽车应该做何选择？显然，这些“AI 版的电车困境”并没有正确答案，毕竟生命无法被放在天平上衡量价值。虽然人们普遍认为“伤亡最小化”是一个更加道德的标准，例如有 76% 的参与者认为在情况 C 中牺牲一个乘客比撞死多个行人更道德，但这也取决于人所处的立场。想象一下，如果坐在车里的是你刚满 3 岁的可爱女儿，你是否会选择牺牲她来实现“最小化伤亡”？如果你在买车时知道，一个品牌的车型使用了“最小化伤亡”算法，而另一个品牌的算法旨在“不惜一切代价保护车内乘客安全”，你会选择购买哪个牌子的汽车？正如研究所指出的那样：“人们赞美实用主义的、自我牺牲的自动驾驶汽车，并欢迎它们上路，除了真的想为他们自己购买一辆。”也就是说，在避免社会公愤和保证产品销量之间，企业面临着两难的困境。尽管当前的大多数 AI 企业都对伦理问题避而不谈，但随着 AI 的发展和智能产品普及率的逐渐提高，伦理问题也将变得越发突出，而一旦处理不好，就可能对企业和用户产生一系列消极的影响。因此，伦理是智能产品设计，特别是未来智能产品设计的核心问题，需要我们仔细研究、深入思考和谨慎尝试。

仔细想想，类似的“电车困境”一直存在，为何到智能产品这里才成为一个大问题呢？这是因为过去的产品由人操控，因而除了产品本身发生故障的情况，事故发生时被关注的通常是人，如“他开车走神了”、“他选择撞路边的行人”。而智能产品的很多行为是由产品自己控制的，因而当事故发生时，产品及其背后的企业就会成为众矢之的。更糟的是，人操控产品发生的事故通常会被视为个例（“他开车走神了，只要我小心开车，就没什么问题”、“他选择撞行人，但也有人选择牺牲自己”），因而不会造成大规模的忧虑。技术的可复制性使企业能够制造出大量相同的智能产品，这当然很棒，但也意味着一旦发生事故，就会产生普遍的焦虑情绪（“他的车这样做，我的车 / 别人的车岂不是也会如此”）。哪怕企业能够通过数据指出自己生产的自动驾驶汽车比人类驾驶的汽车更安全，但依然很难平息事故引发的负面情绪。可靠性问题（见第 14 章）如此，伦理问题也是如此。另一个问题在于，在很多时候，人们并不希望 AI 替自己做决定，尤其是那些事关生死的决定。类似“电车困境”的问题本来就没有真正意义上的正确答案，而且现实情况错综复杂，将这种大事交给一个甚至都很难解释（见第 14 章）的 AI 算法自然会引发很多非常敏感的话题。毕竟，当一个人主动选择用自己的牺牲换取更多人的生命时，我们会赞颂这一伟大的英雄之举，但如果这个人是在算法的决策下被迫成为“英雄”的，那就是另一个故事了。

伦理问题与用户对产品的感受关系紧密，因而也是 UX 领域高度关注的问题。虽然这也属于设计范畴，但像电车困境这样的伦理问题通常不是一两个产品设计师甚至一两个企业能解决的，需要政府、行业组织、学术专家等在更高的层次上展开设计。同时应注意，随着 AI 与人们生活融合程度的不断加深，公众对一些伦理问题的看法也可能发生改变，这需要我们不断跟进这些变化，并根据实际情况设计出尽可能周全的解决方案。

被操控的 AI

企业和媒体在宣传 AI 时，往往会渲染出 AI 能够像人一样思考的美好景象，似乎在产品里有那么一个“AI”，能够利用其在大数据获取、并行计算等方面的优势，做出比人类更好的决策。然而，正如第 2 章所说，AI 只是一个由人类编写的计算机程序（即便 AI 程序是由 AI 编写的，那个能编写 AI 程序的 AI 最初也是由人编写的），因而其行为或多或少都来自编写 AI 程序的人。这也就意味着，AI 的输出有可能被人为操控。

例如，如今不少体育比赛都增加了“AI 裁判”，如足球比赛中的视觉助理裁判（Video Assistant Referee，VAR）。很多人认为，AI 比人类拥有更好的视野和更为精准的计算能力，且不会感情用事也不会被人贿赂，其给出的判决自然绝对公正，甚至有人倡议用 AI 裁判全面替代人类裁判（似乎又有一种职业在 AI 的阴影之下岌岌可危）。但其实这里的“绝对公正”是要加引号的，因为编写这些 AI 的依然是人，如果这些人为了某种利益（如被贿赂）而篡改算法，那么要保证比赛的公正就会更加困难。具体来说，比赛中有很多用肉眼来看模棱两可的情况，如“越位”、“出界”，轻微的偏差都可能对比赛走势产生巨大影响。AI 自然能够很好地捕捉这些细节，甚至在电视屏幕上为观众提供全方位无死角的展示，似乎非常公正。但是，如果视频数据在传输给 AI 决策前被篡改，或是 AI 本身的参数被有意微调，那么本来出界的球就可能被计算为界内，至于展示“球在界内”的假视频，AI 轻轻松松就可以合成。随着 AI 的继续发展，电视直播也有可能被实时篡改，如果真有这样一天，那绝对称得上是体育比赛的“至暗时刻”了。

的确，机器对算法的执行不会有误，但严格执行算法不等于机器是公平的，除非机器处理的是反映真实情况的数据，并且所执行的算法本身也足够公平。AI 的背后依然是人，如果觉得在场上给出裁决的人不够公正，那在场外某个房间里编写 AI 算法的人就一定公正吗？事实上，由于 VAR 在足球比赛中给出的一系列争议判决，已经开始有“把执法工作交还人类”的声音出现。虽然我们不能说真的存在操纵，但要想让这些 AI 产品被公众真正接受，恐怕还需要考虑一些“AI 之外的内容”。

被 AI 困住的人们

你有没有过这样的经历：

本来打开手机只是想刷几分钟短视频放松一下，结果看了几个感兴趣的视频，越看越感兴趣，于是就一个接一个地刷，不知不觉过了两个小时，之前想做的事也没完成。

在《这才是用户体验设计》中，我曾谈到短视频应用利用了人的“多巴胺循环”：过于简短的信息能够刺激多巴胺（一种驱使人去追求信息和满足感的物质）的分泌，但其带来的满足感又不足以抵偿追求信息的欲望，此时如果提供获取信息的快捷途径（如手指简单一滑），用户就会继续浏览但依然无法满足，最终陷入多巴胺循环，不断刷下去，无法自拔。但这只是开始，很多短视频应用还会通过一些算法推送用户更可能感兴趣的视频，而到了 AI 时代，这种推送的精准度更是上升到了一个全新的高度。根据你过去与产品互动的行为数据（如观看过的视频的主题、点赞和评论情况、是否看完等），产品能够精准预测出你想看的下一个视频是什么，再配合上多巴胺循环，用户想不上瘾都难——很多用户因此被 AI 等机制困在应用之中，消耗了大量时间（有时也浪费了大量金钱，如购买了本不需要的产品），甚至因此荒废了学业或阻塞了个人的成长发展机会。更糟的是，这种推送机制也极大地限制了人的视野，毕竟人都喜欢与自己的想法、价值观一致的内容，而 AI 为了让用户不要离开，自然会想方设法讨好用户。同时，由于普通或正常的观点无法吸引眼球，不少视频制作者就会开始尝试发布观点更加偏激的视频，而 AI 也更乐于推送这样的视频。如此一来，一些用户就会被相同但更加偏激的想法和价值观不断洗脑而不自知，最终被困在自己与 AI 共同构筑的那个“小世界”之中。

在另一些情况下，AI 对人的“掌控”还可能关乎生命安全。2020 年 9 月，知名杂志《人物》的团队在经过近半年对外卖行业的深入调查后，发表了《外卖骑手，困在系统里》一文，并引起了社会对智能算法的广泛关注。为了提升送餐效率和企业利润，当时的主流外卖平台都使用了“智能实时配送系统”。当用户下单后，这类系统能够根据骑手位置、取餐点位置、送餐点位置、顺路性和方向等因素，将海量订单与海量骑手相匹配，并给每位骑手设定配送时间。经过 AI 的不断优化，平台顾客点餐的平均等待时间得到了不断的缩短，1 小时、45 分钟、38 分钟、30 分钟……顾客体验提高了，而更多的订单和更高的配送效率也为平台带来了巨大的收益，这似乎是一个 AI 为企业和用户带来“双赢”的典范。然而，AI 对骑手而言却是无尽的噩梦。在 AI 一轮又一轮的“优化”之下，骑手们的配送时间被一压再压，AI 有时甚至会按直线距离预测时间，或给出包含逆行路段的导航。为了不影响“超时率”这个重要指标，骑手们不得不选择铤而走险，超速、逆行、闯红灯等危险行为都成了家常便饭，这势必会引发伤亡。据《人物》调查，2017 年上半年，上海平均每 2.5 天就有 1 名外卖骑手伤亡，而 2018 年成都交警仅 7 个月就查处骑手违法近万次，事故 196 起，伤亡 155 人次，每个数字都让人触目惊心。不仅如此，这些被 AI 算法裹挟着一路疾驰的骑手也威胁到了其他道路使用者的安全。为了实现更优的目标，AI 不断开发着骑手们的速度潜能，甚至不惜以人类的生命作为代价。

AI 本应让人们的生活变得更加美好，但从短视频和外卖的例子可以看到，AI 不仅可能给用户带来深远的负面影响，甚至可能将人的生命安全置于非常危险的境地。与 AI 裁判一样，“AI”并不是一个有自己想法的个体，它的输出从根源上都来自编写 AI 程序的人——是人给 AI 设定了优化的指标，AI 只是在完成自己的工作而已。因而对于 AI 造成的后果，不是简单一句“这都是 AI/ 算法做的”就可以敷衍过去，其背后的产品团队和企业都应当对此负有责任。不过，我在这里不想过多讨论职业道德或企业良心（这些当然也是 AI 伦理的重要方面），而是想讨论一下当今 AI 领域的“去人性化”倾向及其可能产生的后果。

去人性化的 AI

进入 21 世纪，随着计算机、软件、互联网等领域的蓬勃发展，“数据化思维”在科技领域颇为盛行，也影响到了如今的 AI 领域（深度学习等当前主流 AI 技术都是由数据驱动的）。甚至在大语言模型展现出一定通用性的今天，有人提出只要“将一切 token 化”（token 本质上就是数据，见第 12 章），然后交给大模型或超级模型处理，世间的问题就都能迎刃而解。其实，计算机本质上就是一台处理数据的机器（见第 2 章），而作为一种算法，AI 能理解的也只有数据，因而数据化是 AI 展示其强大能力的基础。但是，当被数据化的对象是“人”时，问题就会开始变得复杂起来。

在我看来，数据化有一个非常重要的前提，那就是理解。例如你知道长方体的大小可以用长、宽、高来表示，且每个维度也有清晰的量化标准（如厘米），那么我们就可以对真实世界中的长方体物体（如纸箱、积木）等进行相对精确的数据化（如 70cm × 80cm × 90cm）。然而，人类目前对自身的理解还非常粗浅，加之人的心理、体力等并不容易量化，使得对与产品相关的人类各方面进行数据化非常困难。因而严格来说，我们通常做的都是对人的“数据简化”，很多与“人性”相关的部分都被忽略了。当然，虽然可能不够完整，但有数据总还是比没有的好。但遗憾的是，即便是这样的数据简化，在如今也很难落实。在技术主义的框架下，产品并不是围绕“人”来构建的。相比花费时间精力去思考用户的思想、情感、个人发展、伦理道德和社会影响这些既烦琐又“玄乎”的东西，很多 AI 领域的研究者和工程师在数据化时更倾向于直接忽略与“人性”相关的因素，且这种情况在资本介入时尤为突出。例如，短视频用户可以被简化为“点击量”“点赞数”“页面停留时长”等行为数据，而外卖骑手甚至可以只是一个能够在不同店铺地址和顾客地址之间移动的“坐标位置”。这种数据化方式简单高效，而一旦数据化工作完成，研究者和工程师就可以全身心地投入他们最擅长的领域——构建并利用 AI 算法对所关心的各项指标进行优化。计算机研究的是如何处理数据，但在这种“去人性化”的模式下，人们很容易将关注点聚焦在“处理”的过程，而不是“数据”所代表的内容上，进而逐渐淡化了一个重要的事实：

很多数据并不只是冰冷的数字，而是代表了一个个活生生的人。

AI 既不理解人，也不理解人在现实中可能遭遇的各种情况。对 AI 来说，一切皆为数据——如果一个人死亡，那么对 AI 来说可能也只是“从 1 到 0”的变化。如果构建 AI 的人忽视了人性（无论有意还是无意），那么 AI 就只是一台冷血的机器。文章《外卖骑手，困在系统里》就记述了一位外卖骑手庚子（化名）的遭遇。

暴雨不停歇地下了一整天，订单疯狂涌入，系统爆单了。站点里每个骑手都同时背了十几单，箱子塞满了，车把也挂满了。庚子记得自己的脚只能轻轻地靠在踏板边缘，边跑边盯着摞在小腿中间的几份盒饭不会被夹坏。

路太滑了，他摔倒了好几次，然后迅速爬起来继续送，直到凌晨两点半，他才把手上的所有订单送完。几天后，他收到了当月的工资条，数字居然比平时低很多——原因很简单，大雨那天，他送出的很多订单都超时了，因此，他被降薪了。

这就是被AI优化的一个“数据”的真实遭遇，恶劣天气、严重超载、路面湿滑、摔伤、熬夜和体力透支这些都不重要，重要的只有要达成的“超时率”指标——必须按时，不然就扣钱。而由于缺少对数据所代表的人及其情境的深刻了解，企业管理者和工程师也可能对这些“数据”采取漠不关心的态度。短视频的例子也是如此，当用户以去人性的方式被数据化后，“人”就成了产品之外的东西，只剩下对各种行为数据的统计和一些“关键指标”，对AI如此，对创造AI的人也是如此。我们不应否定数据化和指标化工作对构建高水平AI系统的价值，但要想创造出真正卓越的智能产品，这些工作还应当以人性化的方式来完成。

具体来说，我们需要把数据还原成人，实地了解用户（在UX框架下，外卖骑手也属于用户的范畴）的情境及其可能遭遇的现实情况，并设身处地地思考AI算法的输出可能对用户产生的一系列影响（包括更加深远的影响）。只有将“被数据化的人性”提供给AI，AI才可能在优化时考虑人性，并给出人性化的优化方案。简而言之，我们必须让“人”重新回到产品的中心，以人性化的方式来思考和构建智能产品，而这正是UX的工作内容——我们需要一些“UX思维”。

数据和算法是冰冷的，但构建它们的人不能没有温度。在《外卖骑手，困在系统里》这篇文章被发表后，一些企业已开始对算法进行更多的人性化调整，这是很让人欣慰的。希望企业在设计和优化智能产品时，都能够多一些UX思维，让AI所做的工作充满人性的光辉。

智能会让人丢工作吗

从AI诞生起，“XX职业将被AI取代”的论调就不绝于耳，导致很多人对自己的职业前景充满忧虑。那么，AI真的会让人丢工作吗？

如果这个问题问的是 AI 是否会取代某个职业，那么我认为以目前的技术水平，对绝大多数职业来说很难。虽然 AI 能够完成翻译、绘图、撰稿等任务，但其水平还是与职业翻译、资深平面设计师或资深记者等高水平职业人员有明显的差距（这可能源于深度学习等 AI 技术当前的局限性）。比如，“机器翻译”这个词如今已经成为描述“水平尚可，但不够上乘”的翻译内容的代名词，而很多人描述有类似感觉的文本，也会说“这文章像是 AI 写的”。以“百度翻译”为例，其人工翻译业务包括日常快译、专业翻译和英文母语润色，收费在 120~699 元 / 千字不等[43]，人工的价值可见一斑。因此，尽管 AI 取得了很大的进步，但翻译的职业至少在相当长的一段时间内还会存在，医生、教师、律师等职业也是如此。对于给人感觉更容易被替代的纯体力劳动，当前 AI 最大的成果就是在工厂取代了一部分焊接、喷漆等流水线工人。至于日常生活中的 AI，目前连扫地（吸灰只是扫地的任务之一）、洗碗这些基础任务都无法完整可靠地完成，就更不用说取代某个职业了。

但如果这个问题问的是 AI 是否会取代一些人的工作，那么我认为答案是肯定的。这是因为作为生产力工具，AI 可以有效提高很多职业人员的产出效率（如提高人工翻译的效率），而且当用户对产出要求不高时，使用 AI 就足以解决问题。这就使得一些行业对职业人员的需求量有所降低，那些多出来人就会面临失业的风险。这种现象在一些 AI 做得比较“深”的领域比较明显，还以翻译为例，虽然对高水平人工翻译的需求仍在，但机器翻译已经挤压了普通翻译市场的很大份额，且随着大语言模型的应用与不断升级，普通市场的空间还会被进一步压缩，甚至高水平翻译的市场也会受到影响。

也许一个更好的问题是，对于每个职业领域，从事哪些工作的人更容易被 AI 取代？这个问题其实不难回答，因为 AI 目前尚不具备推理、想象、抽象、共情等方面的能力（“看起来有能力”在这里不算），那么，工作对这些智能方面的要求越高，自然越不容易被 AI 取代。反过来，那些工艺简单、重复性高、模式化、更具象的工作被取代的风险就要高出很多。很多人觉得绘画、作曲这种艺术类工作最难被取代，实则不然，因为当前的 AI 最擅长的就是“表面功夫”。不过，包括艺术创作在内，很少有职业不需要逻辑、创造、理论、人情世故等能力。当前的 AI 也许能依靠某些行业的历史数据完成一些工作（很多时候还需要领域专家的支持），但要说取代职业甚至引领行业创新，恐怕还是有些不自量力。当然，如果 AI 在未来真的能够理解、推理或想象，那么很多职业可能会是另外一幅景象。

我们也应理解，并不是任何职业都有存在的必要。毕竟，很多工作本身就是工业时代的产物，当缺乏灵活性的传统机器无法实现工作的完全自动化时，就不得不引入人类来完成机器无法胜任的那部分工作，这属于人类增强的机器（见第9章），如流水线操作工。这些工作枯燥、乏味、没有创造力，使人类沦为机器的“零件”，若AI具备了相应的灵活性，就应当加以取代——这些工作的消失正是时代进步的结果。同时，像拆弹、消防、超高空作业等危险性高但“总要有人去做”的职业，如果有一天能被AI取代，那是再好不过的事情。但还是要指出，以本书的观点，“取代人类工作”并不是智能产品设计的初衷，取代只是改善（严格来说是解放）的一种形式。如果我们仔细观察一下各行各业的从业者，就会发现AI可以提供改善的地方太多太多。教师要熬夜批改作业，医生要接诊大量患者，交警要顶风冒雨地执勤……这些职业的从业者都非常辛苦，哪怕AI能帮忙稍微减轻一些负担，对他们来说都是莫大的支持。但到目前为止，除了失业威胁，我们还没有看到AI为在这些行业辛勤工作的从业者带来太多实质上的帮助。我们应当始终关注如何改善人类工作的整体品质，而不是整天琢磨着把别人变成无业游民。

最后，作为身处AI时代的个人，我们也要认识到，虽然AI无法在短期内取代很多职业，但其对各行业的影响势必会逐渐加深，并最终影响越来越多人的“饭碗”。时代的车轮滚滚向前，任何生产力的进步都会让一些岗位消失，并创造出一些新的岗位。在电影《查理和巧克力工厂》中，查理的爸爸（流水线工人）因为牙膏厂引进了先进的工业机器人而被解雇，但在电影的结尾，他的爸爸在牙膏厂找到了更好的工作（机器修理工），去修理那台让他丢了“饭碗”的机器。虽然只是一部电影，但道理是一样的：与其抱怨被时代抛弃，不如学习最先进的知识，然后在新时代中找到属于自己的位置。正如之前所说，“高水平人才”目前来看是很难被AI取代的。同时，AI要想在特定职业领域发挥优势，也需要设计师、工程师和该领域专业人才的共同努力，未来，也许很多行业会出现专门研究如何让AI满足本领域要求的岗位。反过来，如果你发现自己的工作跟当前AI输出的水平差不多，那可能并不表示AI有多么全能，而是你现在的工作对逻辑、想象、理论等方面的能力没有太高的要求，而这样的岗位早晚会被AI取代——在这种情况下，你就更应该为未来AI可能带来的冲击早做准备。

AI的滥用

请想象如下场景。

有一天，你的微信“好友”通过视频联系到你，说业务周转需要交100万元保证金。

因为你们一直有生意往来，你觉得既然是视频联系的应该没什么问题，于是慷慨相助。结果钱打过去后，朋友并不知道此事。你恍然大悟，原来自己被骗了。

以上例子源自新闻报道的真实案件，在该案件中，骗子先盗取了受害人好友的微信，获取该好友的人脸照片、语音等信息，然后利用视频换脸、语音合成等 AI 技术，通过该好友的微信与受害人进行视频通话，使受害人误以为对方是本人，从而受骗上当。

随着技术的发展，如今的 AI 在视频换脸、模拟人声等方面几乎可以达到乱真的地步。AI 的进步值得赞叹，但仔细想想又觉得非常可怕——你能用软件生成一个逼真的自己，就说明其他人同样可以。如果这些 AI 技术被图谋不轨的人掌握（事实上已经掌握了），那么反诈的难度也会随之升高。除了电信诈骗，在一些直播平台，有些不良商家会使用换脸技术将主播的脸替换成明星的脸，然后假借“明星”之口推销商品，并以此牟利。

AI 被滥用的另一个方向是学术造假。例如一些学生用 ChatGPT 来写作业或撰写毕业论文，这在网上已经不算什么新鲜事了。我本人其实并不反对在写论文时借助 AIGC 产品的力量，但问题是发力的方向是否正确。如果已经有了完整的内容，需要撰写简明扼要且文采出色的摘要或结论，那么借助 AIGC 的力量可能是一个省时省力的好选择。学术论文的本质是将研究和思考后得到的创新性成果用文字表达出来，如果不擅长文笔，那么让 AI 代笔也无可厚非，毕竟重要的是思想，而文章只是一种形式。但是，如果用 AIGC 来生成包括观点在内的完整内容，就是不可接受的，毕竟这是基本的品德问题。使用 AIGC 虽说不是直接抄袭别人的论文，但自己不思考，利用包含大量他人论文内容的文本数据直接生成自己论文的行为毫无疑问也是一种抄袭。此外，ChatGPT 等基于大语言模型的 AIGC 产品都只是“token 预测机”（见第 12 章），我们不能指望 AI 基于过去的文本生成有深度、有洞见、有独创性的内容，这样的东西文采再好，从学术角度来看也是垃圾——就更不用说那些 ChatGPT 胡乱编撰的内容了。AI的这种滥用给学术圈带来了不小的麻烦，例如老师很难分辨学生的论文是不是 AIGC 生成的。尽管已有一些用来检测文章是否由 AI 所写的智能产品应运而生，但目前还不足以解决问题。不仅如此，对于更小的孩子而言，AIGC 产品为“不动脑筋写作业”提供了极大的便利，可能会对孩子知识的掌握和独立思考能力的建立带来更加深远的负面影响。

AI 本来应该为人们的生活带来改善，但我们很遗憾地看到，AI 的滥用正让问题变得复杂。如果滥用的问题愈演愈烈，就会遭到大众的强烈抵制，若大众再没有明显感受到 AI 给生活带来的改善，那么 AI 领域可能会再次陷入寒冬。当然，遏制 AI 滥用是一个系统性工程，需要政府、企业、学校、家庭等多方的共同努力。作为设计师，我们能做的一方面是评估所设计的产品在未来可能被滥用的风险，并考虑增加一些相应的遏制机制；另一方面是努力设计出更多为人们生活带来切实改善的智能产品，使 AI 的利远大于弊，以助力 AI 领域实现更加健康稳定的发展。

与智能产品相关的伦理问题还有很多，都需要我们认真对待并在力所能及的范围内努力利益。“聪明”并不是人类智能的全部，无论何时，我们都应当保持 UX 的视角，将“人性”作为智能产品的核心来开展设计。同时，AI 从业者（包括设计师在内）也应当更加关注普通人，特别是弱势群体的生活，让 AI 能够为更广泛的人群带来切实的利益，而非不择手段地利用 AI 从他们身上谋取暴利，甚至给他们的个人成长和生命安全带来负面影响——生产力的发展应当带来贫富差距的缩小，而非反之。

AI是为了解放和强化全人类，让世界变得更加和平和幸福而存在的。希望每一位 AI 从业者都能够在这项造福全人类的伟大事业中做出属于自己的贡献。

最后，我引用喜剧大师查理 · 卓别林在电影《大独裁者》结尾时那段经典演讲的台词，与君共勉。

给我们富足的机器留给我们匮乏。

我们的知识使我们愤世嫉俗，我们的聪明冷酷而无情。

我们所思良多，却感受甚少。

相比机器，我们更需要人性。

相比聪明，我们更需要善良和温柔。

没有这些品质，生命将变得暴力，最终一无所有……

让我们为了建立一个理智的世界而战，

在那个世界，科学和进步将带领所有人走向幸福。

第16章 智能的未来

“AI很快就会超越人类，以后想干什么只要吩咐AI就可以了！”

“你的工作很可能会被AI取代！”

“如果AI向人类发动进攻，那么人类可能会很快灭亡！”

在AI浪潮下，这样的观点随处可见。乐观者充满期待，认为可以很快将一切交给机器，开始享受AI提供的高品质服务；悲观派开始恐慌，担心自己的职业受到威胁，甚至人类会被机器支配。两种观点似乎都有道理，那么当AI超越人类，我们究竟该何去何从？

人类喜欢幻想，因此你很容易被带入这样的情绪之中。不过请注意，这些观点其实都有一个非常基本的前提——AI很快就会超越人类。很多人会说，科技发展日新月异，连围棋大师都已败于AI，大语言模型更是带来了“通用AI”的曙光，AI超越人类的日子岂非指日可待。

但是，真的如此吗？

这很棒，但还很远

有趣的是，无论对AI超越人类后的未来持乐观还是悲观的态度，在“AI多久能超越人类”这个问题上，人们几乎总会显出一种超乎寻常的乐观——从AI诞生之日就是如此。

1957年，也就是第一次AI浪潮伊始，AI领域的先驱司马贺曾预言10年内计算机下棋会击败人类，但并未如愿；11年后的1968年，另一位AI先驱麦卡锡又预言10年内人类在下棋上将败于AI[11]。但是，这个AI领域的“小目标”直到1997年才被 IBM 的国际象棋程序“深蓝”实现，而 AlphaGo 在围棋赛场上战胜人类，则是再二十年之后的事情了。

事实上，类似机器下棋这样的预测几乎贯穿了 AI 的整个发展史，几乎每有新的 AI 技术诞生或某项 AI 技术实现了一个备受瞩目的应用，都会伴随“XX 领域的 AI 几年后将超越 / 取代人类”的论断，机器翻译、专家系统、深度学习无不如此。在预测 AI 的未来时，人们总是愿意相信，对某个领域的颠覆会发生在 10 年后，而“机器超越人类”的那个时间点会稍远一些——大概 30（或 50）年后。毕竟 10 年和 30 年这样的预测看起来既合乎情理（科技日新月异），又能让人有所期待（有生之年可以实现）。但是，从 AI 领域过去 70 年的发展来看，在这些预测的时间上至少乘一个 4 或 5 的系数可能更合理。

当然，AI 领域及媒体对 AI 发展的预测往往并非纯粹的凭空臆想，而是基于一定的逻辑推演。一个经常被提及的“预测基础”是计算机科学工程师戈登 · 摩尔在 1965 年提出的假设。他认为，微处理器上可容纳晶体管的数目大约每隔两年会增加一倍，这个假设逐渐演变为一个广为流传的版本，即计算机的性能每隔两年提升一倍，这就是著名的“摩尔定律”[3]。如果摩尔定律是正确的，那么计算机的性能将呈指数增长，这显然是一个非常恐怖的增长速度。有了摩尔定律，AI 的发展似乎变成了一个简单的数学问题。例如，假设人类大脑有 1000 亿个神经元，而现在的 AI 技术（如大语言模型）能实现 1 亿个神经元，那么只需翻倍 10 次，也就是 20 年的时间，AI 的神经元数量就会超越人类，从而超越人类智慧，甚至将永久改变人类社会的运行模式。有人将这个神奇的阶段称为“奇点”，每当 AI 领域出现突破，“奇点何时到来”总会成为媒体热议的话题。

然而，这些预测的成立需要满足至少 3 个条件：一是大脑本质上是经典计算机；二是智能水平与计算速度成正比；三是摩尔定律成立。遗憾的是，这 3 个条件目前来看各有局限。就说摩尔定律，从严格意义上讲，摩尔定律是通过观察（半个世纪前的）计算机产业发展情况总结出来的一个技术发展预测，而不是一个“定律”。微处理器上可容纳晶体管的数量的确可以在一段时期呈指数增长，但这种增长是有极限的，很可能无法持续，因为其最终会违背量子理论。正如加来道雄在《心灵的未来》中所指出的：“芯片上能够承载的晶体管数是有限的……之后海森堡的测不准原理①会发生作用，我们无法准确判断电子在哪里，它有可能‘溢出’线路……芯片会发生短路。另外，它们会产生足够煎熟鸡蛋的热量。因此，溢出问题和散热问题最

① 又称不确定性原理，由海森堡于 1927 年提出，指我们无法同时准确地测定一个电子的位置和动量，且这种不确定性并非源于测量设备的技术水平，而是其物理学属性决定的（参考自《心灵的未来》）。

终会使摩尔定律前景堪忧，替代这个定律很快就会成为必要的工作。”而一旦摩尔定律失效，类似“20 年后奇点到来”这样的计算结果也就无法成立了。

事实上，即便摩尔定律有效，很多对 AI 发展的预测依然站不住脚。因为这些预测都首先将人脑类比为一台计算机，而后再将神经科学的研究发现（如人类大脑的神经元数量）和计算机科学的进步情况（如新一代大语言模型的神经元数量）加以比较和计算。但是，“大脑是计算机”的说法本来就是不准确的，下面就让我们来聊聊“大脑隐喻”的话题。

大脑真的是一台计算机吗

从计算机科学出现至今，有一种说法一直颇为流行，认为人类大脑的工作方式就像一台（经典）计算机。这个“隐喻”乍看起来有些道理：大脑需要将世界中的信息转换成生物信号，然后传递给大脑皮层进行分析，还拥有对信息的记忆能力，而计算机也需要将信息编码为数据，传递给 CPU 处理，并拥有能够保存数据的存储器。

其实，计算机并不是人脑的第一个隐喻。最早的大脑模型之一是“矮人”模型，认为有一个小人居住在大脑内并做出决定，随后又陆续出现了机械装置大脑模型、蒸汽发动机大脑模型、交换机大脑模型、（经典）计算机大脑模型、互联网大脑模型等[19]。你可能已经发现了，大脑模型的变迁与人类科技的发展过程完全一致。实际上，由于大脑的深奥程度远超人类的想象，与其说是我们为大脑找到了一个隐喻，不如说是人类在不断将已知的最先进、最复杂的系统赋予大脑，但目前还没有哪种模型能够真正揭示大脑的奥秘。

也就是说，“大脑是一台（经典）计算机”的说法本身就具有时代的局限性，而如今它也落伍了——随着量子技术的发展，最新的说法是“大脑是一台量子计算机”。正如认知科学家瑟夫所说：“每当一种复杂事物出现时，我们总觉得人脑像它。例如，当互联网出现的时候，我们就觉得人脑像互联网；当量子计算机出现的时候，我们就觉得人脑像量子计算机。如果将来出现了某种更复杂的事物，我们也会觉得人脑像这种更复杂的东西。”[44] 我们不应否定隐喻的价值，因为在一定程度上，隐喻抓住了事物间的一些共性，并提供了一种新的视角，这有助于我们更好地理解和思考事物，但这并不表示隐喻的双方拥有完全相同的结构和运作方式。当我们有意无意地将事物的隐喻当作事实，并以此为基础思考事物时，就可能被引向错误的方向。

近年来，由于深度神经网络等热门 AI 技术使用了大脑结构的名称来命名相关概念，使很多人产生了错觉，认为我们已经成功地用计算机复制了人类神经元、神经网络甚至整个大脑的工作模式。但严格来说，感知机、神经网络等技术的基础只是一些受到神经科学启发而构建的数学模型，而神经科学对人脑的理解还相对粗浅，这与在理解了抛物线等物理学原理后对“投掷”活动进行严谨的计算机建模完全是两码事。换言之，虽然名字里有“神经元”，但人工神经元不等于大脑神经元，人工神经网络也不等于大脑神经网络。在《大脑传》一书中，马修·科布也指出，“神经元不是数字的（这是信息数字化的基础），脑（即使是线虫那算不上脑的脑）也不是硬连接的（hardwired）。每个脑都在不断地改变突触的数量和强度，而且最重要的是，脑并不仅仅依靠突触工作。神经调质和神经激素也会影响脑的运作方式……更根本的问题是，脑和计算机的结构完全不同。”如此一来，将 AI 模型中“神经元”的数量与人脑进行对比，并据此对 AI 进行水平评估或发展预测的方式，从一开始就是站不住脚的。

大脑的复杂程度远超我们的想象，远不是一台经典计算机所能比拟的，因而想靠经典计算机技术来模拟人类大脑可能很难实现。不过，正如我在第 5 章所说，AI 的发展可能会走出一条与人类完全不同的路径，也许经典计算机（或未来的量子计算机）可以找到某种实现超越人类智能水平的方式。在这方面，AlphaGo 和 ChatGPT 似乎为我们提供了利用经典计算机成功匹敌人脑的绝佳实践。但其实到目前为止，我们还不能确定 AI 领域是否在向着正确的方向前进。

大力出奇迹

我曾在网上看到一种说法，认为只要数据够多，计算够快，在算法上投入大量精力就是不必要的。就像 ChatGPT，不需要纠结复杂的语法、逻辑、表达方式等方面，只要有海量的文本数据、庞大的神经网络及充足的计算资源，就可以实现真人一般的自然语言输出。换言之，相比算法，数据和算力对 AI 更加重要。这种“大力出奇迹”的思想在当今的 AI 领域非常流行，也让预测“奇点”显得更加可行——万事俱备，只差算力，“奇点”到来只是时间问题。但在我看来，想靠蛮力创造“超越人类”的奇迹是非常困难的。这里我们以在本轮 AI 浪潮中引起广泛关注的 AlphaGo 和 ChatGPT 为例，来讨论一下“大力出奇迹”的问题。

先说 AlphaGo，正如我们在第 6 章中看到的，为了战胜人类冠军，AlphaGo 消耗的训练数据量极为庞大：不仅需要 KGS 围棋服务器上的 16 万场专业棋手对弈，还要利用强化学习生成超过 3000 万局棋局。不仅如此，在实际对弈阶段，AlphaGo 每下一步棋前还要进行海量的对弈模拟，而这也要消耗惊人的算力。例如一个分布式版本的 AlphaGo 需要利用多台机器、40 个搜索线程、1202 个 CPU 和 176 个（包含大量并行计算单元的）GPU，其需要的计算量和能耗之大可想而知。而 ChatGPT 对模型规模和数据量的要求更是大得惊人，OpenAI 发表的论文显示，GPT-3 模型（ChatGPT 的基础）包含高达 1750 亿个参数，而其使用的混合数据集中的 token 数量更是达到了近 5000 亿 [45]，是当之无愧的“大”语言模型。那么这个规模的 AI 对资源的需求大到什么程度呢？事实上，训练一个 GPT-3 模型的花费高达约 1200 万美元，其中约 90% 的训练成本用于租赁数据中心的基础设施，约 10% 用于支付运行它的电费 [46]。可见，如今的 AI 都是能耗惊人的“巨兽”，而一个人一天所消耗的热量可能只有 2000 千卡，换算成电能只有不足 3 度（1 度 =860 千卡），下棋或说话的耗能更是少之又少。也就是说，当前 AI 即便在个别领域达到了与人类相同的水平，所消耗的能量也与人类完全不在一个量级，说其是在“靠蛮力解决问题”并不为过。

但有趣的是，如果让 2 个围棋大师与 AI 较量，那么通常会被认为“不太公平”；而哪怕 AI 动用了成千上万个计算单元，消耗了足以养活一个小镇人口的能量与 1 个人类对战，却会被认为非常合理。在我看来，这是因为对于不了解技术的人来说，“AI”这个概念只是一个界面，将背后那些复杂的技术被隐藏了起来，这赋予了“AI”无限的延展性——就像哆啦 A 梦身上那个神奇的“百宝袋”，看上去只是一个口袋，内部却可能藏着成百上千个道具。如此一来，无论实际上多么庞大的系统，都可以被称为“一个 AI”，而它的对手永远都只能是一个人，不允许任何形式的扩展。就像 AlphaGo 的例子，李世石其实是在以 1 个人类大脑的力量对抗包含至少 1202 个 CPU、176 个 GPU 的庞大系统，且这个系统还被允许在 40 个方向上同时探索——这好比一辆安装了 1000 台发动机的汽车，耗了 1 万升油，然后在百米决赛中终于比博尔特① 快了 1 秒，那这是否说明其动力系统的架构和运作方式已经登峰造极了呢？AI 取得的突破当然值得称赞，但**百宝袋效应**的存在掩盖了“大力出奇迹”的事实。人吃 1 个苹果可以下一整盘围棋，而 AI 消耗 1 个苹果的能量可能连一步棋都走不了。如果我们将人脑的运作方式也视为一个算法，那么这种“人类算法”不仅能够“四两拨千斤”，还能集各种能力于一身，甚至其“硬件”体积也远比功能很窄的 AI 小得多。这样来看，人类的算法的确非常神奇。虽然我们不能说人类算法就是 AI 算法

① 尤塞恩·博尔特（Usain Bolt），牙买加田径运动员，2008、2012、2016 年奥运会男子 100 米、200 米冠军，多次打破世界纪录（参考自百度百科“尤塞恩 · 博尔特”词条，2023.12.09）。

的未来，但这至少能说明两点：当前 AI 的算法绝不是人脑所使用的算法，且当前 AI 的算法还有很大的提升空间。

也许对“大力出奇迹”来说更大的问题在于，地球上的资源是有限的。以截至 2019 年最大 AI 模型对算力要求的增长速度计算，即便考虑了持续的硬件改进，到 2030 年，训练一个领先的 AI 模型所需要的能源也将超过全球一年能源支出的总和[46]，这显然是不可接受的。也就是说，哪怕在理论上让 AI 继续“加大力度”能够创造奇迹，但地球的资源也无法支持其存在。就算能够成功，其高昂的成本也不是普通人能够负担得起的，我们很难像科幻电影里那样每人都有一个拥有独立大脑（甚至离线也能比人聪明）的 AI 伙伴——我们也许能用很多很多钱“砸”出一个贾维斯，但每个人都是托尼 · 斯塔克吗？

事实上，当深度学习这个游戏“玩”到大语言模型的阶段，就几乎变成了“富人的游戏”，因为其对数据、资金、能耗等方面的极高要求，使“玩家”只剩下超大型科研机构，或是微软、谷歌、百度等科技巨头，大部分高校、普通企业、创业公司只有旁观的份，而这对于一个研究方向的发展显然是不利的。但我们也可以从另一个角度来思考这个问题，如果一种算法消耗了如此巨量的资源也只能做到现在的水平，甚至使研究成为富人的游戏，那么是不是意味着 AI 的算法到了需要“革命”的时候了呢？ AlphaGo 为我们展现了深度学习的可能性，ChatGPT 则为我们展现了这个可能性可以有多大，但也许我们现在该尝试着去探索全新的可能性了。因而在我看来，“富人的游戏”对 AI 领域的研究者们并不见得是件坏事，因为这会让更多的人放弃“大力出奇迹”的思路，转而投入对更高级算法的研究，而这也可能会在不远的将来推动新一轮 AI 的蓬勃发展。

现在让我们回到 AI 预测成立的第二个条件：智能水平与计算速度成正比。显然，这个条件也是不成立的，因为它忽略了一个关键的因素，那就是“算法”。只有在算法水平与人类算法差距不大时，用计算速度进行预测才具有意义。人类虽不像 AI 那样擅长计算，但其算法对目前的 AI 基本上属于“降维打击”，很可能无法简单地依靠计算速度来弥补。因此，依靠“计算速度在多久后超越人脑”来预测 AI 的未来，显然也是站不住脚的。至此可以看到，3 个条件各有局限性，我们应当对 AI 的发展保持谨慎乐观的态度，而不是过于乐观。也许正如马修 · 科布在《大脑传》中对“奇点”做出的评价：

有趣的是，虽然有些神经科学家对涌现性的形而上学感到困惑，人工智能的研究者却陶醉于这个想法中……除了我们对意识如何运作的无知，没有其他理由可以让我们相信这种可能性会在不久的将来出现……即使是最简单的脑，其复杂程度也足以令我们目前所能想象的任何机器相形见绌。在未来的几十年甚至几个世纪里，奇点都只会出现在科幻小说而不是科学中。

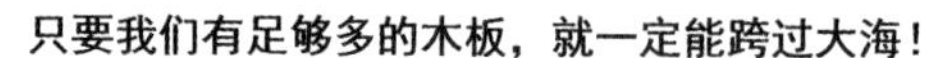

当然，我们也不应否定算力提升对 AI 发展的贡献。算法和算力都是 AI 发展的强大动力，但我倾向于认为算法是基数，算力是系数，且这个系数是有上限的（如能耗限制）。提升算力固然重要，但要想让结果上升到一个全新的高度，算法升级的作用往往要更大一些。如果未来 AI 的算法真的能够达到人类算法的水平，再配合量子计算等更加强大的算力的加持，就真的可以宣告“奇点到来”了。

智能产品的未来

通过上述讨论，相信你对 AI 未来的发展已经有了一个相对客观的预期。我之所以花大量笔墨讨论技术发展，是因为 UX 必须在深刻理解“人性”的基础上，通过“设计”对“技术”进行有效利用，从而为用户创造美好的产品体验。只有对 AI 技术的发展有一个正确的预期，我们才能对各行各业产品的未来展开有效的思考。不过，我并不打算在这里带你畅想 AI 在各领域应用的美好未来，毕竟 AI 在医疗、教育、金融、军事、交通、家居等任何领域的应用都不是一两段文字就可以讲清的。你可以在理解本书内容的基础上，结合自己感兴趣的应用方向，对智能产品的未来进行深入的思考，相信你一定会对其有全新的理解。

我在此仅讨论智能产品在未来发展中可能需要解决的一些通用性问题。

数据的挑战。无论是智慧交通还是智慧家居产品，都需要能够与周围的其他产品进行更加丰富的互动，如获取用户偏好、了解用户当前行为以便提供相应服务等，这些本质上都是数据的传递，需要政府和企业参与制定出更加通用的数据接口标准。

能耗的挑战。正如之前所说，AI 对能量的消耗不容小觑。虚拟产品至少还能使用远程服务，但对于实体产品，能耗问题将变得更加突出——你应该不会希望你的“智能管家”出门时还要跟着一个 50 公斤重的可移动电源。

安全的挑战。当 AI 开始融入用户的生活时，信息安全就显得更加重要，因为这意味着一旦智能产品（如智能汽车、智能家居机器人、ChatGPT 等）被黑客控制，后果会比普通产品更加严重，这需要企业（可能也包括政府）为产品建立更加完善的安全机制。

伦理的挑战。正如我们在上一章讨论的，随着智能产品的发展和普及，伦理问题会变得愈发突出，无论是产品本身的伦理困境（如电车难题），还是人为操控、去人性化、职业影响、AI 滥用等伦理问题，都需要政府、企业、高校等多方的共同参与，谨慎思考有效的应对措施。

炒作的挑战。对 AI 的过分炒作及其给大众带来的过高预期也不容忽视，且这样的炒作几乎无法避免，这需要企业和设计师密切关注用户对相关智能产品的态度，并采取措施努力弱化炒作可能给自家产品带来的不利影响。

智能产品的设计充满挑战，但也饱含机遇。希望你能在感兴趣的方向上披荆斩棘，用卓越的智能产品为更多人的工作与生活带来实实在在的改善。

UX 与 AI 的未来

长期来看，UX 和 AI 这两个渊源极深的领域注定会交汇在一起。

对于 UX 领域，AI 的发展为创造更加自然、易用、简约、有趣、智能的生活带来了广阔的想象空间，这使得“与 AI 俱进”成为创造更好体验的必然。可以预见，机器学习等 AI 技术将逐渐成为 UX“技术工具箱”中的必备工具，而 UX 从业者也应当时刻关注 AI 领域的最新进展，并随时准备将最新的 AI 技术应用于产品之中。

对于 AI 领域，UX 对智能行为及体验的深入研究不仅能够为 AI 技术研究带来有价值的新视角和新问题，推动技术升级，也会在 AI 领域取得突破后，帮助其以更加人性化的方式构建能为用户带来卓越体验的产品，从而助力 AI 领域保持良性发展。“人工智能”注定与“人性”息息相关，这就意味着 AI 从业者也应当拥有一定的 UX 思维，并与 UX 从业者在智能产品的各个相关方面展开更加深入的合作。

当前，我们还处在新一轮的 AI 浪潮之中，但在炒作之风未减、技术瓶颈浮现的当下，也许留给 AI 领域的时间并没有很多人想象的那般充裕。同时，作为一个新兴领域，UX 思想在很多行业还没有被真正理解和系统化应用，这也极大地限制了 UX 对 AI 起到的赋能效果。到目前为止，很多企业的“智能化工作”依然只是工程团队的单打独斗。但要想避免 AI 领域再次陷入寒冬，UX 的系统性介入将是非常关键的一环。我们应当立刻行动起来，利用 UX 设计的思想、流程和原则，尽可能多地发挥深度学习等新兴 AI 技术的价值。

我相信，随着 AI 与 UX 领域交流的不断加深，未来的产品将变得更加得力、有礼、贴心，并逐渐成为人们生活中不可或缺的优秀伙伴。AI 技术与智能产品的未来之路将通往何处，我们还不得而知，但只要我们用以人为本的视角留心观察，就能不断发现用 AI 改善用户生活的机会，而这些一点一滴的改善积累起来，必将会为我们的世界创造出更加美好的明天。也许正如图灵在那篇开创性文章《计算机与智能》的结尾所说：“We can only see a short distance ahead, but we can see plenty there that needs to be done.”（我们只能看到前方的一小段路，但在那里我们也能看到足够多的事情需要去做。）[47]

第5部分

总结

在本章中，我们讨论了智能产品的两个更加深远的话题——伦理和未来。可以看到，在智能产品的发展之路上，尚有很多需要认真思考和解决的问题，可谓任重而道远，需要每一位 AI 和 UX 从业者的共同努力。

也许在一些技术狂热者眼里，机器最终取代人类是一种“发展的必然”。但在 UX 的视角之下，如果科技的发展不能让人们的生活变得更好，甚至还试图创造出某种可能取代人类的高级智能体，那么这种所谓的“发展”不要也罢。无论科技如何发展，我们都不应丢弃“以人为本”的思想，就像电影《流浪地球 2》中马兆对图恒宇说的那句经典台词：

记住，没有人的文明，毫无意义。

附录A

计算机与算法基础

我们在正文中提到，AI 是一个能够执行人工智能领域某个算法的计算机程序。

计算机、算法、程序……如果你没有计算机领域的背景，这些术语可能已经让你开始头大了。但请少安毋躁，这些术语其实并没有看上去那么复杂，让我们一个一个地看。

计算机：一台处理数据的机器

简单来说，**计算机**就是能够对信息进行自动处理的机器。我们每天都在传递和处理大量“信息”，一个电话号码、一张照片或是一段音乐，都包含着信息。但是计算机无法直接理解照片或音乐，我们需要将信息经由某种规则转换成由 0 和 1 组成的“数据”，例如一张黑白照片可以被转换成一张仅包含黑白格子的图片（尽管会有些失真），当我们用“0”表示白色格子，用“1”表示黑色格子时，这张照片所包含的信息就被转换成了一长串数字，如图 1 所示。

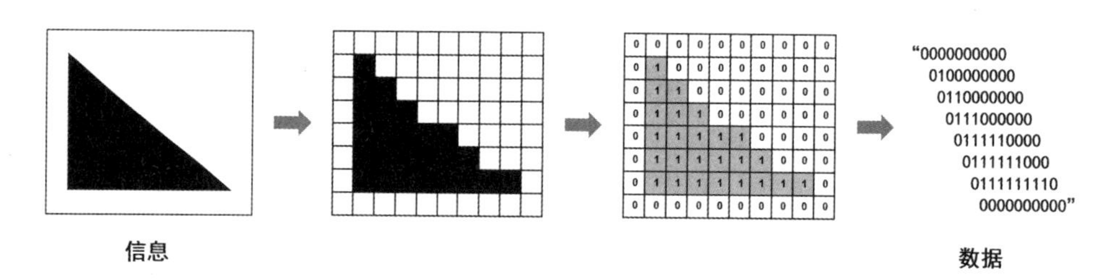

图 1　将信息转换为数据

二进制数很容易在物理上被实现（例如用电子开关的“开”表示“1”，“关”表示“0”，那么一组数据就可以被一组电子开关实现），因而当信息被转换为由 0 和 1 组成的数据后，就可以被计算机方便地存储和处理。例如我们想将图 1 中的图案变成“黑色背景 + 白色图形”，那么计算机只需先将数据中所有的数字取反（即 0 变 1、1 变 0，在物理上可能是开关从关闭变为打开或反之），再将得到的新数据转换为图形就可以了。

当然，以上只是为了方便你理解而做的简化描述，计算机的实际工作要比这复杂得多，但本质是一样的，即先将包含信息的文本、图片、声音等转换为某种形式的数据，然后由计算机对数据进行处理，再把输出的数据转换成所需的信息形式。这里对数据的“处理”其实就是计算，因而做这项工作的机器才被称为“计算机”。可以说，计算机科学的一个主要任务就是为实现特定目标，寻找让机器自动处理信息（数据）的最佳方式，而AI就是其中非常强大的一类解决方案。

算法体现规则

再来说算法。“算法”这个词听起来非常高深，但其实我们每天都在使用：规定烹饪步骤的食谱、规定审批顺序的公司流程，都可以看作算法。从本质上说，算法就是规则，它定义了事物的运转规律，包括做事的顺序（如先热锅再放油）、做事的条件（如待油锅冒烟再倒鸡蛋），等等。烹饪食物的规则被称为食谱，企业管理的规则被称为流程，计算机要运行的是计算（处理数据）的规则，也就是计算的方法，因而被称为“算法”——它们在本质上都是一样的。

更具体地说，这些规则的目的都是解决具体问题，因而算法也可以看作一套被清晰定义的“解题策略”。回忆一下，我们小时候学习多位数加法（如123+789）时，是如何运算的？我们通常会遵循如下策略。

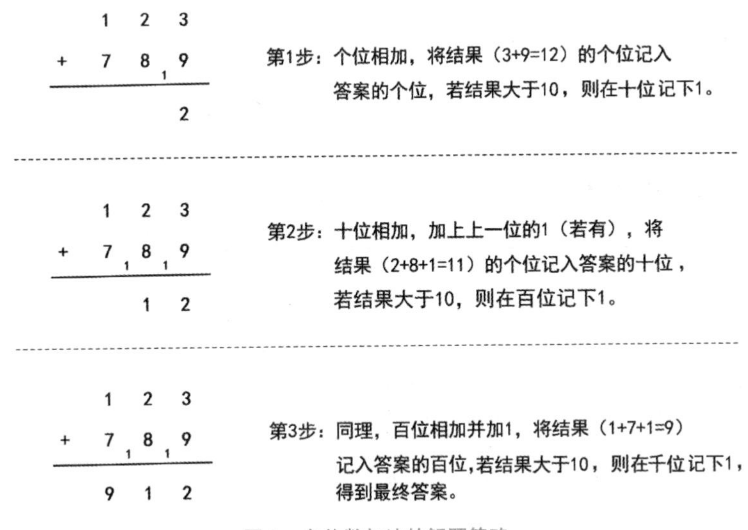

图2 多位数加法的解题策略

这些指导我们一步一步获取答案的规则和策略，其实就是算法。算法并不是计算机的专利，相同的算法，计算机可以使用，人类也可以使用，所获得的结果也是相同的（只是有些计算机使用的算法计算量巨大，人类无法在有生之年实现）。当然，问题越难，算法往往越复杂，对创造力和数学功底的要求也越高，“算法工程师”就是专门为复杂问题制定（能够被计算机使用的）解题策略的人——算法这个概念本身并不高深，研究算法的人之所以厉害，不是因为他们能想出一个算法，而是因为他们解决了复杂的问题，或是为同样的问题想到了更好的解决策略。

程序承载算法

计算机的任务是对数据进行处理，而算法提供了数据处理的规则，从这个意义上来说，计算机就是一台能够根据算法设定的规则自动处理数据的机器。但算法是抽象的，“个位相加，将结果的个位记入答案的个位”这样的语句计算机无法理解，需要我们将其转化为计算机可以理解的形式，如图 3 所示。

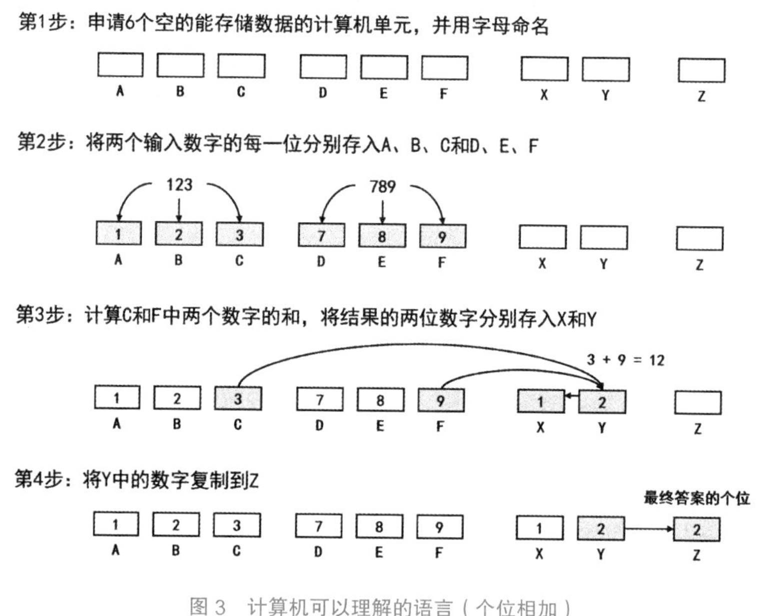

图 3　计算机可以理解的语言（个位相加）

这就是计算机的“语言”，是不是看起来还好？但别忘了，这只是图 2 中的一个步骤，而表示三个步骤的一大堆指令合在一起居然只是为了计算两个数字相加！

加法是数学中最基础的运算之一，如果算法中每次相加都要这样编写，那么工作量实在是太大了，而且都是重复性的劳动。于是一些聪明的计算机科学家将用于实现多位数加法的全部指令打包，用“+”这个符号代替，并将转化规则存储在计算机中——就像给计算机提供了一本字典。这样，当我们输入“+”后，计算机会先自动将其翻译为相应的一系列“机器指令”，再执行这些指令。

在“+”以外，科学家们还定义了很多这样的“指令包”，并用直观的符号和英文单词命名，如“if”“while”“*”等。这些符号和单词都有规定的使用格式，从而形成了我们常说的（高级）**计算机语言**，只要输入的符号和语法正确，计算机就可以将其翻译为相应的机器语言并执行，从而使人与计算机的沟通更加自然，也大大降低了编写指令的工作量，让我们得以省出更多时间编写更加复杂的算法。当然，在不同的思路下，打包的指令和使用的符号、语法也会不同，由此形成了不同的计算机语言，如 Python、Java 等。

抽象的算法被具象为计算机语言后，就能被存储在计算机中，并在需要时指导计算机完成对数据的处理，这些用特定语言编写的算法被称为**计算机程序**。所谓的“运行程序”，本质上就是计算机根据所存储的算法对数据进行处理，并输出相应的结果。

算法是抽象的策略，能够被不同的计算机语言实现。通常来说，算法工程师侧重于研究复杂问题（如图像识别）的解题策略，而在特定语言下如何编写程序来高效、稳定地实现这些策略，则是精通该语言编写技巧的人（如 Java 工程师）的工作。

好了，现在让我们梳理一下：

计算机是一台能够自动处理数据的机器。

算法明确了处理数据的规则。

算法以计算机程序的形式被存储在计算机里。

计算机根据存储的算法处理数据，以完成特定任务。

现在，你已经对计算机、算法和程序是什么有了基本的概念，回到正文，相信你会对 AI 的本质有一个更加清晰的认识。

附录B

机器学习超级入门

AI 领域的名词经常会让不懂计算机的人产生误解，比如我们在第 2 章说的，“人工智能”并非人造的有意识智能体，而是一类更高级的计算机算法或程序。同样的，“机器学习”也不是像人类那样通过理解、分析、反思等思维过程来掌握新知识，自然也不能以此为前提对产品展开设计。作为 AI 的重要分支，“机器学习算法”或“机器学习程序”这样的称呼才更加贴切。在本附录中，我们将讨论机器学习的本质及深度学习等相关热门技术的基本原理，以加深你对 AI 的理解，为后续的智能产品设计奠定技术基础。

机器也能学习吗？

樱桃成熟的季节，超市的水果区摆满了饱满诱人、玲珑剔透的红樱桃。你来到货架前，一手拿着袋子，一手在樱桃堆里挑出深红色、表面光滑、果蒂凹陷、果梗偏绿、手感偏硬、个头较大的果子放进袋子，准备回家大快朵颐。让我们来思考一下这个过程，在樱桃堆挑选是为了甄别“好樱桃”，那我们是如何知道符合这些特征的樱桃是好的呢？

显然，我们通过“学习”掌握了这些特征，一些常见的习得过程如下。

经验归纳，比如先吃一颗深红色的樱桃，发现非常甜，再吃一颗偏黄色的樱桃，发现不够甜或微酸，经过多次尝试后，基于对这些“样例”的分析，我们归纳总结出“深红色的樱桃更甜”的规律，并将其记在脑子里，作为以后挑选樱桃的参考。

知识获取，即从其他已掌握挑选方法的人那里获取被总结好的规律，比如你在网上看了一条提到“果梗偏绿的樱桃更加新鲜”的短视频，从而学到“绿色果梗是好樱桃”的规律——你可以死记硬背这个规律，也可以在理解的基础上加以记忆（如“果梗是绿色的表示刚采摘不久，因而更加新鲜，而新鲜的通常更好”），而被充分理解的知识在使用时会更有灵活性。

分析推演，从现有知识发展出新知识，如“葡萄、苹果、梨等水果新鲜的特征是表面光滑，因而水果要挑表面光滑的，而樱桃是水果，所以表面光滑的樱桃是新鲜的，通常也是好的。”

学校的教学更偏向第二种方式，老师将人类过去总结的各种规律（以及使用规律的方法）教给学生。但无论是获取还是推演，最初的知识往往源于对经验的归纳和总结，即第一种方式。人类通过与世界的互动获取关于世界的信息，并从中总结规律，以便在未来能够采取更有利于自己的行动。20 世纪 80 年代以来，被研究最多、应用最广的机器学习就是这种“从样例中学习”的方法[10]。

在计算机领域，“经验”相关的信息以数据的形式存在（附录 A）。例如我们可以用表 1 的对应关系给每个特征一个相应的值，如深红色果实是 1，绿色果梗是 3，这样“深红色 + 绿色果梗→好”这一信息可以表示为（1,3 ；1），而“黄色 + 果梗偏黑→不好”可以表示为（3,2 ；0）。

表 1 为樱桃的不同特征赋值

果实颜色		果梗颜色		好樱桃	
深红色	1	黑色	1	好 / 是	1
偏红色	2	偏黑	2	不好 / 否	0
黄色	3	绿色	3		

如果我们收集到一组关于樱桃特征的信息，并将它们转化为数据，就可以让计算机基于某种策略对数据进行计算，找到从特征数据到结果数据的转换规律。这样，当我们将一个新樱桃的特征（如表示偏红色、果梗偏黑的“2,2”）输入计算机，计算机就可以根据转换规律输出一个 0 或 1 的判定值，告诉我们这个樱桃是好还是不好。

这就是一个典型的机器学习过程，会不会跟你想象的不太一样？机器学习说到底还是一个数据处理的过程，机器并不是因为知道“绿色果梗的樱桃更新鲜所以更好吃”而将一个绿色果梗的樱桃判定为“好”，它只是找到了一个能尽量让包含“1,3 → 1”等数据的数据集成立的计算**模型**，然后用它对新的输入进行计算，并输出对应的结果（如图 4 所示）。至于数据的具体含义，也只有人类才能说清楚。

图 4　机器从数据中建立模型

传统程序也可以根据特征对樱桃进行判断，但需要人类将完整的计算模型（解决方案）编入程序，至多算是一种“死记硬背”，谈不上真正的学习，也无法随环境的改变对模型进行动态的更新。而 AI 程序与传统程序最大的区别就是拥有找到解决方案的办法（见第 2 章），对于机器学习，这意味着程序能够自动生成或更新计算模型，而后利用这个模型来解决问题。也就是说，机器的这些“学习”，往往是从样例数据集中挖掘规律并建立模型的过程。人类并不擅长对大量数据进行计算，很多蕴藏在海量数据中的规律靠人类自身的力量很难获取，而基于计算机的机器学习技术恰好弥补了这个短板，也为产品满足用户需求的方式的提升提供了更多的想象空间。

对于“机器能够学习吗”这个问题，答案是肯定的。

但在机器“学习”的过程中，究竟发生了什么呢？

机器学习的本质

你可能玩过如图 5 所示的数字猜谜游戏。

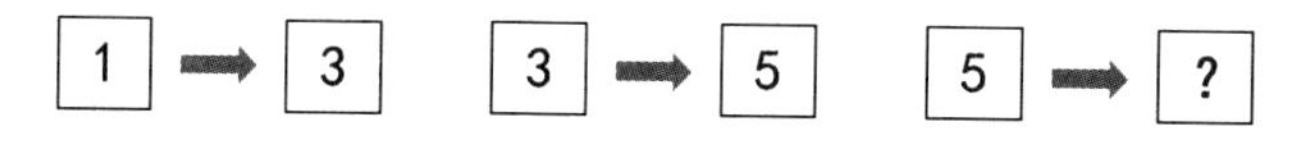

图 5　数字猜谜游戏

简单思考一下，你就会知道答案是 7，但你是如何想到答案的呢？通常来说，你会先看看 1 和 3，想到 3 可能是由“1+2”得到的，再看看 3 和 5，“3+2”也确实是 5，因而你明确了“第二个数字 = 第一个数字 +2”的规律，并用这个规律得到答案（5+2=7）。

你可能没有意识到，其实你已经完成了一次机器学习过程。对计算机来说，可以认为存在一个数据处理系统，每组左边的数字（1 和 3）是系统的输入，右边的数字（3 和 5）是对应的输出。每当你将一个数字输入系统，系统就会根据设定好的算法对其进行处理，并给出处理结果。所谓“输入和输出之间的规律”，具体来说就是系统在获取输出时所使用的算法，机器学习中称之为“模型”。在学习时，计算机会基于假设的模型类型（如“输入 +x= 输出”），并结合已知数据，对模型中的参数（此处为 x）进行推导和验证，最终得到一个尽可能有效的模型（此处为“输入 +2= 输出”）。正如《机器学习》一书所说：“机器学习所研究的内容，是关于在计算机上从数据中产生‘模型’（model）的算法”。

仔细回想一下，你会发现你在解答问题时也使用了同样的策略，只是因为问题比较简单，选取模型类型、计算模型参数等过程大部分是自发完成的，自己很难意识到而已。不过，目前的机器并不具备原创出一个模型框架的能力，需要由人类预先设定，而预设模型中往往包含很多未被明确的参数，需要由机器通过某种算法计算得出——这就是“学习”。换句话说，机器的“学习”实际上是在对带参数模型的参数部分进行调整[48]。

因此，一个基础的机器学习程序往往由如图 6 所示的两部分组成：一部分包含模型框架及参数（用于解决问题，即“鱼”）；另一部分是能够根据数据对框架参数进行调整的程序（用于明确具体的解决方案，即“渔”）。在学习时，机器会在“渔程序”的驱动下自动调整“鱼程序”的参数，这个过程被称为**训练**。我们通常会将包含输入和对应输出的数据分为训练数据和测试数据两组。就像果农大爷帮我们判断了 100 个樱桃，我们先用其中 80 个作为训练数据对模型进行训练，然后将剩下的 20 个作为测试数据，让模型在不知道它们好坏的情况下给出判断，最后将其与樱桃的实际情况进行对比，若准确率达到了我们设定的标准（如 20 个樱桃有超过 18 个判断正确），我们就说这个模型是有效的。

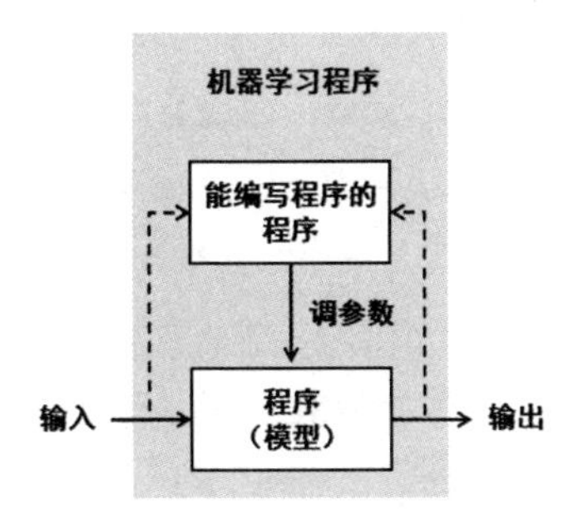

图 6　机器学习程序的组成

让我们再来看一个稍微复杂一些的数字猜谜游戏（如图 7），这次有两个输入数字，我们可以假设模型的结构如图 8 中的“预设模型”所示，即两个输入数字分别乘以一个参数，而后相加得到输出数字，这样用于解决问题的框架就有了。之后要做的就是使用一种算法来确定模型中的参数，对于这个猜谜游戏，可以让程序使用解二元一次方程组的方式来求得 x 和 y 的值分别为 3 和 2(具体方法可参考数学教材)，并将这两个值自动编写到模型中。最后，我们只要将问题中的 3 和 5 输入包含具体参数的完整模型，就可以得到答案是 3 × 3+5 × 2=19。

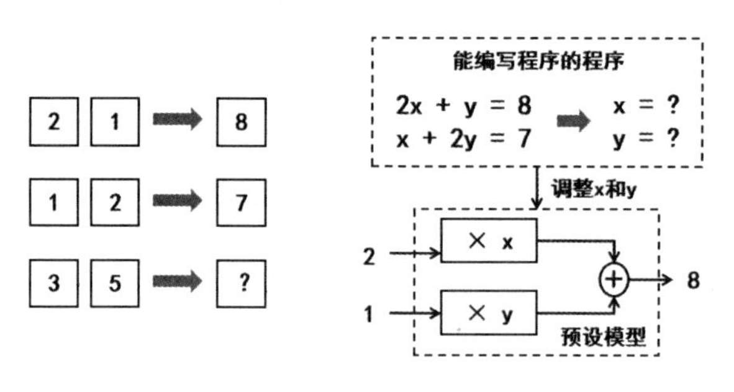

图 7　复杂一些的数字猜谜游戏　　图 8　机器学习过程

通过以上两个例子，可以看到 AI 领域“有多少人工就有多少智能”的逻辑同样体现在机器学习之中。如果改变所使用的预设模型（如将图 8 中的模型改为神经网络），或是使用其他获取参数值的方法（如不断微调图 8 中预设模型的 x 和 y 值看输出结果是否满足数据要求），那么答案的准确率和获取答案的效率可能会大不相同。要想让机器具有强大的学习能力，人类需要根据特定问题为其选择或创建合适的预设模型（如决策树、深度神经网络），并找到能获取最合适参数配置的最优方法——这显然需要大量的人类智慧。还是那句话，机器所做的只是执行指令，就目前来说，如果一个机器学习程序没有引入任何深度学习的模型框架及搭建相关框架的方法，要靠其自己凭空学出一个包含深度神经网络的解决方案是无论如何也办不到的。

此外，在实际的应用中，机器学习往往要从海量的数据中找寻模式，这使得我们很难像数字猜谜游戏那样找到一个完美契合输入输出关系的模型。因而大多数时候，机器学习程序的工作是找到一个“足够好”的参数配置，例如使模型的计算规则与数据集中 95% 以上数据的输入输出关系相匹配。大部分时候，机器学习所做的是在历史数据的基础上，为新环境下的最佳反应给出一个不错的“预测”，但不保证预测完全正确。真实世界瞬息万变，人类也经常出错，而当数据量足够大时，机器对特定问题的判断甚至可以超越人类的水平，对于想要设计出更“聪明”产品的专业人士来说，这显然是大有助益的。

那么，机器学习擅长解决的“特定问题”有哪些呢？

监督学习与无监督学习

根据需要学习数据的形式，机器学习可大致分为**监督学习**和**无监督学习**，以及介于两者之间的**弱监督学习**[49]（包括半监督学习、主动学习、多示例学习、强化学习等）。乍一看会不会感觉很深奥？其实这些概念并不难理解，让我们以刚才提到的“挑樱桃”活动为例，来逐个认识这些“学习”。

先来看三类学习的名字，我们会发现一个关键词——监督。那何谓“监督”呢？举个例子，我们想将樱桃分为好坏两类，那么可以去请教种植樱桃多年的果农大爷，大爷没有告诉你好樱桃的具体特征，而是从樱桃堆里一个一个地拿樱桃给你看。比如大爷拿出一个偏红、绿梗的樱桃，告诉你这是好的；又拿出一个黄色、黑梗的樱桃，告诉你这个不好。由此，我们就得到了两组分好类的樱桃，从数据的角度，相当于在“颜色”、“果梗”等特征外增加了类别判定的信息，这就是所谓的“监督”。在机器学习中，果农大爷对樱桃好坏进行判定或“打标签”的工作被称为**标注**，被标注过的数据就是**监督数据**，没有被标注的数据就是**无监督数据**。相应地，机器对（带有标注的）监督数据进行的学习就是监督学习，对（不带标注的）无监督数据进行的学习就是无监督学习。

说到这里，你可能会想，既然不用标注类别也可以学习，是不是说无监督学习比监督学习更高级呢？其实，监督学习和无监督学习并没有高下之分。在监督学习中，我们既知道樱桃的特征，又知道樱桃的类别，这样就可以总结出将樱桃放到好坏两堆的归类逻辑，并将这种逻辑应用于对新樱桃的标记。简单来说，监督学习所解决的问题是将一个待分类的对象归到一个事先设定好的类别中。因此，监督学习的归类目标是提前限定好的，如果机器所学的是标注了好坏樱桃的监督数据，那么即便你给它一个菠萝，它也只会告诉你这是一个“好樱桃”或“坏樱桃”，而不会创造出一个叫作“菠萝”的新类别。

无监督学习的情况则有所不同，我们面对的是一堆没有任何类别标签的樱桃，而我们的任务是将它们分为几类。在这里，不同的观察视角会产生不同的分类方式，比如你发现了颜色的差异，将樱桃分成红、黄两堆，我看到大小的差异，将樱桃分成大、中、小三堆。也就是说，无监督学习并没有预设的归类目标，而是尝试着寻找数据之间的典型差异，并基于这些差异对数据进行分类，这使得学习得到类别的数量和含义存在着很大的不确定性。值得一提的是，人在分类时会寻找颜色、大小等特征，甚至抽象出精致、饱满等更深层次的特征，但机器并不理解这些概念。对于机器来说，每个樱桃都是一组数据，它所做的只是基于某种计算规则发掘数据之间的相似性，并将相似的数据分到一类。这些用于区分事物的“差异点”往往比较表面（如颜色或大小），对于更抽象的分类（如文章背后的哲学观点），目前的无监督学习还远远谈不上擅长。至于所发现的类别的实际含义，如“这些樱桃被放在一堆是因为它们都是黄色的”，也只能依靠人类来探究和赋予。

严格地说，监督学习是有明确目标的“归类”，旨在判定所属类别；而无监督学习是无明确目标的“分类”，旨在对数据做出区分。两种学习都需要数据的支持，也都需要人类的参与，前者经常要标注大量的数据，后者则需要在机器给出的结果中探寻各类别的实际含义。此外，用于完成监督学习和无监督学习的有效模型，以及高效调整模型参数的方法，也都需要人类来思考和确定——还是那句话：有多少人工，就有多少智能。

强化学习

很多时候，我们在一开始并没有足够且完整的监督数据，但仍然希望获得一个准确率较高的预测模型，这就需要一些“弱监督”学习方法来帮忙。比如果农大爷很忙，只帮我们判断了 100 个樱桃中的 30 个，剩下的 70 个樱桃虽未被标注，但我们可以利用其数据分布来改善模型预测的准确率，即综合利用了监督数据和无监督数据，这样的学习被称为**半监督学习**。我们也可以基于已标记的樱桃特征从剩余 70 个樱桃中挑出一些对监督学习帮助更大的樱桃（如特点比较明显的樱桃），然后拿着它们去询问其他果农（引入新的专业知识），从而以较少的标注成本达到较高的预测准确率，这种学习被称为**主动学习**。大爷也可能每次抓一把樱桃，然后告诉我们这一把里有好樱桃，或者一个好樱桃都没有。也就是说，我们有监督数据，但数据的标注针对的不是每个樱桃，而是若干樱桃，这样的学习被称为**多示例学习**。对这些学习的研究使机器能够应对更加复杂的数据情况，进而有效地扩大了其在现实世界中的应用范围。

除了以上几种，还有一类近些年因 AlphaGo 而备受关注的机器学习方法，被称为**强化学习**。与其他机器学习不同，强化学习在一开始既没有监督数据，也没有无监督数据。程序拥有的是一组可以实施的行为，以及对行为结果进行判断的价值标准。想一想，如果没有果农大爷，你将如何判断樱桃的好坏？其实很简单，你可以亲自品尝。比如拿起一个黄色的樱桃来吃（一个可实施的行为），如果樱桃很甜（价值判断），那么你实施“吃黄樱桃”这一行为的概率就会提高；反之如果樱桃很酸，你就会减少此类行为。如此，经过大量尝试之后，你就更可能吃到好樱桃了。如果你学过一些心理学知识，那么对这个现象应该并不陌生，它就是由著名心理学家斯金纳提出的操作性条件反射理论（又称“强化理论”），与之相关的机器学习方法被称为“强化学习”也就不奇怪了。

综合来看，目前大部分机器学习程序的工作是从已经积累的数据中发掘规律，而“所有强化学习的共同点在于它们不需要通过示例来学习”[3]，能够从零开始积累数据。例如在围棋比赛中，我们可以将不同的下棋策略和输赢判定规则编入计算机，利用强化学习，让机器通过海量的对战积累经验，不断优化自身的模型参数（对机器下围棋原理的更详细阐述见第 6 章）。可以说，AlphaGo 能够战胜人类围棋冠军，强化学习功不可没，这也是其近年来备受关注的原因。

不过，强化学习也有其自身的局限性。一方面，强化学习非常依赖对行为结果进行判断的“价值标准”。对于围棋这种规则清晰的游戏，落子行为的价值判断相对容易，但现实世界远比游戏复杂得多，很多时候甚至根本没有正确答案。例如“樱桃好吃”这种主观的体验机器并不理解，往往要靠人类进行标注。不仅如此，我们常说“众口难调”，如何找到符合目标群体口味偏好的价值标准，对于强化学习来说是一个非常大的挑战（显然 UX 可以在这方面提供不少帮助）。另一方面，强化学习通常只能用于像下棋这样行为风险较低的活动，毕竟下棋最糟的结果就是“游戏结束”，但对于自动驾驶汽车等产品，让车辆在现实世界中尝试包含高风险操作在内的各种驾驶行为是不可接受的，而目前的计算机还无法在虚拟世界中充分还原各种真实的驾驶环境。因此，尽管 AlphaGo 在围棋世界中超越人类是一项了不起的成就，但 AI 要想在瞬息万变的现实世界全面超越人类，恐怕还有相当长的路要走。

感知机

等等，我们是不是漏掉了什么？既然说到了 AlphaGo，也讨论了强化学习，为什么一直没提鼎鼎大名的深度学习呢？这是因为，我们刚刚的分类是基于机器要学习的数据或要执行的任务的，而深度学习严格来说是一套包含了特定模型结构及相应调参方法的技术解决方案，与监督学习和无监督学习并不在一个维度。

我们曾讨论过，同样的数据可以使用不同的模型来学习，而模型不同，学习的效率和输出结果的准确率可能会大不相同。为了找到更好的模型结构及更佳的调参方法，机器学习领域的专家们一直在辛勤地努力，也收获了一系列颇具价值的成果——深度学习就是其中非常耀眼的一个。

与 AI 领域的很多名词一样，“深度学习”也是一个很容易被误解的名字，让人觉得既然叫“深度”，那么学到的东西应该比其他机器学习更深。但这种学习其实一点都不深，之所以叫这个名字，是因为深度学习使用了一种被称为“深度神经网络”的模型结构。那什么是深度神经网络呢？我们需要先来理解一下它的基础——感知机。

神经元细胞是大脑运转的基础。典型的神经元包含树突、细胞体、轴突、突触等生理结构，并彼此相连，如图 9 所示（此图仅为示意，如果对细节感兴趣请参考相关的生物学书籍）。每个细胞的树突可以接收来自多个细胞的信息，并加以综合来形成新的信息，而后通过轴突等结构传递给其他神经元。在生物学的启发下，AI 的先驱们建立了类似图 10 的模型，以模仿信息在神经元中进行传递的行为[①]，这种模型被称为**感知机**。模型的左半部分与图 8 中用于数字猜谜游戏的模型一样，每个输入先乘一个 w 的系数，而后被加在一起，不同的是感知机对相加的结果做了一个判定：如果结果达到设定的门槛（z）则输出 1，否则输出 0。

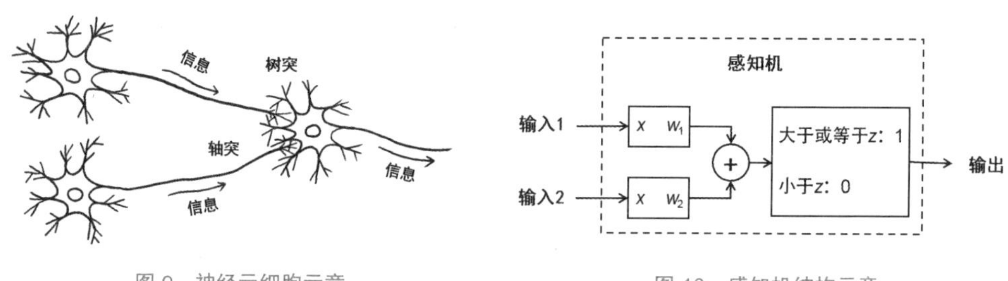

图 9　神经元细胞示意　　　　图 10　感知机结构示意

还是觉得有点儿复杂？没关系，让我们来玩一个智力游戏（如图 11）。想象你面前有两个分别贴着“2”和“0.5”标签的量杯，你可以在杯中倒入任意量的水。倒完水后，一位操作员走过来，向标有“2”的杯中倒入等量的水（乘 2 即翻倍），将标有“0.5”的杯子中的水倒掉一半（乘 0.5 即减半）。之后，操作员将两杯水倒进一个贴有红线的大杯子，并观察杯中的水，若水位高于红线，则判定为胜利，反之判定为失败。你可能已经猜到了，图 10 中的 w_1 和 w_2 就是标签上的数字，z 是红线的位置，而这位操作员就是一个计算机程序，能够根据标签上的数字自动调整杯中的水量，并根据红线判定游戏结果。

① 事实上，真实的神经元传递信息的方式要比感知机复杂得多，因而只能说感知机是受到神经元的启发，或是在一定程度上模拟神经元的行为（对这个问题更进一步的讨论见第 16 章）。

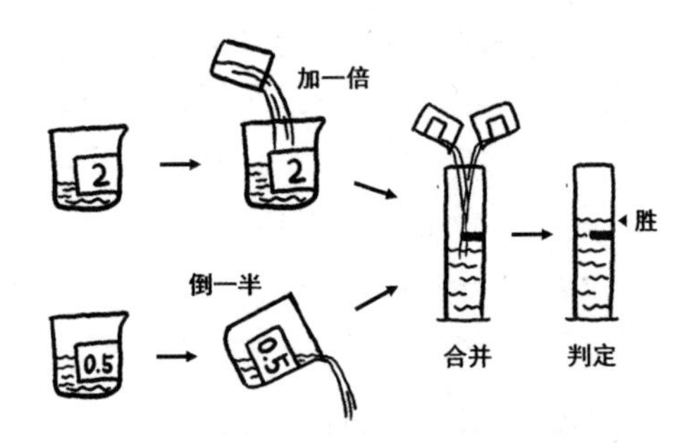

图 11　倒水游戏

现在让我们换一种玩法，倒入两个杯中的水量组合是提前定好的，如“1 升 +2 升”，且这样的组合有 5 组，而标签上的数字和红线的位置都可以修改。你的目标是找到让 5 种组合都能判胜的标签数值和红线位置（如图 12），该怎么做？你可能先在标签上随便写两个数字，然后在杯中依次倒入每个水量组合，并让操作员按流程操作后告诉你结果，如果有哪组失败了，就微调数字或红线位置，直到实现完全胜利。但这样做的工作量想想都让人头大，于是你花钱雇了一位临时工，吩咐他按照一定的规则调整标签和红线（如“先在两个标签上都填 2”、“若有任意一组水量没有取胜，则将第一个标签上的数值减 0.1”等），然后将 5 种水量组合依次倒入杯中，并根据操作员反馈的各组合的游戏结果继续调整——然后你就可以去安心睡个好觉了，临时工和操作员会夜以继日地工作，并在达成目标时通知你。

图 12　倒水游戏（改版）

这个过程是不是有点似曾相识？是的，这就是一个标准的机器学习过程。在这里，我们构建了一个包含了杯子、标签、红线和操作员的模型，同时找了一位临时工（另一个程序）来对模型进行调参，直到模型的输出满足期望。如果我们将期望的输出和对应的输入写在一起，就会得到一组类似“（1 升，5 升→胜利）”的数据，现在我们知道，这样的数据叫监督数据，而我们刚刚正是利用感知机完成了一次监督学习。

监督学习的强项是归类，感知机的工作本质上也是归类——将输入组合归到“0”和“1”两个类型上去。当然，根据问题的不同，0 和 1 所代表的含义也不同：对游戏来说可以是失败和胜利，若拿来模拟神经元，则可以代表“是否向下一个神经元传递信号”。但无论何时，感知机的输出只有两种可能，因而它是一种“二分类”模型（鉴于相关书籍使用“分类”一词较多，后续讨论深度学习时均使用“分类”，但含义与“归类”相同）。

最后，我们将感知机的模型简化为如图 13 的形式。在简化版模型中，灰色圆圈代表输入，直线表示输入的传递方向，并配有相应的 w 系数；而白色圆圈（称为**节点**）包含了相加和判定的工作，并完成输出。在稍后对深度学习的讨论中，我们也会使用这样（或进一步省略参数）的简化图示对模型结构进行说明。

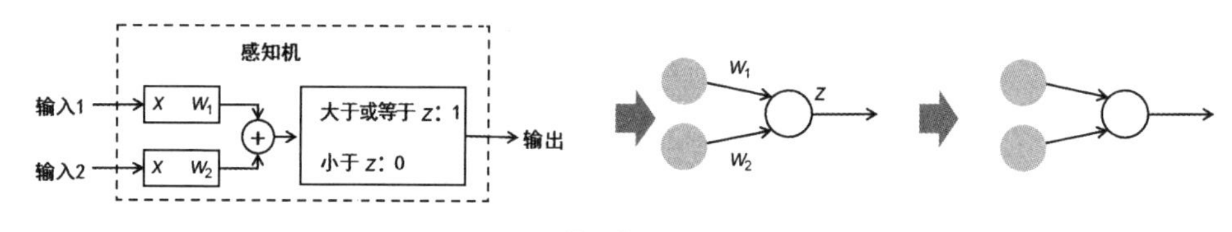

图 13　简化版感知机模型

好了，我们现在理解了感知机，但这与深度学习又有什么关系呢？

深度学习

严格来说，感知机所做的分类是一种“线性二分类”，如何理解呢？其实，我们可以将分类问题看作对“特征”的提取或识别过程。比如“果实饱满”是好樱桃的一个特征，这种特征只有“是”和“否”两种可能，因而属于二分类；而“樱桃大小”可能有“大”“中”“小”等多种可能，则属于多分类——这不是感知机能够解决的问题。

同时，特征也存在抽象层次的差异。比如“圆形”是“果实饱满”的特征之一，而后者是“好樱桃”的特征之一。“圆形”很具象，“果实饱满”则是在具象特征上抽象出来的概念，“好樱桃”则是比“果实饱满”更加抽象的概念。抛开数学解释，我们可以在直观上将“线性”理解为对最低层次特征的提取，如此，感知机所解决的问题就是在最低特征层次上的二分类。例如我们希望将图 14 左侧的四个方块分成深浅两类，那么可以在中间划一条直线，用“是否在线的左侧”这一简单的二分类特征来区分。因而这个任务就可以通过感知机来完成，如图 14 右侧所示（此处有四个输入）。

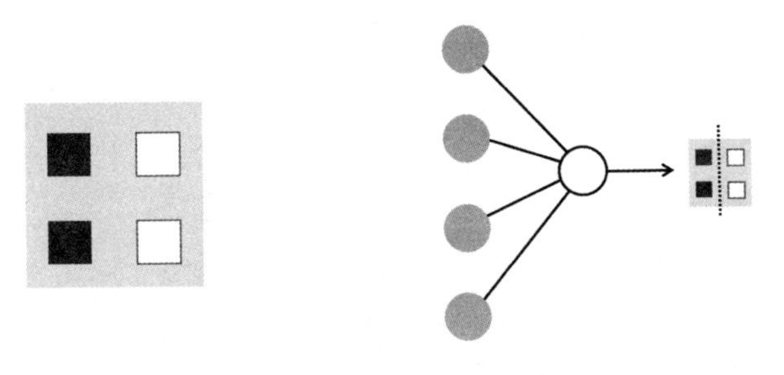

图 14 感知机（单层神经网络）

但是，对于图 15 左侧的情况，深浅方块处于主对角线上，而“主对角线”这个概念就比较抽象了，我们也无法通过一条直线完成分隔。这样的问题无法通过感知机来解决，那该怎么办呢？其实并不难，我们可以增加一个感知机（如图 15 右侧），然后做两次分类，即提取两个特征。第一次分类，将“除左下方的方块”作为一个特征识别出来；第二次分类，识别出“除右上角的方块”这一特征。之后，用一个感知机将提取出来的两个特征综合起来，就可以识别出“主对角线”这一抽象特征了。

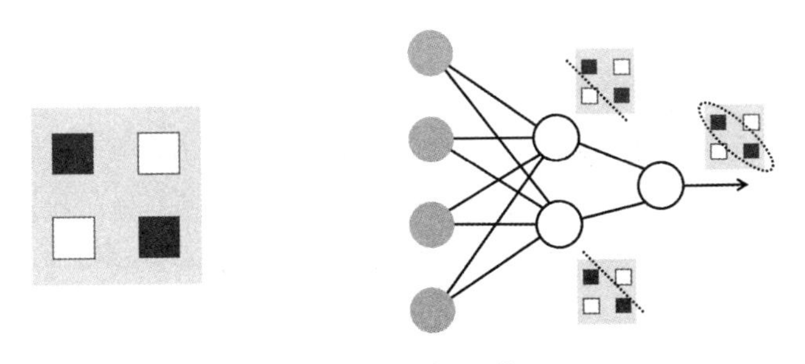

图 15 双层神经网络

可见，为了解决更抽象复杂的分类问题，我们需要增加一个分类层级，形成包含两个层次的特征识别网络（就像图 9 中，第一层的两个神经元先各自处理信息，再传递给后一层的神经元做进一步处理），这样的结构被称为**双层神经网络**。

在神经网络中，每个节点代表一次分类或一次特征提取。前一层提取的特征越多，后一层的分类往往越精准，如在“圆形”之外增加“表皮反光”特征，可以提高对“果实饱满”判定的准确率。如此，我们便有了两个解决更复杂问题的主要手段：一是增加更多特征，即增加每层的节点数（如图 16）；二是提高抽象水平，即增加更多的层数，而包含更多层次的神经网络就是我们之前提到的**深度神经网络**（如图 17）。由于每个节点都会从前一层的所有节点获取信息（在图上表现为两两节点相连），使得深度神经网络的结构图乍一看特别吓人。但当你理解了我们刚刚讨论的原理，再来看这个图时，是不是感觉就没那么复杂了呢？

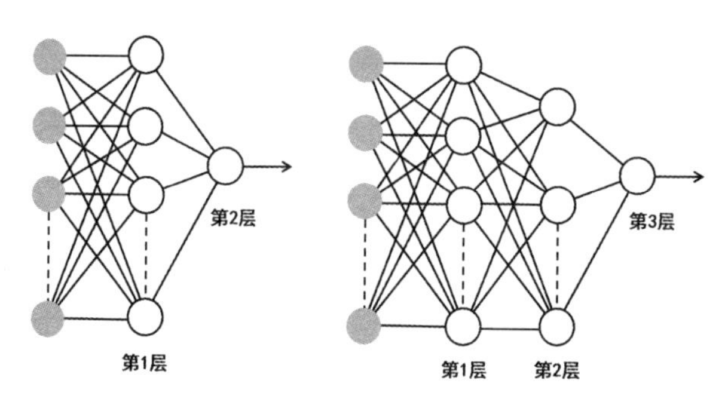

图 16 特征更多的网络　　图 17 更深的网络

当我们将深度神经网络作为模型应用于机器学习任务时，这样的学习就被称为**深度学习**。那深度学习学的是什么呢？与感知机一样，深度神经网络的每条直线上都有一个表示权重的参数（如 w_1、w_2、w_3 等），而每个节点上都有一个表示判定门槛的参数（如 z_1、z_2、z_3 等），因而深度学习的“学习”依然是根据输入数据对深度神经网络中的一系列参数进行调整的，与其他机器学习没有任何区别。

不过，得益于“深度”带来的多层次抽象能力，对诸如“图片像素”这种颗粒度非常小的数据，深度神经网络也可以实现高质量的分类。例如在挑樱桃时，我们无须将“红色”、“果梗偏绿”这样的特征进行数字化，然后输入机器，而是可以直接用标注好的樱桃照片对深度神经网络进行训练。由此生成的模型可以从像素中逐层提取特征，过程类似“像素→线条→形状→结构→组成部分→好 / 坏樱桃”①，并最终实现对樱桃好坏的判定。此外，我们还可以在最后一层增加更多的节点，通过多个“二分类”的组合来实现“多分类”，例如让这些节点分别用于识别行人、卡车、轿车等（如图 18），就可以实现对车辆前方障碍物的分类，而识别 0 到 9 的阿拉伯数字和 a 到 z 的英文字母也是同样的道理[48]。

当然，实际的深度学习在网络结构、节点判定机制等方面比这要复杂得多，特别是为了高效调整海量参数而开发的各种算法。这部分是纯技术问题，我们不会继续展开讨论，但聊到现在，你对深度学习应该能有一个大概的感觉。那么让我们思考一个问题：在这个过程中我们真的“学”到了什么形式的知识吗？

① 由于机器并不能像人一样理解特征，因而其实际抽象出的特征可能与此处的示意不同，这个示意只是为了帮助你更好地理解特征逐层抽象的过程。

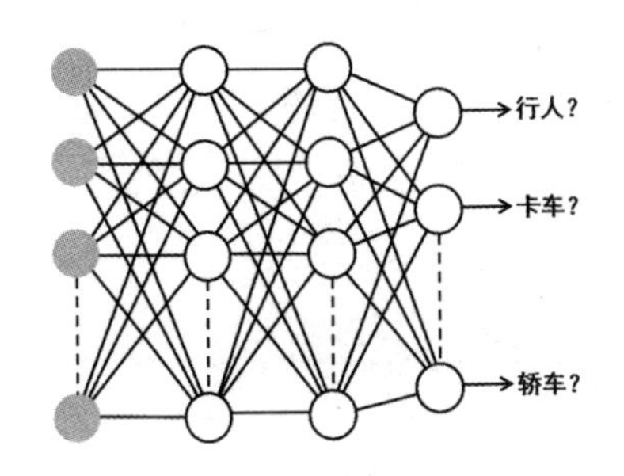

图 18 障碍物识别

尽管我们知道深度学习能够逐层提取特征，但机器只是不断按照设定好的规则调整参数。面对调整好的成千上万个参数，我们根本不知道每个节点提取的特征究竟代表着什么。就像倒水游戏，临时工和操作员按照预先确定好的规则工作，但他们从这个过程中学到了什么知识吗？显然没有。那你学到了吗？更没有，因为你一直在睡觉。换言之，深度学习学到的模型依然是一个“黑盒”，它能够很好地完成一些看起来很智能的任务，但我们（还有机器自己）对其在内部建立和使用的规则却一无所知。对于人类，通过学习和训练，我们会总结经验，并灵活地加以应用，但目前的机器学习别说深刻地理解，连稍微深一点儿的概念也很难掌握——即便是号称“深度”的机器学习也是如此。

学习之森

深度学习在近些年热度很高，以致很多人一听到 AI 就会马上想起深度学习，好像深度学习就是 AI 的全部。但是，深度学习只是机器学习庞大“森林”中的一棵“树”，而整片森林也不过是 AI 世界的冰山一角。

在这片森林中，还有很多像深度学习一样的“模型大树”，例如遗传算法、决策树、朴素贝叶斯、逻辑回归等，以及卷积神经网络（CNN）、循环神经网络（RNN）等衍生“树种”。此外，为了应对现实中不尽理想的学习环境，还有很多综合性的模型被开发出来。例如出于保密等原因，很多组织不希望共享数据供模型学习。对此，我们可以在每个组织内部训练模型，然后利用这些局部模型聚合出一个全局模型，这种训练模型的方法被称为**联邦学习**[50]。在另一种情况下，为了提高机器学习的预测精度，我们可以用多个学习模型对数据进行学习，然后将学习结果整合起来，这种方法被称为**集成学习**[51]。在 AI 领域，这样的“大树”还有很多，而在未来还会有越来越多的“树种”被开发出来。但是，这些“树”与深度学习一样，是由人类精心构建的模型和算法，本质上都是计算机程序。

AI 之所以强大，不是因为机器自身“觉醒”了，而是源于 AI 研究者的聪明才智和不懈努力。因此，设计师不能将希望寄托于臆想出来的“机器智慧”，而是要与优秀的研究者和工程师通力合作，共同创造卓越的智能体验。

在设计智能产品前，认识到“有多少人工，就有多少智能”这一点是非常重要的，这也是我花了如此多笔墨剖析机器学习特别是深度学习的原因——如果对 AI 具体是什么没有一个清晰的概念，那么在设计产品时难免陷入臆想，构建出一些短期内根本无法实现的产品概念。而如果我们将 AI 视为一种实实在在的工具，就可以沉下心来，仔细了解这些技术的原理及局限性，然后结合我们对人和产品的理解，实现 AI 在用户生活中的有效落地，在一定程度上避免 AI 因过度炒作而再次陷入寒冬。

附录C UX的底层逻辑

UX 的知识体系非常庞大，先不说流程和方法论，仅基本的设计思想就有可用性设计、易用性设计、简约设计、控制感设计、趣味性设计、意义设计、接受度设计等 20 种之多 [31]，其中也包括本书讨论的智能感设计。在这些 UX 思想之下，还有一些更加基础的思想，这些 UX 的“底层逻辑”对于理解本书的设计思想是非常必要的，下面我们就来逐一加以探讨。

以体验为中心。UX 中的“U”指用户，“X”指体验。产品内在的实际情况（如“结构简单”）和外在带给人们的感觉（如“感觉简单”）往往并不相同，UX 与传统产品化思路最大的不同，在于它将用户的体验作为设计的最终目标，即以“X”为中心。而技术、服务、界面等产品要素，甚至整个产品，对设计师来说都是为用户带来特定体验的手段。需要指出的是，现在有一种略带误导性的说法，称企业正转向“以用户（U）为中心”，其实更贴切的说法是转向“以体验（X）为中心”。差异有些微妙，前者容易让人误解为听从用户的要求来设计产品，但 UX 的关注点并非用户本身，而是用户产生的体验——不是用户主义，而是体验主义。

超越用户需求。基础的“设计思维”旨在挖掘用户的根本需求，然后为用户找到解决问题的最佳办法。对于弱人工智能来说，如果能避开技术主义和功能主义的“陷阱”，使用从用户需求出发的基础设计思维，那么做出一款“还不错”的产品并不是什么难事。不过，体验主义并不满足于仅仅帮用户解决问题，甚至“好用”也不够，我们还希望产品为用户带来更深层次的愉悦情感和积极意义。UX 是一种更高层次的设计，解决问题远不是设计工作的结束，而是开始。设计师要超越用户对产品的功能需求，以“卓越产品”和“优质体验”为目标，不断提升用户在各层次上的使用体验。

比用户更懂用户。世上没有两块完全一样的石头，但所有的石头都遵循相同的物理规律，因而理解了物理学，在投掷时就可以将各种形状的石头投得更准。与之类似，尽管人与人之间存在很多差异，设计师也无法完全理解另一个人，但人类的共性往往比个性更大，将对人类共性的理解融入产品设计，就可以设计出更好的体验——这就是我们将心理学（及相关的生理学）视为 UX 核心基础的原因。在很大程度上，UX 其实是一种旨在提升产品使用体验的"应用心理学"，即以心理学理论为基础的"工科"。心理学是一门科学，因而 UX 也是科学的。UX 不是凭感觉的"主观的设计"，设计体验的工作也并不玄乎。很多时候，用户对人性其实并不了解，甚至存在误解，这就需要设计师基于对心理学原理和设计原则的深刻理解，通过"客观地设计主观"，创造出单靠用户难以想到或构建的优质体验，这就是"比用户更懂用户"的含义。

无为。UX 与道家思想有很多相通之处，在《这才是用户体验设计》一书中，我借鉴道家思想，提出了"UX 是一种无为的设计"的观点。那如何理解"无为"呢？老子云："人法地，地法天，天法道，道法自然。"大意是说人与天地万物都有其内在的运转规律，在人与世界互动的过程中，我们应该遵循事物的自然规律，不要逆势而行。"无为"并非无所作为任其发展，而是在潜移默化之中积极地有为。当用户因被迫按照产品的逻辑操作而感到困惑、不适甚至愤怒时，就会注意到设计的存在，这就是"有为的设计"；而当我们遵循人性的规律，让用户畅快自然地与产品互动时，用户甚至不会感到设计的存在，这就是"无为的设计"。UX 的精髓在于将设计遁于无形，利用对人性的理解将用户的体验导向设计师期望的方向，以达到"无为而无不为"的境界。

共生。在思考人与机器的关系时，技术主义者很容易陷入"非此即彼"的思维方式，将人与机器割裂开来，认为完成任务的主体非人即机器，进而总想着用机器取代人类，这种情况在 AI 领域尤为明显。但其实，人与机器并非严格的竞争关系，而是各有所长。机器更擅长计算和重复性工作，而人类更擅长推理、抽象和创造性工作（至少在未来相当长的时间内都是如此），如果能充分利用人机之间的互补关系，将任务在两者间合理分配，就可以将"人机系统"的能力最大化，有效改善人类工作和生活的品质。UX 领域的这种"共生"思想可一直追溯到 UX 先驱利克的《人机共生》（见第 1 章）。在产品化的过程中，如果能秉持共生的思路，从人和机器各自的长处出发，以体验为中心合理地构建产品，那么用户的体验自然也会更好。

后记

现在你已经完成了对本书所有知识点的学习，很高兴能与你这样爱学习又有远见的人交流我对智能产品设计的新思考。AI 和 UX 都是十分前沿的领域，希望这次旅程能让你对这两个领域有全新的认识，并激起你对智能产品设计更加深入且系统的思考。

如果你在 UX 及智能产品的设计上遇到了问题，或是有新的想法，我非常愿意聆听和讨论。你可以通过我的个人公众号（用户体验设计师，UX_design）或读者群（见封底）联系到我，我也会在公众号上分享对 UX 的最新思考，希望我们能保持联系。

最后再次感谢你的聆听。让我们共同努力，以创造幸福的人类未来为己任，不断为用户创造更加优雅、美好和富有人情味的智能体验！

参考文献

为方便读者参考查询，本书参考文献在读者交流平台统一提供，详情请参见封底“读者服务”，或在“用户体验设计师”公众号内输入“参考文献”获取。